NEW WCDP 新文京開發出版股份有限公司
新世紀．新視野．新文京 — 精選教科書．考試用書．專業參考書

New Wun Ching Developmental Publishing Co., Ltd.
New Age · New Choice · The Best Selected Educational Publications — NEW WCDP

THIRD EDITION ★

雷射工程

楊寶賡 編著

Laser Engineering

第3版

PREFACE

三版序

雷射光開啟了光通訊、光儲存、全像術、精密加工、雷射醫療、非線性光學和超快光學等重要領域，光電領域中大多數的研究也都與雷射有關，因此說雷射是光電領域中最重要的核心課程也不為過。加上最近半導體雷射激發技術的引進與光纖雷射的發展，使得高功率雷射體積得以縮小、價格降低，在一般實驗室中也可以自行組裝雷射。因此雷射在很多實驗室中不再只是研究的工具，而變成是被研究的對象，研究人員必須對雷射基本原理有更深入的瞭解，才能對雷射系統進行檢測與改裝。這本書是由作者在明新科技大學光電系教授雷射課程時所編寫的講義改寫而成，主要講述雷射基本原理與相關技術，當時授課對象為修過近代物理概論與電磁學的大學三、四年級學生，為了增進讀者計算分析能力，書中包含許多例題與解說，並盡量使用圖片說明相關原理與技術。有些例題會特別採用兩種不同方法解，讓同學瞭解並非所有解題方法都是唯一，但你可以看出其中某種方法較為簡單。前 6 章後面皆附有習題，其中有許多開放式問題，沒有單一標準答案，但有較適當的答案。書中外國人名不特別翻譯成中文，所提到的專有名詞部分也盡量附上對應的英文名稱，這樣做是希望讀者可以利用這些英文關鍵字到網路上查詢相關英文資料閱讀。

第 7 章介紹最近雷射在醫療方面與第 8 章介紹最近雷射在遙測方面的新應用，這是本書特色之一。本次改版將內容做一完整的規劃調整，並大幅修改附錄資料，使全書內容與時俱進，兼顧理論與實用，幫助讀者獲得最即時的雷射相關資訊。

我要感謝這幾年來授課過的同學，以及引領我進入雷射這個領域的交通大學光電工程研究所黃中垚教授。我在交大光電所求學時期，當時所裡的老師都是各領域的一時之選，也經常有大師級人物來訪，在那段時間我收穫非常多。本書倉促付梓，加上本人才疏學淺，書中出現謬誤在所難免，還請各方先進不吝賜教。最後僅以此書獻給關心我的朋友與家人。

楊寶賡 於新竹新豐

CONTENTS
目錄

CHAPTER 01

光 1

CHAPTER 02

雷射簡介 43

01 光

本章大綱

雷射是一種特殊光源，相較於一般光源具有較佳的同調性(coherence)，所以這一章我們就先從光(light)說起，並且介紹光的同調性。

1-1 光是什麼

★ Laser Engineering

如果你被問到：「光是什麼？」你會怎麼解釋呢？也許你會回答：光是讓人眼可以看得到東西和讓植物得以進行光合作用的媒介。如果你學過普通物理，你可能會回答光是電磁波(electromagnetic wave)。但電磁波未必是光，像手機通訊用的電磁波稱為微波（microwave，頻率約為 10^9 Hz=GHz），所以光只是電磁波頻譜的一部分（圖 1-1）。更精確的說，人類眼睛看得到的光稱為可見光(visible light)，是指波長落在 400~700 nm（頻率約為 10^{14} Hz）的電磁波。

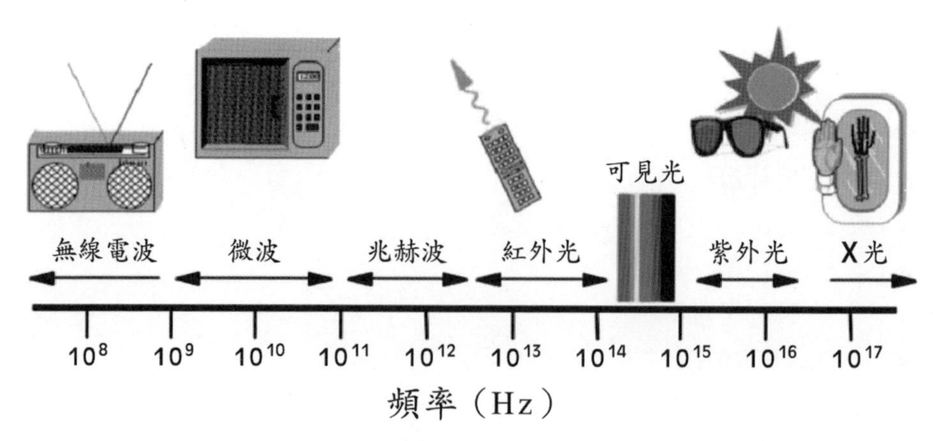

■圖 1-1　電磁波頻譜，可見光位於 10^{14}~10^{15} Hz

根據電磁理論，電荷加速運動會產生電磁波。一個綁在彈簧上球所進行的簡諧運動(simple harmonic oscillation)也具有加速度，因此一般電磁波可由天線上的電荷往返振盪產生。然而要產生頻率高達 10^{14}Hz 的電磁波，這個天線尺寸要很小。尺寸部分或許還有機會解決，但振盪頻率要很高，目前就沒有電子電路能產生這麼高的振盪頻率。近代物理發現，當電子進入原子尺度的世界，其物質波行為變得明顯，古典理論將不再適用，必須用到量子理論(quantum theory)。根據量子理論，電子僅能穩定停留在某些特定能量的軌道，這些允許的能量稱為能階(energy level)。當一個電子由高能階躍遷到低能階時，其減少的能量會全部轉換成一個光子能量，並以電磁波形式釋出，有些躍遷就產生可見光。目前我們看到的光主要就是來自於原子中的電子進行軌道躍遷時，所發出的電磁波（圖 1-2）。

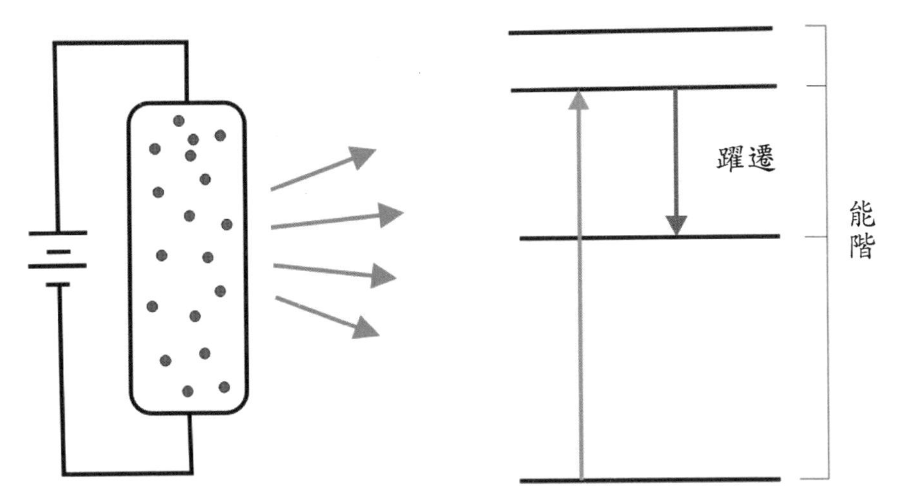

■ 圖 1-2　光來自原子中電子從高能階躍遷到低能階

在可見光區兩側，波長比可見光長者稱為紅外(infrared=IR)光，波長比可見光短者稱為紫外(ultraviolet=UV)光。雷射的英文為LASER，第一個字母 L 即代表 Light；微波波段的雷射稱為鎂射(MASER)，第一個字母 M 代表 Microwave。從科技演進的歷史來說，鎂射的發明在雷射之前。人類歷史上第一台鎂射於 1954 年由美國 Columbia 大學 Townes 所領導的小組率先做出；第一台雷射則是於 1960 年由美國 Hughes 實驗室的 Maiman 所建構的紅寶石雷射。光的狹義定義是指人眼可以看見的電磁波，也就是可見光。可是從雷射光的角度來看，是採用光的廣義定義，泛指頻率比微波高，牽涉原子中的電子進行軌道躍遷時所發出的電磁波，頻率包含可見光與可見光區兩側（包含紅外光與紫外光）的電磁波頻譜。例如：Nd:YAG 雷射所發出光的波長為 1.064 μm，屬於人眼看不到的波段，但我們不會說 Nd:YAG 所發出電磁輻射不屬於光，Nd:YAG 仍然屬於雷射光源材料，由此可見雷射光是採用光的廣義定義。人眼可看見的可見光波段正好與太陽主要輻射波段一致，這應是生物演化的結果，因為某恆星旁邊行星上的生物應會經由演化發展出與恆星輻射波段一致的視力系統，否則白天將看不到東西！在圖 1-1 中，頻率落在 10^{12} Hz=THz 附近的兆赫波(terahertz wave)能穿透許多物質，但目前兆赫波產生與接收裝置都不太容易製作。由於兆赫波光子能量比 X 光小，在醫療上可以在不破壞生物組織情況下做大型細胞（如病毒、細菌、蛋白質、DNA 等）診斷，最近幾年兆赫波成像(terahertz imaging)技術開始引起廣泛研究。

還有比光是電磁波更好的答案嗎？電磁波的本質是能量的一種形式，在物理學中能量可以不同形式存在（例如：核能、電能、熱能、聲能、重力位能、彈力位能等），彼此可以互相轉換。所以「光是能量的一種形式！」也是一個解釋「光是什麼？」的好答案。套用光是能量一種形式的概念，我們來回答一個光電系所的學生常被問到的問題：「光電到底在研究什麼？」我覺得這個問題可以這樣回答：光是能量的一種形式，電是能量的另外一種形式，光電是在研究這兩種不同形式能量間的轉換，LED（Light-Emitting-Diode，譯為發光二極體）是一種電轉光的光電元件，太陽能板(solar cell)則是光轉電的裝置。在一個封閉隔離系統中，不同形式的能量可以互相轉換，但總能量必須維持不變，稱為能量守恆定律(law of conservation of energy)，而光只是能量眾多形式中的一種。簡單的說，能量守恆就是：能量不會無中生有，也不會憑空消失。能量守恆定律是物理學中非常重要的定律，若實驗中發現某過程前後能量不守恆，往往就暗示有某種新東西被忽略了。只要找到它，把它考慮進來，能量就可以守恆了。所以物理學中的守恆定律是發現新事物的利器。

波是一種能量傳遞的現象，一般波的傳遞需要介質（medium；注意這個單字的複數為 media），如一般聲波的介質為空氣，水波的介質為水。波的傳播可以看成是能量傳遞的接力賽，某個地方介質先振盪（波源），將能量傳給旁邊介質引起旁邊介質振盪，依序將能量傳播出去，介質本身振盪後仍留原地，傳遞的是振盪的能量。舉例而言，仔細看浮於水面的保特瓶，當你向水中丟入一塊石頭引起波浪時，保特瓶只隨波浪影響原地上下振盪，本身並不會隨波浪一起移至另一個地方。然而電磁波不同於其他波動現象需要介質，遙遠的星光可以穿越太空到達地球可以說明光的傳播不需要介質。一個沿正 x 方向行進的餘弦波可以寫成：

$$\psi(x,t) = A\cos(\omega t - kx + \phi) = A\cos(\frac{2\pi}{T}t - \frac{2\pi}{\lambda}x + \phi) \tag{1-1}$$

其中 A 稱為振幅(amplitude)；ω 稱為角頻率(angular frequency)，與週期(period) T 成反比且滿足 $\omega = \frac{2\pi}{T} = 2\pi\nu$。所以 ω、T、ν 三個參數只要知道其中一個，另兩個參數就可同時算出。k 稱為角波數(angular wave number)，與波長(wavelength) λ 成反比且滿足 $k = \frac{2\pi}{\lambda}$。有些書本將 k 稱為波數是不太精確的，因為波數的定義是當在某一瞬間觀察波在空間的分布時，單位長度中有多少個重複的振盪，波數原始的定義應是 $\frac{1}{\lambda}$，所以我們這裡將 $k = \frac{2\pi}{\lambda}$ 稱為角波數。對於一個行進中的波，其介質振盪可從兩個觀點來看：以水波為例，你可以記錄水面某一位置水高度隨時間的變化情形，此時重複波形的時間隔為週期（如圖 1-3 上圖所示），你可以想像成水面上浮著一個保特瓶，當水波通過時，保特瓶隨時間上下運動的情形，上下運動一次所需時間即為週期，單位時間上下振盪次數稱為頻率，週期與頻率互為倒數，例如若振盪一次需 0.1 秒，則一秒鐘振盪 10 次。另外你也可以記錄某一瞬間水波在空間中的分布情形（可以用數位相機拍攝），此時重複波形的間隔為波長，所以角波數可以看成空間的角頻率，波長可以看成是空間的週期（如圖 1-3 下圖所示）。式(1-1)中的 ϕ 稱為相位角(phase angle)，代表波在某時間，在某位置的振盪的狀態是在波峰與波谷間的哪一個位置，若有另一個相位角不同的波在相同位置與其疊加則會依兩者相位角差異產生增加或抵銷的情形。另外波的傳遞速度等於波長乘以頻率，寫成 $v = \lambda \cdot \nu = \frac{\omega}{k}$。

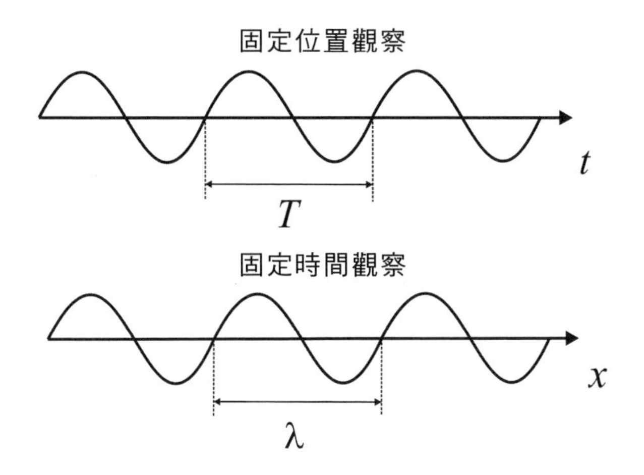

■ 圖 1-3　在某一位置觀察介質的振盪（上圖）與在某一瞬間觀察一個行進波的分布（下圖），注意：圖中的橫座標是不一樣的

波依介質振盪方向與波行進方向的相對關係分為橫波(transverse wave)與縱波(longitudinal wave)兩種。介質振盪方向與波行進方向垂直者稱為橫波，繩波為橫波的一個例子。介質振盪方向與波行進方向平行者稱為縱波，聲波為縱波的一個例子。電磁波傳遞雖不需介質，但從振盪的角度看，電磁波中電場與磁場的振盪方向與電磁波行進方向垂直（見圖 1-4），故將電磁波歸類為橫波。

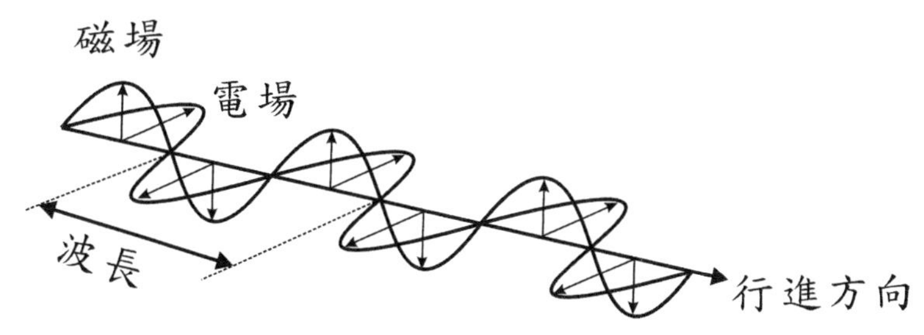

■ 圖 1-4　在空間中傳播的電磁波其電場與磁場的振盪方向與電磁波行進方向垂直

1864 年 Maxwell 提出四個支配電磁理論的方程式並由此推導出電磁場的波動方程式，計算出電磁波傳播速度與光速相等，由此推測光即為一種電磁波。在他所提的理論中將電學、磁學與光學合而為一，變成我們所稱的電磁學。在 Maxwell 的理論中，電場與磁場可互相轉換且電荷加速會輻射出電磁波。然而這個理論卻要一直等到 1887 年，Hertz 第一次在他所設計的金屬球放電實驗中觀察到電磁波才得到驗證。Maxwell 死於 1879 年，因此 Maxwell 有生之年並未看到自己的理論被證實。為了紀念 Hertz，我們用他的名字當作電磁振盪頻率的單位。在日常生活中，雨後馬路上的油漬，港口的浮油，或肥皂泡所呈現的繽紛色彩都是來自光的干涉現象，這些現象也成為光是一種波的最佳佐證。Maxwell 的電磁理論完美地解釋了當時所有觀察到的光學現象（包括反射、折射、吸收等），以至於在那個時候，大家都認為光是一種波這件事是無庸置疑的。然而光是一種波的認知直到 1900 年之後才發生改變。

1900 年之後陸續有許多與光相關的實驗無法再用波解釋，其中 1905 年 Einstein 對光電效應的解釋最具代表性。光電效應的重要性不在於粒子模型可解釋實驗結果（之前 Newton 也曾用粒子模型解釋光的反射與折射），而是在於波的模型完全無法解釋實驗結果。光電效應的重要性可藉由表 1-1 說明，在光電效應解釋未出現前，所有光的現象皆可以波動解釋，直到 Einstein 對光電效應提出正確解釋後，波動說的欄位首次出現「×」。Einstein 也因為在光電效應解釋中所引用的光粒子觀念對後來物理學發展產生重大影響而獲頒 1921 年度的諾貝爾(Nobel)物理獎。值得注意的是波與粒子特性截然不同，例如要你區別棒球與聲音是波還是粒子時，大部分的人會回答棒球為粒子，聲音是波。為什麼棒球是粒子？棒球的運動有明確軌跡，投手投出的球不可能捕手與一壘手同時接到。聲音沒有明確軌跡，老師在講台發出的聲音，可以讓坐在台下不同位子的學生都接收到，聲音沒有明確軌跡，我們也不能說出聲音所在的確切位置，只能談它的強弱分布。因此粒子是集中的，波是分散的。有意思的是目前關於光的理論說明光有時以波的型態出現，有時以粒子的型態出現。當光以波的型態出現時，即不具粒子性，當光以粒子的型態出現時，即不具波動性，但一個時間僅能扮演一個角色，稱為波粒二重性(particle-wave duality)。

＊表 1-1　粒子說與波動說在解釋光學現象的比較

光學現象	粒子說	波動說
反射	✓	✓
折射	✓	✓
干涉	×	✓
繞射	×	✓
光電效應	✓	×

談到光的能量，我們也可以從波與粒子兩個角度來看。從波的角度，光波能量為連續，其能量密度（單位體積中的能量）為：

$$u = \frac{1}{2}\varepsilon E^2 + \frac{1}{2}\mu H^2 \tag{1-2}$$

這裡電場與磁場隨時間以弦波振盪，$E(t)=E_0\sin(\omega t)$，$H(t)=H_0\sin(\omega t)$，所以對時間平均的能量密度為 $\langle u\rangle=\frac{1}{4}\varepsilon E_0{}^2+\frac{1}{4}\mu H_0{}^2=\frac{1}{2}\varepsilon E_0{}^2$，注意這裡用到 $\sin^2(\omega t)$ 對一個週期時間平均值 $\langle\sin^2(\omega t)\rangle=\frac{1}{T}\int_0^T\sin^2(\omega t)dt=\frac{1}{2}$ 的結果，還有 $T=\frac{2\pi}{\omega}$ 與 $\frac{E_0}{H_0}=\sqrt{\frac{\mu}{\varepsilon}}$。當光扮演粒子角色時，每一顆光子的能量為：

$$E_{photon}=h\nu=\hbar\omega \tag{1-3}$$

其中 $\hbar\equiv h/(2\pi)$。從光子的角度看，總光能量的增減應為 $h\nu$ 的整數倍，能量的變化是不連續的。光子也有動量，光子雖然靜止質量 (rest mass)為零，但其動量不為零，其值為 $p=h/\lambda=\hbar k$，所以光經由物體表面反射時，會有一個力施加在物體上（有時稱為光壓）。只是這個力對於巨觀物體影響很小，但對微觀物體的影響有時就不能忽略了。

1-2 ★ Laser Engineering

光的折射、反射與偏振

光的速度非常快，在真空中的行進速度為 $c = 2.9979\times10^{8}$ m/s，光進入介質後速度變慢，頻率不變，波長變短。若光在某介質中的傳播速度為 v，此介質的折射率定義為 $n = c/v$，因為 $c > v$，所以一般介質折射率 n 大於 1。在折射率不連續的介面會有反射與折射光產生，如圖 1-5 所示，當光由折射率 n_1 介質進入折射率 n_2 時，在介面會有部分能量反射回 n_1 介質，行進方向滿足入射角等於反射角 ($\theta_i = \theta_r$)，稱為反射定律。此外有部分能量穿過介面進入 n_2 介質，傳播方向發生偏折，且入射角 θ_i 與折射角 θ_t 滿足 Snell's 定律：

$$n_1 \sin\theta_i = n_2 \sin\theta_t \tag{1-4}$$

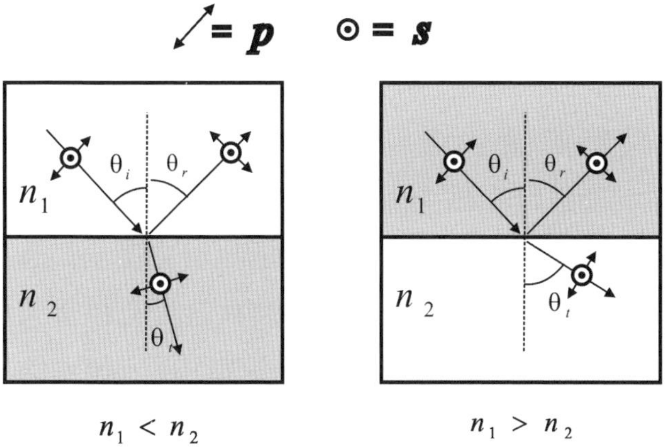

■ 圖 1-5　光在介面的折射與反射。左圖：光由光疏介質進入光密介質；右圖：光由光密介質進入光疏介質

在介面兩側，折射率較大的介質稱為光密介質，折射率較小的介質稱為光疏介質。圖 1-4 右圖 $n_1 > n_2$ 代表光由光密介質進入光疏介質（例如光由光纖射出到空氣或光由 LED 射出到空氣，見圖 1-6），當入射角大於

$$\theta_c = \sin^{-1}\left(\frac{n_2}{n_1}\right) \tag{1-5}$$

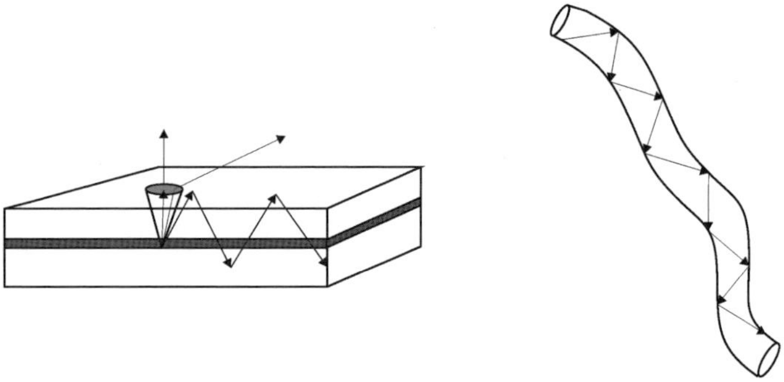

■圖 1-6　LED（左圖）與光纖（右圖）中由於全反射所產生的光導效應

時，所有入射能量皆走反射方向稱為全反射(total internal reflection)，全反射是光纖中光訊號得以傳播至很遠地方而不會衰減的原理。表 1-2 中列出各種不同材料的折射率與由介質進入空氣的介面的全反射角，其中可以看出半導體材料具有相當大的折射率，所對應的全反射角也很小，使得在半導體內部所發出的光必須以很小的入射角打在介面才可以射出，以常用來生長 LED 的砷化鎵為例，只要入射角大於 17°斜向入射在介面的光都跑不出來，這就是 LED 的光引出問題(light extraction problem)。砷化鎵與砷化鋁的折射率差異達 0.5，但兩者的晶格常數卻十分接近，在半導體磊晶

(epitaxy)時常利用此兩種材料交替成長做成一反射鏡。一般玻璃只在可見光為透明，但在遠紅外光則會吸收，一般製作紅外光元件（如透鏡、窗口等）不使用玻璃而使用鍺與硒化鋅等材料，以硒化鋅為例，其透光範圍在 0.5~15 μm。

＊表 1-2　各種不同材料的折射率

材料	量測波長 (μm)	折射率	$\theta_c = \sin^{-1}\left(\frac{n_2}{n_1}\right)$ 假設 $n_2 = 1$
空氣	所有	≅1	90°
水	0.65	1.33	49°
玻璃	1	1.5	42°
藍寶石(sapphire)	0.83	1.76	35°
石榴石(YAG)	1	1.82	33°
矽(Si)	2	3.45	17°
砷化鎵(GaAs)	1	3.5	17°
砷化鋁(AlAs)	1	3.0	20°
鍺(Ge)	4~10	4	15°
硒化鋅(ZnSe)	10.6	2.4	25°

光的偏振(polarization)方向定義為電場的振盪方向。一般光源所發出的光來自數量龐大的原子一起自發性發光，不同原子所發出光的電場的振盪方向並不一樣，導致集體所發的光電場振盪方向不明確。偏振片(polarizer)是一種選擇只讓電場在某種特定方向振盪光通過的元件，若讓某光源發出的光通過偏振片到我們的眼睛，當旋轉偏振片發現光的強弱無變化時，此光源所發出的光為非偏振光

(unpolarized light)。根據電磁學原理，電磁波中電場的振盪方向必須與電磁波行進方向垂直。假設波的行進方向為 z 方向，則電場振盪方向會落在 x-y 平面上，且有兩個自由度。對於斜向入射的光一般拆解為 s（在電磁學中稱 TE 波）與 p（在電磁學中稱 TM 波）兩個偏振方向，見圖 1-5 所標示，s 代表垂直紙面的方向，p 則與紙面平行的方向。s 與 p 偏振方向光的反射率 R（反射光強度與入射光強度的比值）對入射角的關係可用電磁場在介面的邊界條件(boundary condition)推導出來，對 p 偏振方向入射光的結果為：

$$
\begin{aligned}
R_p &= \left(\frac{n_i\cos\theta_t - n_2\cos\theta_i}{n_1\cos\theta_t + n_2\cos\theta_i}\right)^2 \\
&= \left(\frac{n_1\sqrt{1-\left(\dfrac{n_1\sin\theta_i}{n_2}\right)^2} - n_2\cos\theta_i}{n_1\sqrt{1-\left(\dfrac{n_1\sin\theta_i}{n_2}\right)^2} + n_2\cos\theta_i}\right)^2
\end{aligned}
\qquad (1\text{-}6)
$$

對 s 偏振方向入射光的結果為：

$$
\begin{aligned}
R_s &= \left(\frac{n_1\cos\theta_i - n_2\cos\theta_t}{n_1\cos\theta_i + n_2\cos\theta_t}\right)^2 \\
&= \left(\frac{n_1\cos\theta_i - n_2\sqrt{1-\left(\dfrac{n_1\sin\theta_i}{n_2}\right)^2}}{n_1\cos\theta_i + n_2\sqrt{1-\left(\dfrac{n_1\sin\theta_i}{n_2}\right)^2}}\right)^2
\end{aligned}
\qquad (1\text{-}7)
$$

當光垂直入射時($\theta_i = 0°$)， $R_s = R_p = \left(\dfrac{n_1 - n_2}{n_1 + n_2}\right)^2$ ，可以看出介面兩側的折射率差異越大，反射光越強。對於一片沒有鍍抗反射膜的玻璃其垂直入射的反射損失來自兩個介面，第一個介面為空氣進入玻璃，其穿透率為： $T_1 = 1 - R_1 = 1 - \left(\dfrac{1-1.5}{1+1.5}\right)^2 = 0.96$ ，第二個介面為玻璃進入空氣，其穿透率為： $T_2 = 1 - R_2 = 1 - \left(\dfrac{1.5-1}{1.5+1}\right)^2 = 0.96$ ，總穿透率為 $T = T_1 \cdot T_2 = 0.922$ ，所以有 92%光穿過玻璃，但有 8%能量的光被反射，一般玻璃鍍抗反射膜就是為了減少這 8%的反射損失。s 與 p 偏振方向光的反射率 R 隨入射角變化的關係如圖 1-7 所示。

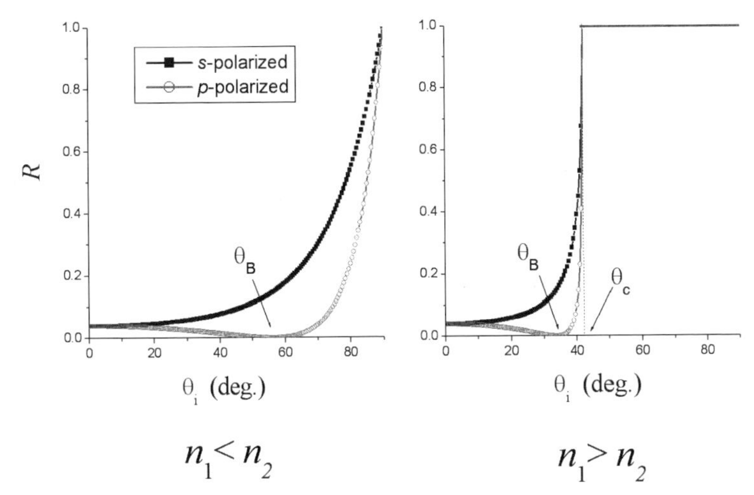

■ 圖 1-7　s 與 p 兩種不同偏振光在介面的反射率隨入射角變化函數

對於 p 偏振方向的光當入射角為 $\theta_B = \tan^{-1}\frac{n_2}{n_1}$（稱為 Brewster's angle）時，光全部穿過，反射光為零。圖 1-7 說明 s 與 p 偏振方向光的反射率對入射角的關係有明顯差異，考慮一完全不偏振的入射光（s 與 p 偏振方向光分量一樣）入射到某一介面，來自介面所產生反射光的 s 與 p 偏振方向光的分量會因為兩者在介面反射率差異出現不同，所以生活中來自介面反射的光多少都具有某種程度的偏振性。你可以利用看立體電影用的偏振片看來自玻璃或水面的反射光，當你將偏振片旋轉一圈時，光強度會出現明顯的明暗變化，代表反射光具有偏振性。由圖 1-7 可看出即使入射角不是正好為 θ_B，p 偏振光的反射量還是比 s 偏振光的反射量小很多，因此如果利用偏振片選擇只讓 p 方向偏振光過，就可用來抑制玻璃或水面的反射光（參考圖 1-8）。透過偏振片以接近 θ_B 斜角觀看水中的魚，你會發現當偏振片旋轉至某個角度時，水面的反射光可被抑制，水中的魚清楚可見。接近中午開車時常會被前方車輛後面玻璃的反射光照得眼睛很不舒服，這時除了使用有色太陽眼鏡外，最好就是配戴偏振片型太陽眼鏡，因為有色太陽眼鏡只是將所有光減弱，而偏振片型太陽眼鏡可有效抑制反射光。液晶顯示器所發出的光是日常生活中最常見具有偏振特性的光源，你可以透過看立體電影用的偏振片

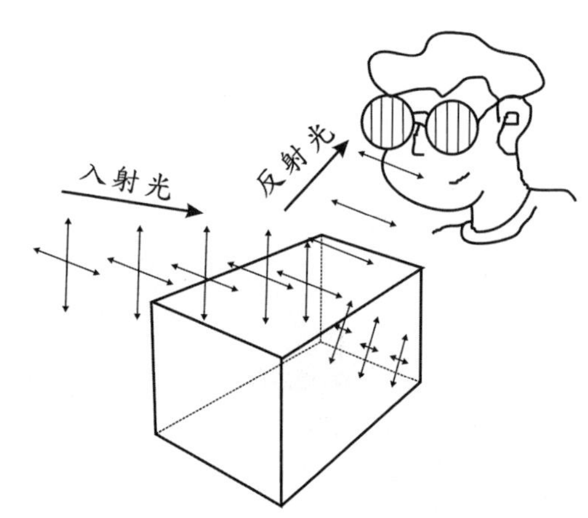

■圖 1-8　來自介面反射光主要以 s 偏振光為主，可以用只讓 p 方向偏振光通過的偏振鏡片加以抑制

眼鏡觀看液晶顯示器，當你旋轉偏振片到某個角度時，你會發現液晶顯示器的光無法穿過（如圖 1-9 所示）。

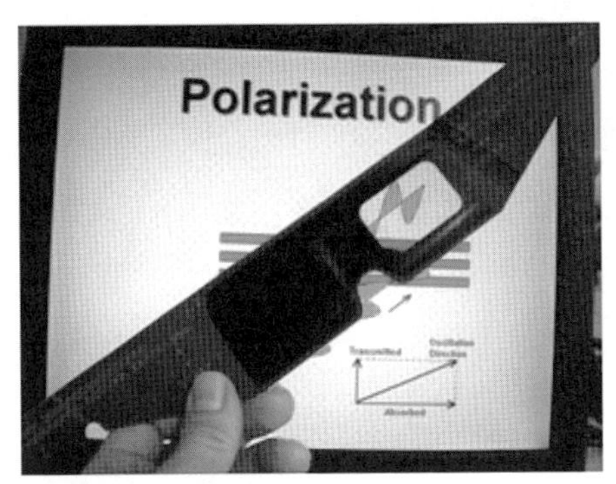

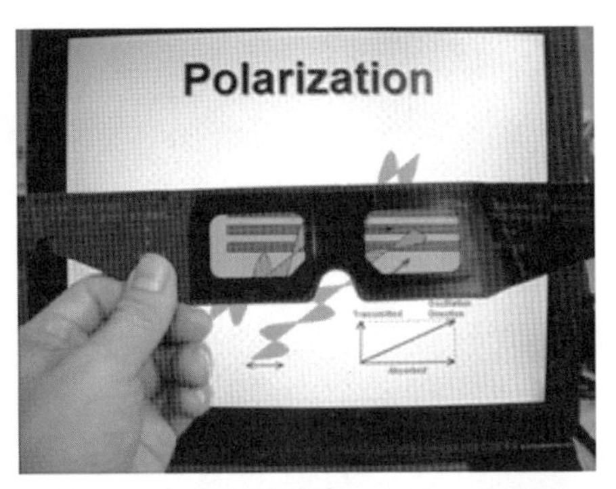

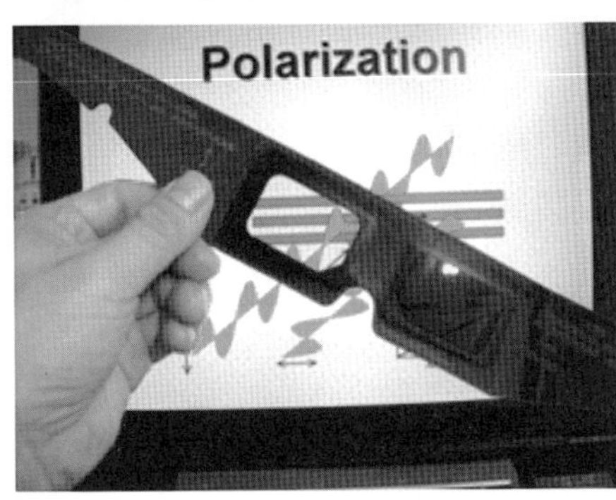

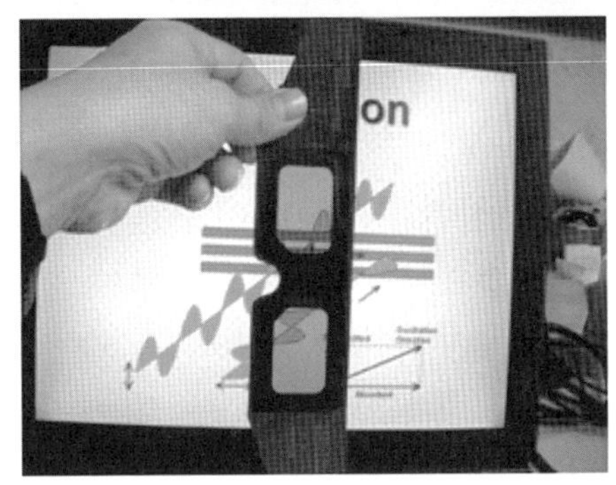

■ 圖 1-9　透過看立體電影用的偏振片眼鏡觀看液晶顯示器，當你旋轉偏振片到某個角度時，你會發現筆記型電腦液晶顯示器的光無法穿過某個鏡片，以右上圖為例，左邊眼鏡片只允許偏振方向為垂直方向的光通過，右邊眼鏡片只允許偏振方向為水平方向的光通過。由圖中的結果，你可以指出筆記型電腦液晶顯示器所發出光的偏振方向在哪一個方向嗎？

在雷射系統中有時為了減少介面反射所引起的損耗，故意將晶體斜切讓光以 θ_B 入射角射入雷射晶體中，此時 p 偏振光比 s 偏振光的損失小會先達啟動閥值將藏於雷射晶體中受激原子的能量用掉，

使得輸出雷射光為 p 偏振方向的光。在實驗室中除了使用衰減片控制雷射光強度外，還可使用兩個前後排列的偏振片，當兩個偏振片偏振方向垂直時，通過的光幾乎為零；當兩個偏振片偏振方向平行時，通過的光強度達最大。若固定其中一個偏振片方向，適當旋轉另一個偏振片的角度，則可調節通過的強度在零與最大值之間。所以兩個偏振片可用來調節雷射光的光強度，但若要改變某偏振光的偏振方向則需使用二分之一波板(half waveplate)。二分之一波板為雙折射材料（一般使用石英晶體），偏振方向沿快軸與慢軸方向的光所遇到折射率不同（如圖 1-10 所示），所以一個走得快些，另一個走得慢一點。若選擇適當波板厚度，可讓兩個穿過後產生二分之一波長的光程差（光程代表折射率與厚度乘積）。若入射光偏振方向與慢軸夾角為 θ，則光入射後，電場先拆解成沿著快軸與慢軸的兩個分量分別以不同速度傳播，通過波板後再結合。由於二分之一波長的光程差代表 180°相位角差，這會使其中一個分量會發生方向反轉，合成的偏振方向將會相對入射分方向旋轉 2θ。旋轉二分之一波板的光軸與偏振方向的夾角，可控制輸出光偏振方向在任意角度。

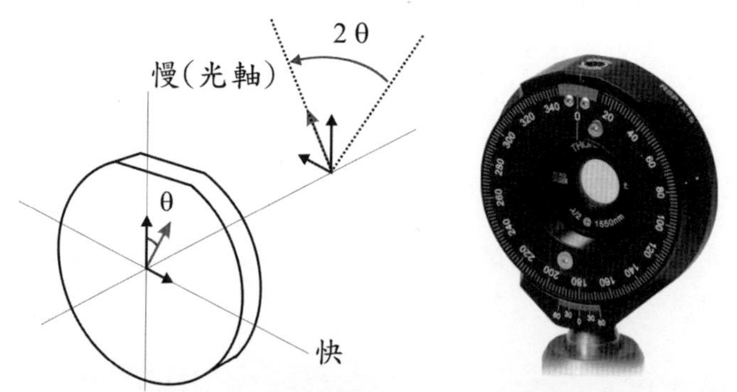

■ 圖 1-10　二分之一波板的光軸與偏振方向夾角為 θ，則光通過後偏振方向會旋轉 2θ。右邊為實際安裝於旋轉座的二分之一波板，一般安裝時，光軸與旋轉座 0°方向對齊

1-3 ★ Laser Engineering

光的色散

在同一介質中，折射率會隨波長變化，這會導致不同色光在介質中的行進速度不同，稱為色散(dispersion)。一般當 $\lambda_1 > \lambda_2$ 時，若 $n(\lambda_1) < n(\lambda_2)$，稱為正常色散(normal dispersion)，若 $n(\lambda_1) > n(\lambda_2)$，稱為反常色散(abnormal dispersion)，反常色散一般發生在光頻率正好落在材料吸收頻帶的情形。一般對光透明介質屬正常色散，例如玻璃對可見光的色散屬之，所以波長越長折射率越小。因為介質中不同色光的折射率不同導致折射角不同，可以藉此將不同色光分開，三稜鏡就是一個例子（參見圖 1-11 上圖）。在光纖中脈波訊號是由許多波長光組合而成，脈波在傳播一段距離後也會因為色散使得原本重疊的不同色光在時間上錯開而使得脈波寬度變寬，影響光通訊品質（參見圖 1-11 下圖）。

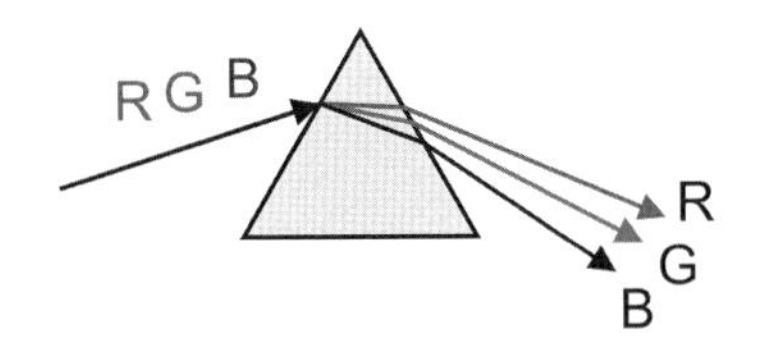

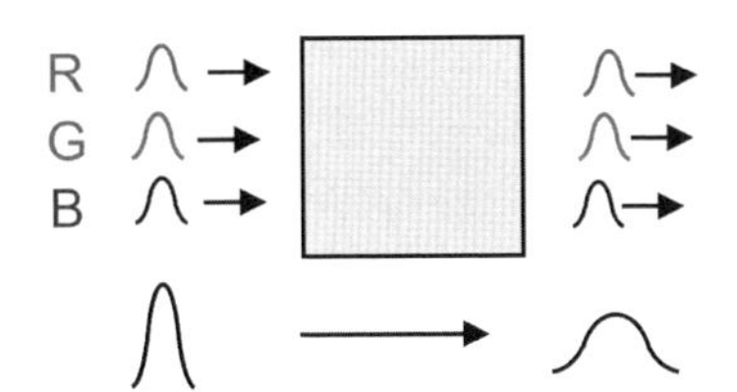

■ 圖 1-11　物質色散可將不同色光分離（上圖），也會造成光脈波的時間寬度變寬（下圖）

一般驗光師在為客戶配近視眼鏡驗光時，常會使用紅綠影像進行測試，作為配戴眼鏡度數是否過高的判定，其原理即是根據人眼的色散現象。使用紅綠兩種不同背景色的標的物，分別置於左右兩半邊，讓被驗光者判斷紅綠兩半影像何者較為清晰，藉此可以判斷受測者眼睛的屈光狀態。眼睛可以看成是一個聚焦透鏡構成的成像系統，由於眼球屬正常色散，綠光的折射率會比紅光略微大一些。所以綠光焦點會居前（出現在比較靠近透鏡的位置），紅光焦點則會居後，對成像系統而言，會形成色像差。圖 1-12(a)畫出當眼鏡度數不足時，綠、黃、紅三種色光聚焦情形。圖中顯示當度數不足時，紅色焦點較靠近視網膜，紅色光在視網膜上形成的光斑比綠色光小，所以紅色背景影像會比較清晰。圖 1-12(c)則畫出當眼鏡度數過高時，綠、黃、紅三種色光聚焦情形。當度數過高時，綠色光的焦點較靠近視網膜，綠色光在視網膜上形成的光斑較紅色光小，所以綠色背景的影像會看起來比較清晰。圖 1-12(b)則顯示當調至紅色與綠色背景影像一樣清晰時，黃光正好聚焦在視網膜上，代表眼鏡度數剛好將視力校正為正常視力。

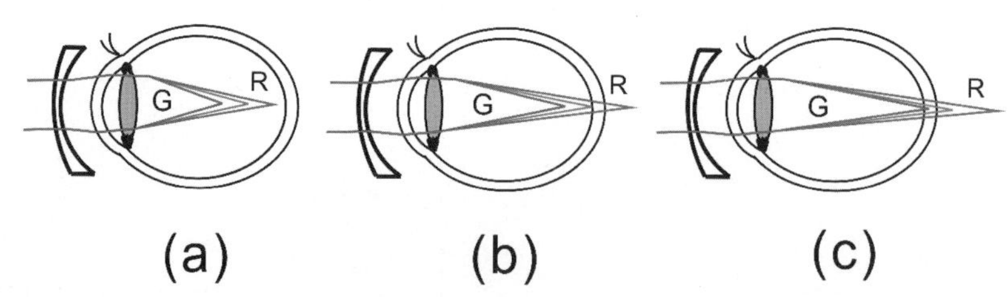

■ 圖 1-12　校正近視眼鏡度數(a)不足，(b)剛好，(c)過高的成像狀況，這裡 R 代表紅光，G 代表綠光

1-4 ★ Laser Engineering

光波的干涉

干涉是波的一種現象，當兩個波重疊時，若相位一致（相位角差 0°），則合成波振幅增加，產生建設性干涉(constructive interference)；若相位角差 180°，則合成波振幅減少，產生破壞性干涉(destructive interference)。波的干涉來自波的本質為介質振盪。振盪中有一平衡點，例如當介質上下振盪時，我們可視向上偏移為正，向下偏移為負。若兩波相位一致，兩正相加變大；若相位角差 180°，正負相加會抵銷。

波的干涉是指兩個角頻率與角波數相同的波在空間中同一位置（對於一維的波，代表 x 值固定）重疊的情形，我們可以將 $A\cos(\omega t - kx + \phi)$ 寫成 $A\cos(\omega t + \phi)$ 討論其疊加情形，這樣做可以看成是將 $-kx$ 這項併入 ϕ 中（或選觀測點在原點處 $x = 0$），因為若將所有參與干涉的波的相位角加上同一個值，其干涉強度不變。頻率相同但相位不同的兩個弦波相加可以用二維空間的向量加法表示，向量長度代表振幅，向量指向代表相位。為什麼弦波合成可以看成二維向量加法呢？我們先將振幅為 A 相位角為 ϕ 的餘弦波利用和角公式寫成

$$\begin{aligned} A\cos(\omega t + \phi) &= A\cos(\omega t)\cos(\phi) - A\sin(\omega t)\sin(\phi) \\ &= A\cos(\phi)\hat{x} + A\sin(\phi)\hat{y} \end{aligned} \tag{1-8}$$

其中令 $\cos(\omega t)\equiv\hat{x}$ ， $-\sin(\omega t)\equiv\hat{y}$ 。因為 $\cos(\omega t)$ 與 $-\sin(\omega t)$ 這兩個函數為正交函數(orthogonal functions)，兩個函數乘積的積分值為零，就好像 $\hat{x}\cdot\hat{y}=0$ 。至於這裡為什麼不令 $\sin(\omega t)\equiv\hat{y}$ ，而是令 $-\sin(\omega t)\equiv\hat{y}$ ，這是因為對應的座標軸 $\hat{y}$ 可將 $\hat{x}$ 逆時針旋轉 $90°(\pi/2)$ 得到，而 $-\sin(\omega t)=\cos(\omega t+\pi/2)$ ，所以取 $-\sin(\omega t)\equiv\hat{y}$ 。如果將用來表示的二維座標看成複數平面，則 $A\cos(\phi)\hat{x}+A\sin(\phi)\hat{y}$ 可寫進一步成 $A\cdot e^{i\phi}$ ， A 稱為振幅， ϕ 稱為相位角。我們可以將 $A\cdot e^{i\phi}$ 看成複數振幅（或稱 phasor），在複數平面上可表示為一個箭頭，不同相位波的疊加，可以將個別對應箭頭以向量加法進行運算。也可用餘弦波是複數波取實部的結果來看：

$$A\cos(\omega t+\phi)=\mathrm{Re}\left[Ae^{i\omega t+i\phi}\right]=\mathrm{Re}\left[\tilde{A}e^{i\omega t}\right] \tag{1-9}$$

這裡 $\tilde{A}=A\cdot e^{i\phi}$ ，也就是複數振幅。兩個波疊加可以寫成：

$$\begin{aligned}&A_1\cos(\omega t+\phi_1)+A_2\cos(\omega t+\phi_2)=\mathrm{Re}\left[A_1e^{i\omega t+i\phi_1}+A_2e^{i\omega t+i\phi_2}\right]\\&=\mathrm{Re}\left[\tilde{A}_1e^{i\omega t}+\tilde{A}_2e^{i\omega t}\right]=\mathrm{Re}\left[(\tilde{A}_1+\tilde{A}_2)e^{i\omega t}\right]\end{aligned} \tag{1-10}$$

其中 $\tilde{A}_1=e^{i\phi_1}$ ， $\tilde{A}_2=e^{i\phi_2}$ 。很明顯地，我們可以由 $\tilde{A}_1+\tilde{A}_2$ 得到合成波的相位角與振幅。由複數表示式做計算，可避免以弦波表式法疊加時會使用到的複雜三角函數公式，相較起來比較方便。

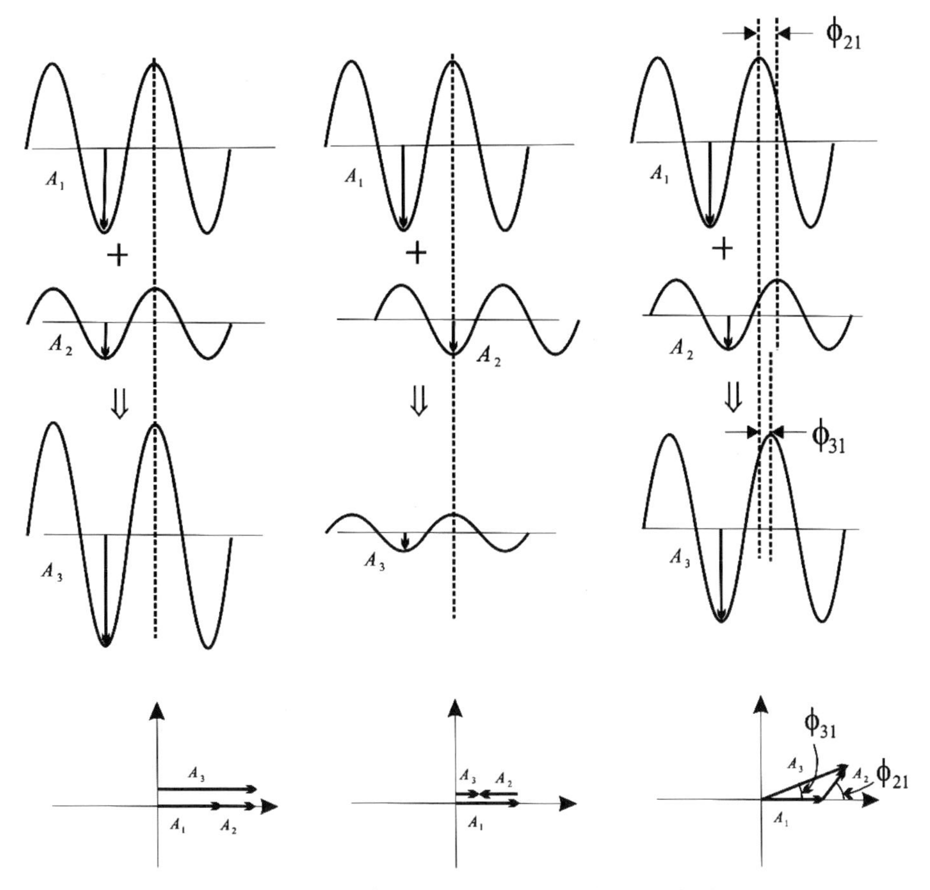

■ 圖 1-13　兩相位不同弦波的合成，下面為所對應的向量疊加圖

圖 1-13 左邊代表相位相同（波峰對波峰，波谷對波谷）兩弦波相疊加，合成波振幅為兩弦波振幅的和，為建設性干涉。圖 1-13 中間代表相位角差 180°（波峰對波谷）兩弦波相疊加，合成波振幅為兩弦波振幅的差值，為破壞性干涉。圖 1-13 右邊代表相位角差 ϕ_{21} 兩弦波相疊加，合成波振幅與相位角可用如圖下方向量加法得到。

玻璃的抗反射膜(antireflection coating)是就利用干涉原理抑制反射光。根據前面對玻璃反射率的估算，未鍍膜時，會有 8%能量的光被玻璃反射。若在玻璃表面鍍上一層膜（如圖 1-14），經由適當控制膜的厚度可使膜上下兩介面的反射光產生破壞性干涉。產生破壞性干涉的條件是來自下面介面的反射光比來自上面介面的反射光多走了二分之一波長的光程（距離與折射率乘積），使得來自兩介面的光產生 180°相位角差。對正向入射的光，若膜的折射率比玻璃小，則當膜厚乘上膜的折射率等於四分之一波長時，即可使膜上下兩介面的反射光產生破壞性干涉，達到抑制反射光的目的。

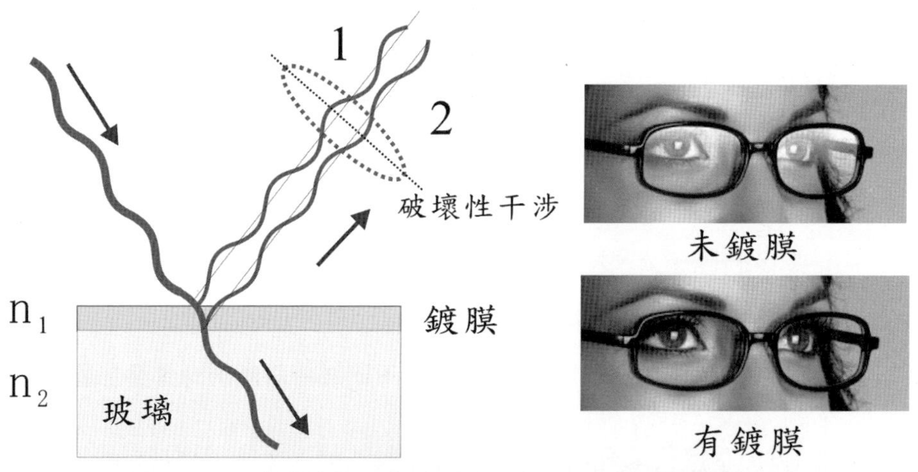

■ 圖 1-14　玻璃的抗反射膜是利用光干涉原理抑制反射光

前面提過光波能量密度與電場平方成正比，若以兩個完全相同平面波進行建設性干涉則合成波振幅變為兩倍，能量變為四倍。所以合成波能量變為干涉前兩平面波能量總和兩倍，我們似乎可以利用波的干涉增加能量？然而在真實干涉實驗中（如雙狹縫干涉實驗），某個地方產生建設性干涉必定伴隨另一個地方同時產生破壞性干涉，亮紋必定伴隨暗紋出現，事實上干涉只是改變能量分布，所有總能量維持不變。

事實上，真實的光波都會有限寬度的頻譜分布，單一頻率的平面波並不存在。在處理頻率有些微差異的平面波疊加時，一般除了使用餘弦波的表示式：$A\cos(\omega t-kx+\phi)$ 外，還常使用複數平面波進行運算。複數平面波的表示式如下：

$$Ae^{i(\omega t-kx+\phi)} \tag{1-11}$$

為了說明這兩種表式法所運算出來結果的關聯性為何？我們以下面兩個函數的關聯來說明。

$$f_1(t)=A_1\cos(\omega t-kx)+A_2\cos[(\omega+\delta\omega)t-(k+\delta k)x] \tag{1-12}$$

$$f_2(t)=A_1e^{i(\omega t-kx)}+A_2e^{i[(\omega+\delta\omega)t-(k+\delta k)x]} \tag{1-13}$$

這裡我們固定在空間某處觀察波疊加，為了計算方便可以將座標原點選在這個位置($x=0$)。若兩個波的頻率差異為 $\delta\omega$ ，式(1-12)是以餘弦波表示式進行疊加；式(1-13)則是以複數波表示式進行疊加。在圖 1-15 中我們以繪圖軟體畫出對應場強度分布：$f_1(t)^2$ 與 $|f_2(t)|^2=f_2^*(t)f_2(t)$ ，結果發現對頻率些微差異平面波的疊加，複數平面波所算出的強度分布結果正好是以弦波運算強度分布的包跡(envelop)。頻率些微差異的波的疊加會對光場強度在時間軸上的分布產生調變作用，這部分在第 6 章鎖模技術中會再提到。事實上複數波也是波動方程式的一個解，描述光在吸收介質中強度衰減現象時也會用到。

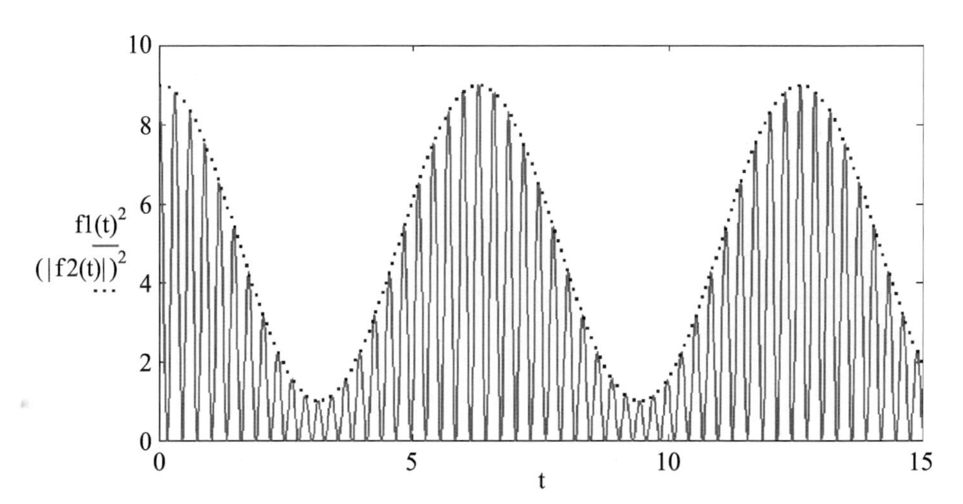

■ 圖 1-15　對頻率些微差異平面波的疊加，複數平面波所算出的強度分布結果正好是弦波運算強度分布的包跡（這裡我們設定 $A_1=1$，$A_2=2$，$\omega=10$，$\delta\omega=1$）

為了瞭解包跡移動速度，我們可以將式(1-13)做一些運算

$$
\begin{aligned}
\left|f_2(t)\right|^2 &= \left|A_1e^{i(\omega t-kx)}+A_2e^{i[(\omega+\delta\omega)t-(k+\delta k)x]}\right|^2 \\
&= \left|e^{i(\omega t-kx)}\left(A_1+A_2e^{i(\delta\omega t-\delta kx)}\right)\right|^2 = \left|A_1+A_2e^{i(\delta\omega t-\delta kx)}\right|^2 \\
&= A_1^{\,2}+A_2^{\,2}+2A_1A_2\cos(\delta\omega t-\delta kx)
\end{aligned}
\tag{1-14}
$$

因為 $\cos(\omega t-kx)$ 的移動速度為 ω/k，所以式(1-14)所代表包跡移動速度為：

$$
v_g=\frac{\delta\omega}{\delta k}\cong\frac{d\omega}{dk} \tag{1-15}
$$

我們稱此包跡移動速度為群速度(group velocity)。在一般色散介質中，群速度比光速小，其大小由色散關係函數 $\omega(k)$ 決定。在空氣中，色散現象可忽略，則 $\omega(k)=kc$，$v_g=c$。圖 1-15 中，包跡內快速振盪的波移動的速度與包跡移動速度不同，其值為 $v_p=\omega/k$，稱為相速度(phase velocity)。很明顯地，群速度才是整體光能量分布的移動速度。前面一維波傳播的表式可推廣至三維空間，例如複數波可改寫成：

$$\vec{A}e^{i(\omega t-\vec{k}\cdot\vec{r}+\phi)} \tag{1-16}$$

其中 $\vec{A}$ 代表振幅向量，$\vec{k}=(k_x,k_y,k_z)$ 的方向與波行進方向平行，$|\vec{k}|=2\pi/\lambda$。在式(1-16)中，當 $\vec{k}\cdot\vec{r}=k_x x+k_y y+k_z z$ 為常數時，代表等相位面，$\vec{k}=(k_x,k_y,k_z)$ 即為此面的法（垂直）向量（如圖 1-16 所示）。

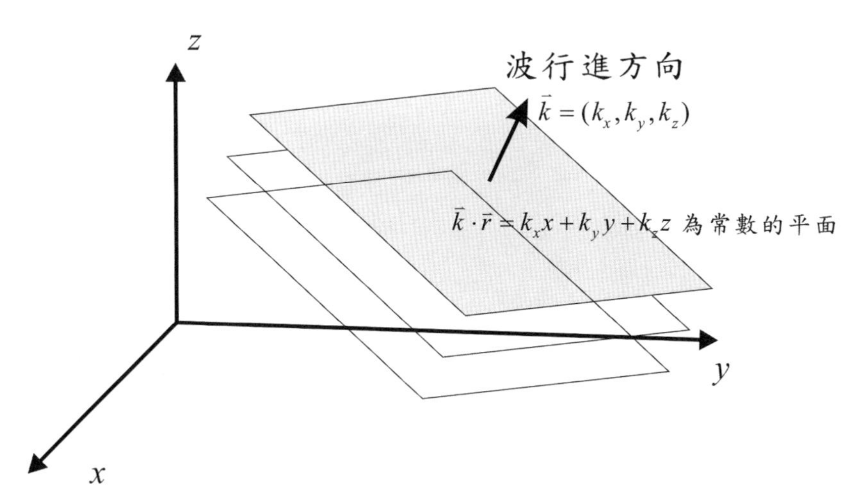

■圖 1-16　三維空間的平面波

1-5 ★ Laser Engineering

光波的繞射

繞射(diffraction)與干涉皆為波所獨有的特徵，可以用來區別波與粒子。當太陽光照射在人身上時，在光被遮蔽處會形成影子，Newton 可能據此得到光走直線的觀念而引進光的粒子說。然而實驗發現光走直線的結果只有當遮蔽物尺寸遠大於光波波長時才成立。當然，人的尺寸比起光波波長確實大很多，所以光走直線在日常生活中是很好的近似。但若光穿過一個尺寸接近或小於波長的狹縫，則光以縫為中心形圓弧形波傳播（見圖 1-17 的左圖）。光被一個尺寸接近或小於波長的物體阻擋，則光會繞過這物體繼續前進（見圖 1-18 的左圖），因此光學顯微鏡的解析度受限於繞射現象，僅能看到比光波長大的物體。無線電波波長達數公尺，當無線電波穿過巷子、窗戶或遇到其他障礙物時會產生明顯繞射（見圖 1-19），也幸好因為繞射，所以收音機不用放在窗口就可以收到訊號。

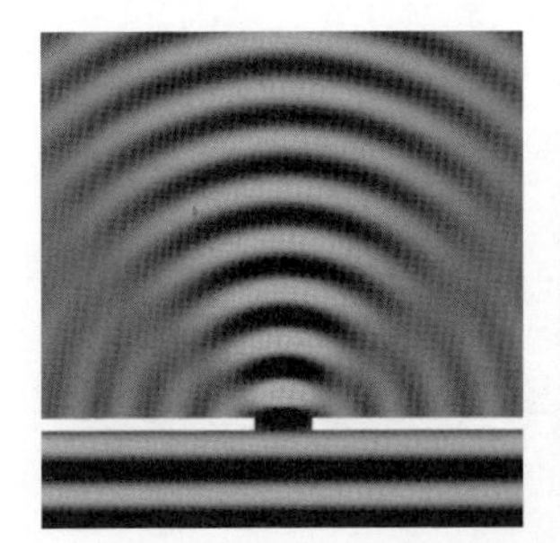
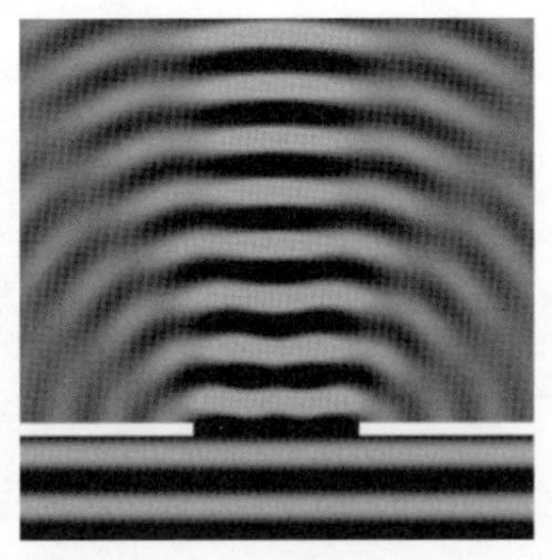
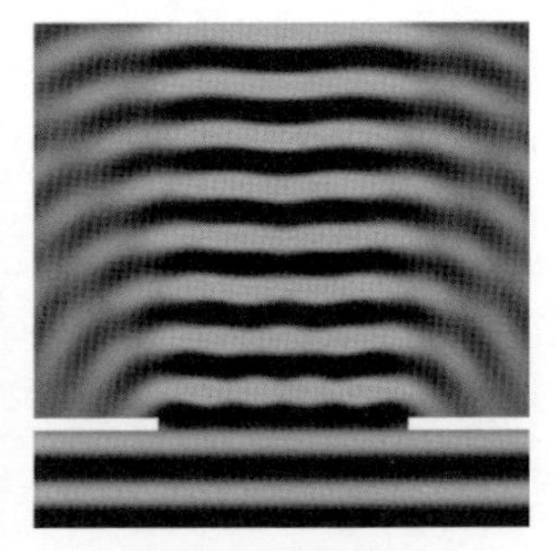

■圖 1-17　光穿過狹縫的效應（左圖代表狹縫大小與波長接近時）

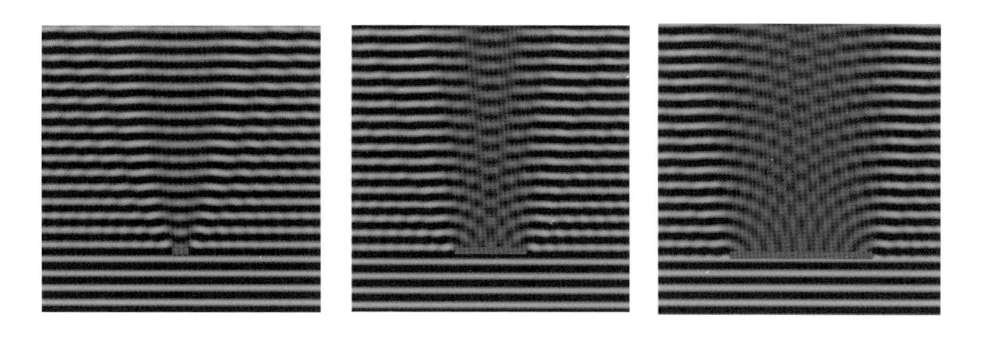

■圖 1-18　光照射在阻擋物的效應（左圖代表阻擋物大小與波長接近時）

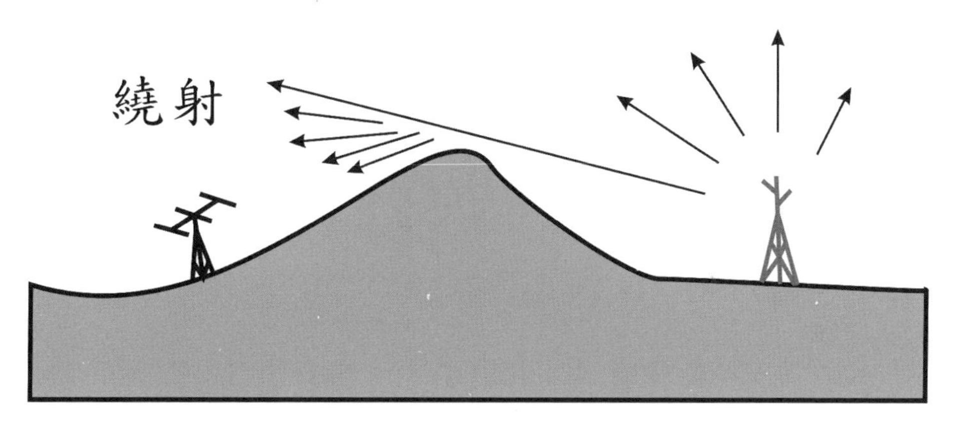

■圖 1-19　廣播電台的電波波長很長，通過障礙物時會產生顯著繞射，所以電波也可繞過山頭讓在山另一頭的天線接收到訊號

1-6 ★ Laser Engineering

光源的同調性

不是所有光源在做干涉實驗時皆可產生明顯的明暗干涉條紋，只有某些光譜純度較高的光源才適用於干涉實驗，這與光源的同調性有關。同調是光學中較難理解的觀念。同調的概念之所以困難可能是因為對於光波中電磁場的振盪圖像我們無法用眼睛看到，以至於我們常將它想成像水波一樣，如圖 1-20 上圖中完美的振盪波形，但實際上它並不是這樣的。

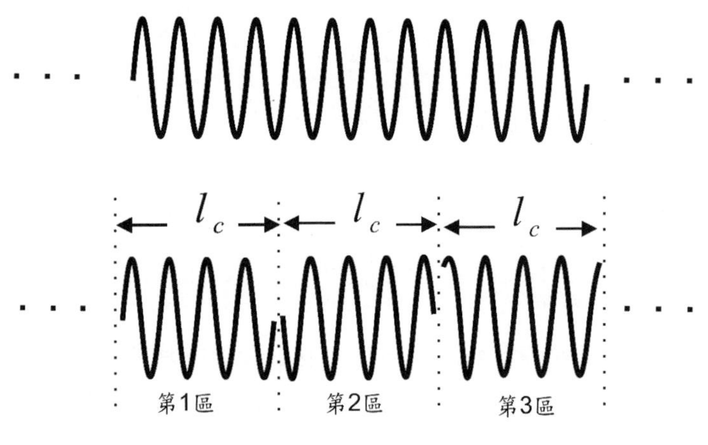

■ 圖 1-20　上圖：想像中完美的波形；下圖：由相位不連續波串組成的波，相位不連續處以虛線標示，兩個相鄰相位不連續處的距離即為同調長度

真實光波中電磁場的振盪圖像應該如圖 1-20 下圖中是由一些相位不連續的波串(wave train)組成。產生相位不連續波串主要是因為我們所看到的光皆為來自累積龐大數量電子躍遷的結果。電子被激發至高能階後，接著躍遷回低能階時所發出的光僅能持續一段很短

時間（稱為電子在高能階的 lifetime）。我們看到原子會一直持續發光，其實是因為電子跳到低能階後，又再度被激發至高能階，不斷地在低能階與高能階之間跳上跳下。假設電子在第一次躍遷發完光之後就緊接著進行第二次躍遷，且前後兩次躍遷所發出的光之間相位沒有任何關聯，則就會形成兩個相位不連續的波串。此外，在執行第一次躍遷發光時，期間若原子被其他原子碰撞也有可能造成中間相位不連續（稱為 dephasing），這樣會使得第一次躍遷對應的波串分裂成兩個更短相位不連續的波串。前面是從討論同一個原子中電子前後躍遷發出光的相位不相關性就可以得到相位不連續波串的圖像。事實上，參與發光的龐大數量電子躍遷中有很大一部分是來自不同原子的貢獻。一般不同原子發出的光波的相位也大多沒有什麼關聯，所以合成的波也會出現相位不連續波串的情形。所以相位不連續波串的產生是由於這些龐大數量的電子躍遷（可能來自相同原子在不同時間或來自不同原子）個別所產生短暫光波之間的相位沒有關聯所造成。一般光源中各原子中電子躍遷所發出的波串在相位上確實沒有關聯，但在雷射中就有些不同了，第 2 章中我們將提到雷射基本原理中的受激輻射可讓不同波串之間的相位得以連續，得到一個較長延續的波形。我們將兩相鄰相位不連續處的時間差定義為同調時間(coherence time)：τ_c，這段時間光所走的距離定義為同調長度(coherence length)：

$$l_c = c \cdot \tau_c \tag{1-17}$$

同調時間是用來標示不同時間到達觀測點的光相位是否有關聯的參數，當兩個到達觀測點光的時間差超過同調時間時，這兩道光所對應相位可視為沒有關聯。圖 1-20 下圖只標示出 3 個波串，實際上一道光可看成由很多相位不連續波串串接組成，每個波串長度不同，有的長有的短，所以光源的同調長度應是一個統計平均值，代表所有串接波串長度的平均值。圖 1-20 下圖 3 個波串的同調長度一樣是一種為了方便分析問題而簡化的看法。

同調時間與光源光譜頻寬($\Delta\nu$)有關：

$$\tau_c = \frac{1}{\Delta\nu} \tag{1-18}$$

由式(1-18)可以看出光譜越純，$\Delta\nu$ 越小，同調時間越長。為什麼？我們用兩個頻率相近的波產生的拍頻(beating)現象來說明頻率差確實會帶來相位不連續的波串。

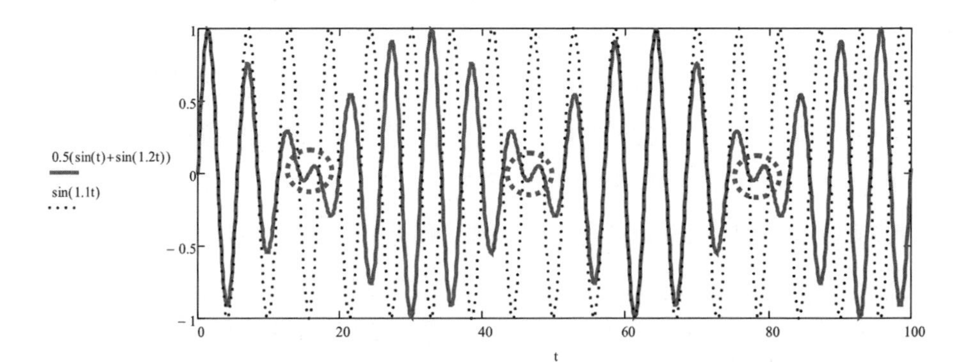

■ 圖 1-21　兩個頻率相近的波疊加會產生拍頻現象，仔細看圈起來的地方是相位出現不連續的位置。實線代表兩個頻率相近（所以頻寬有限）的弦波疊加，繪圖所使用的函數為：$0.5[\sin(t)+\sin(1.2t)]$；虛線代表一個完美單一頻率（頻寬為零）的弦波，頻率為前面畫實線曲線所用兩個頻率的平均值，繪圖所使用的函數為：$\sin(1.1t)$

圖 1-21 中我們用兩個頻率相近的弦波疊加後並不完全等於一個對應平均頻率的弦波，還會產生忽強忽弱，像打拍子一樣的現象。仔細看你會發現除了振幅起伏外，脈動之間也存在相位不連續的變化。圖中圈起來的地方就是相位不連續的位置，也就是拍頻波是由相位不連續的波串串接而成。頻率差距越大，波串持續時間越短，這個結果可以說明式(1-18)。

上面定義的同調性代表光源同一位置在不同時間所發出光的相位關聯性，稱為時間同調(temporal coherence)，可用 Michelson 干涉儀直接度量對應的同調長度。對於非點光源，可進一步考慮同一時間在不同位置所發出光的關聯性，稱為空間同調(spatial coherence)。光源的同調性展現於干涉實驗中干涉條紋的明暗對比，干涉條紋的明暗對比越強代表光源的同調性越好。以雙狹縫干涉為例，在屏幕中心位置（圖 1-22 中標示 A 的地方）的干涉條紋的明暗對比代表雙狹縫前所放置單狹縫的空間同調程度。離開屏幕中心位置越遠（如圖 1-22 中標示 B 的地方）的干涉條紋明暗對比逐漸下降，代表通過兩狹縫的光到此處的光程差已逐漸超過同調長度，所以屏幕中心位置越遠的干涉條紋明暗對比同時受時間同調與空間同調影響。

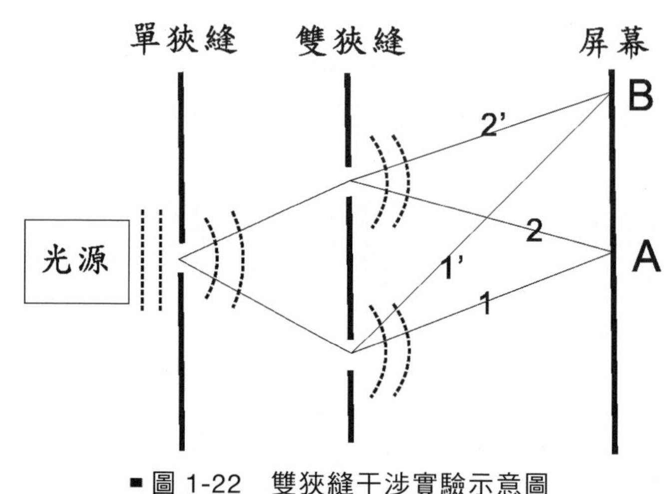

■圖 1-22　雙狹縫干涉實驗示意圖

測量同調長度的方法可分為直接法與間接法兩種：

(1) 直接法：Michelson 干涉儀可以度量光源的同調長度，干涉儀的架構如圖 1-23 所示，入射光先經由分光鏡分成兩道光分別走路徑 1 與路徑 2，兩道光經由兩反射鏡反射後，再由分光鏡混合進入偵測器。干涉儀一開始先將兩路徑光程調至一樣，此時偵測器偵測到的光強度達最大值，再移動其中一個鏡面位置使走路徑 1 與路徑 2 產生光程差，此時偵測器所測得的光會出現明暗變化，當 $d_2 - d_1 > l_c/2$ 時，兩光束光程差超過 l_c（因為鏡子移動 Δd，光來回共走 $2\Delta d$，所以光程會產生 $2\Delta d$ 變化），干涉強度的明暗變化消失。由干涉強度對比最強到干涉強度的明暗變化消失，鏡面所移動距離可推出光源的同調長度。

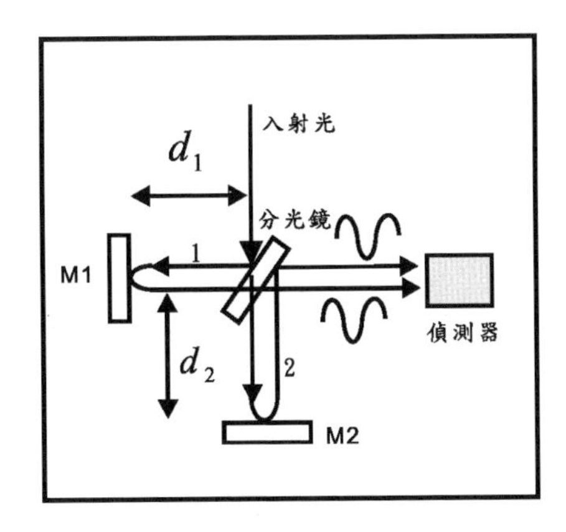

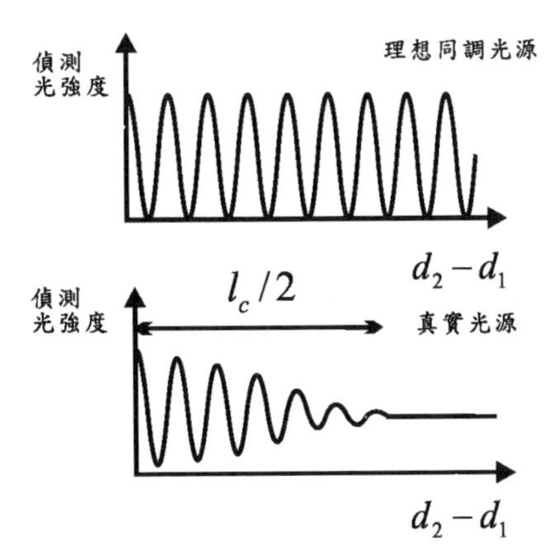

■ 圖 1-23　以 Michelson 干涉儀測量光源同調長度

為什麼兩光束光程差超過 l_c 就看不到干涉現象？在 Michelson 干涉儀中，由分光鏡分出的兩道光在沒有光程差的情形下進行疊加（如圖 1-24 所示），同區波串與原本同區波串重疊，會形成完美建設性干涉。當兩道光的光程差開始增加時（如圖 1-25 所示），會產生部分同區波串疊加與部分異區波串疊加的情形。先看同區疊加部分，若第 1 區與第 1 區重疊部分為破壞性干涉時，第 2 區與第 2 區重疊部分以及其他同區疊加部分亦會維持破壞性干涉。所以同區部分疊加依然會形成干涉，至於是建設或破壞性干涉則由兩道光的光程差決定。但異區疊加部分則會因為不同區之間相位沒有規則性而互相抵銷，也就是若第 1 區與第 2 區重疊部分為建設性干涉，第 2 區與第 3 區重疊部分可能為破壞性干涉，這樣異區重疊部分將無法干涉。當兩道光的光程差正好等於光源的同調程度時（如圖 1-26 所示），則全為異區波串疊加，兩道光無法產生干涉，明暗變化將消失。

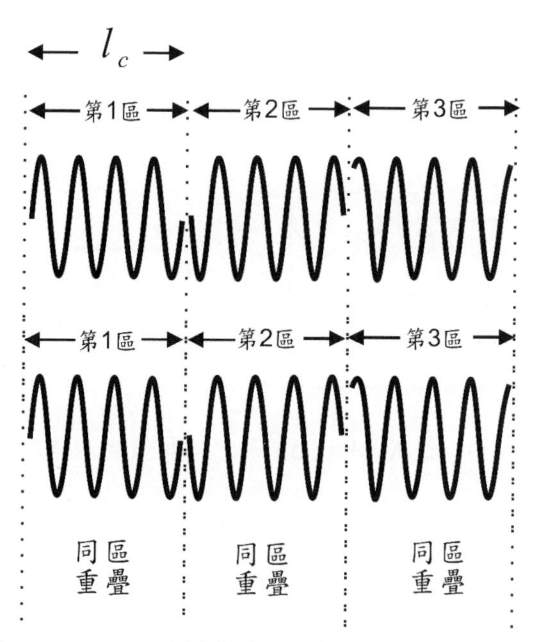

■ 圖 1-24　在 Michelson 干涉儀中兩道光在沒有光程差的情形下疊加

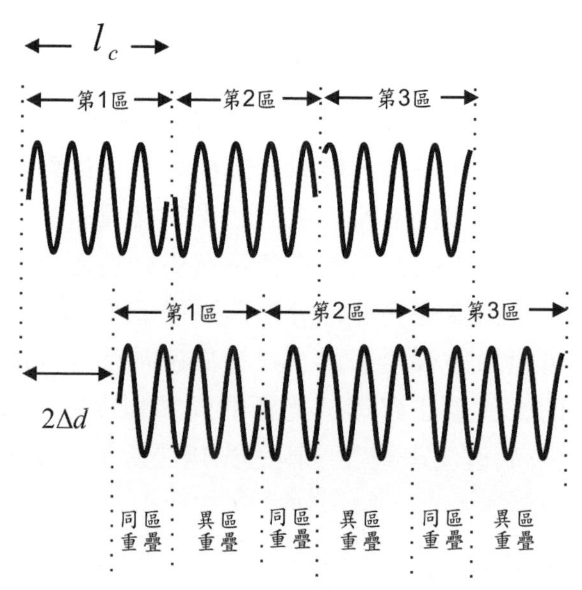

■ 圖 1-25　在 Michelson 干涉儀中兩道光在有光程差的情形下疊加

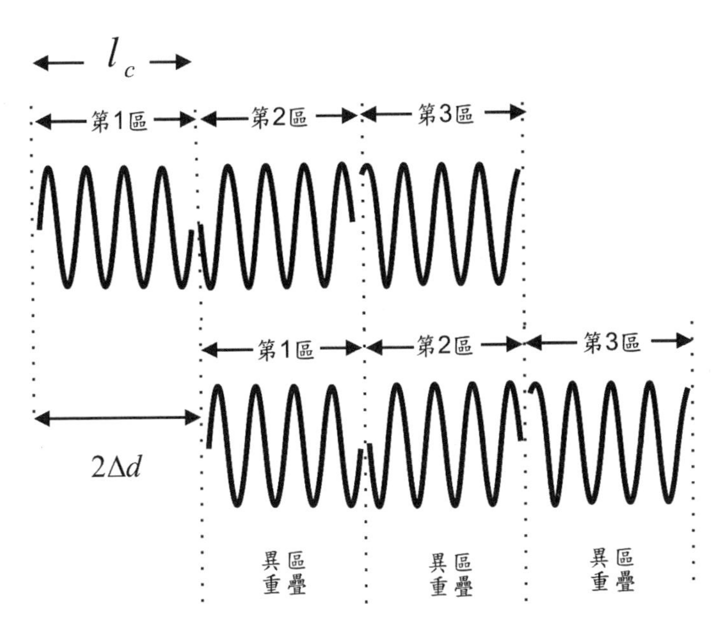

■圖 1-26　在 Michelson 干涉儀中當兩道光的光程差達同調長度的情形下疊加

(2) 間接法：以光譜儀直接度量光源光譜頻寬 $\Delta\nu$ 後再推算同調長度。一般光源光譜頻寬 $\Delta\nu$ 很寬（如日光燈），採用間接法比較方便。對於光譜頻寬 $\Delta\nu$ 很窄的光源（如雷射），光譜頻寬太小不易度量，此時採用直接法反而比間接法方便。因此直接法與間接法為互補的方法，得視光源特性挑選適合方法度量光源的同調性。完全同調光源的同調長度為無限大，頻寬為零（單頻光），對應波串完全無中斷與相位不連續，然而要產生這樣波串需要無限長的時間，所以在實際生活中單頻光並不存在，既使雷射頻寬很小，但也是有限值。完全不同調光源的同調長度為零，頻寬為無限大，實際生活中要找到一個光源可發出所有頻譜也不可能，所以完全不同調光源也不存在。實際光源都是介於完全不同調光與完全同調光之間的部分同調光(partially

coherent light)，只是雷射比較靠近完全同調光這邊，日光燈比較靠近完全不同調光這邊。

例題 1-1

(a) 已知一低壓鈉燈($\lambda = 589$ nm)的頻寬為 5.1×10^{11} Hz，求此鈉燈光源的同調時間與同調長度分別為何？

(b) 對於一 HeNe 雷射($\lambda = 633$ nm)，若操作在多模態，其光譜線寬為 $\Delta\nu = 1500$ MHz，求其同調長度為何？另試求此 HeNe 雷射的 $\Delta\lambda/\lambda$ 值，並與(a)中鈉燈光源的 $\Delta\lambda/\lambda$ 值比較，看差多少倍？

解 (a) $l_c = c\cdot\tau_c = c\dfrac{1}{\Delta\nu} = 3\times10^8 \times \dfrac{1}{5.1\times10^{11}} = 588\ \mu\text{m}$

$$\tau_c = \frac{1}{\Delta\nu} = 1.96\times10^{-12}\ \text{s}$$

(b) $l_c = \dfrac{c}{\Delta\nu} = \dfrac{3\times10^8\ \text{m/s}}{1500\ \text{MHz}} = 0.2\ \text{m}$

HeNe：$\nu = \dfrac{c}{\lambda} = \dfrac{3\times10^8}{633\times10^{-9}} = 4.74\times10^{14}\ \text{Hz}$

鈉燈：$\nu = \dfrac{c}{\lambda} = \dfrac{3\times10^8}{589\times10^{-9}} = 5.09\times10^{14}\ \text{Hz}$

HeNe：$\dfrac{\Delta\lambda}{\lambda} = \dfrac{\Delta\nu}{\nu} = \dfrac{1.5\times10^9}{4.74\times10^{14}} = 3.17\times10^{-6}$

鈉燈：$\dfrac{\Delta\lambda}{\lambda} = \dfrac{\Delta\nu}{\nu} = \dfrac{5.1\times10^{11}}{5.09\times10^{14}} = 1.00\times10^{-3}$

$\dfrac{1.00\times10^{-3}}{3.17\times10^{-6}} = 316$ 倍

$\frac{\Delta\lambda}{\lambda}=\frac{\Delta\nu}{\nu}$的證明：

假設波長由λ變為$\lambda+\Delta\lambda$，對應頻率由ν變為$\nu-\Delta\nu$（波長變長，頻率變小），而頻率與波長乘積皆為光速

$$c=\nu\cdot\lambda=(\nu-\Delta\nu)\cdot(\lambda+\Delta\lambda)$$

$$\Rightarrow \nu\cdot\lambda=\nu\cdot\lambda-\Delta\nu\cdot\lambda+\nu\cdot\Delta\lambda-\Delta\nu\cdot\Delta\lambda$$

$$\Rightarrow \frac{\Delta\lambda}{\lambda}=\frac{\Delta\nu}{\nu}+\frac{\Delta\lambda}{\lambda}\cdot\frac{\Delta\nu}{\nu}$$

$$\Rightarrow \frac{\Delta\lambda}{\lambda}=\frac{\Delta\nu}{\nu}$$

這裡$\frac{\Delta\lambda}{\lambda}$與$\frac{\Delta\nu}{\nu}$皆比 1 小很多，所以$\frac{\Delta\lambda}{\lambda}\cdot\frac{\Delta\nu}{\nu}$相較於其他項很小，可忽略。

例題 1-2

有一紅色 LED（波長為 660 nm）其譜線分布為 Δλ=17nm，請計算該 LED 的同調長度？有一種稱為 RCLED (Resonant-Cavity Light Emitting Diode)的產品，在 LED 結構上下加入反射層形成共振腔，已知上面紅光 LED 引入共振腔後 Δλ 變小為 0.9 nm，請問 RCLED 是否適合取代例題 1-1 中鈉燈用於干涉實驗，請說明理由。

解 因為$\frac{\Delta\lambda}{\lambda}=\frac{\Delta\nu}{\nu}$

紅色 LED：$l_c=\frac{c}{\Delta\nu}=\frac{c}{\nu}\frac{\lambda}{\Delta\lambda}=\frac{\lambda^2}{\Delta\lambda}=\frac{(660\times10^{-9})^2}{17\times10^{-9}}=26\ \mu\text{m}$

RCLED：$l_c=\frac{c}{\Delta\nu}=\frac{c}{\nu}\frac{\lambda}{\Delta\lambda}=\frac{\lambda^2}{\Delta\lambda}=\frac{(660\times10^{-9})^2}{0.9\times10^{-9}}=484\ \mu\text{m}$

所以 RCLED 的同調長度雖與鈉燈差不多，但比鈉燈還是小一點，在做干涉實驗時效果還是會差一點。然而 RCLED 的價格比鈉燈便宜很多，所以若從經濟考量，是可用 RCLED 取代鈉燈。

Exercise ★ 習題

1. 古代時有人白天將箱子放在太陽下曝曬，試圖把光裝在箱子裡，在太陽下山前他把箱子關起來，晚上再打開箱子將光放出來用。你覺得晚上他打開箱子會發現什麼？你可以說明為什麼嗎？
2. 除了太陽能板外，請你舉出另一個光轉電的裝置，並嘗試說明其中能量的轉換原理。
3. 光從太陽到地球需 8 分鐘且 1 秒鐘可繞地球表面大圓 7 圈半。請由此估算地球到太陽距離與地球半徑分別為何？
4. 請證明圖 1-13 右圖中弦波疊加後，合成波的振幅與相位滿足：

$$A_3 = \sqrt{A_1^{\ 2} + A_2^{\ 2} + 2A_1A_2\cos\phi_{21}}$$

$$\phi_{31} = \tan^{-1}\left(\frac{A_2\sin\phi_{21}}{A_1 + A_2\cos\phi_{21}}\right)$$

5. 若 $2\cos(\omega t+\frac{\pi}{4})+\cos(\omega t)+2\cos(\omega t-\pi)-\cos(\omega t-\frac{\pi}{2})=A\cos(\omega t+\phi)$，請求 A 與 ϕ 的值分別為多少？
6. $A_1\cos(\omega t-kx+\phi_1)$ 與 $A_2\cos(kx-\omega t+\phi_2)$ 這兩個行進波表示法可以表示一樣的波，而且行進方向一樣，只要令 $A_1=A_2$ 與 $\phi_1=-\phi_2$。那 $A_1e^{i(\omega t-kx+\phi_1)}$ 與 $A_2e^{i(kx-\omega t+\phi_2)}$ 是否也可以視為等價呢？請說明原因？（提示：複數波對應的光強度是複數波函數乘上它的共軛複數）
7. 請由繞射的觀點說明為何頻率高的音波比較具有方向性？為何超重低音喇叭一般只有一個，而不是左右各放置一個？

8. 請你想像一下，假如沒有光色散現象，我們所看到的世界會有什麼改變？有哪些自然現象會消失？
9. 對於一個白光光源，如果其光譜頻寬與可見光的頻譜寬度(400~700 nm)一樣，請估算這個光源的同調時間與同調長度為何？從你計算出的同調長度大小說明這樣光源在使用 Michelson 干涉儀量測同調長度上困難之處。
10. 假如你手上有三個光源，分別為白色螢光桌燈、紅色 LED 燈與綠光雷射指示筆，請說明三個光源同調長度大小次序為何？如果要你測量三個光源的同調長度，你會打算如何測量？

02 雷射簡介

本章大綱

上一章已經解釋光的同調性，這一章將進一步解釋雷射的發光原理－受激輻射，以及為何雷射能產生同調性較高的光。接著講解構成雷射的三個要素與雷射光的特性，最後介紹四種常見的雷射分類方法，希望大家讀完後，可以辨識在實驗室中所看到的雷射是屬於哪一類雷射。

2-1 雷射是什麼

雷射是來自英文 LASER。LASER 是由解釋雷射英文字串「Light Amplification by the Stimulated Emission Radiation」的字首字母組合而成的單字。依據這種法則所造英文單字稱為 acronym。Acronym 的其他例子還有很多，例如：

AIDS=Acquired Immuno Deficiency Syndrome
（後天免疫缺乏症候群）

RADAR=RAdio Detecting And Ranging
（雷達）

SARS=Severe Acute Respiratory Syndrome
（嚴重急性呼吸道症候群）

NASA=National Aeronautics and Space Administration
（國家航空暨太空總署）

由上面所舉的例子可以看出 acronym 常用於科學名詞、醫學名詞與機構名稱。根據解釋雷射英文字串的字面意思我們可以將雷射解釋為：以受激輻射為原理所製成的光放大器稱為雷射。在臺灣我們譯其音稱為「雷射」，在中國大陸譯其意稱為「激光」。放大器是用來將小訊號放大成大訊號的裝置，在日常生活中最常見的放大器為擴音器（如圖 2-1 上圖所示），聲音先經由麥克風將聲音訊號轉為電訊號，將電訊號做功率放大後，再經由喇叭將電訊號轉為聲音輸出。放大器並非直接對聲音訊號直接放大，而是對電訊號放大，這裡的麥克風與喇叭稱為能量轉換器(transducer)，在電子學應用中扮演很重要角色，有了能量轉換器就可以利用電子電路對其他不同形式能量進行放大。值得注意的是光訊號的放大也可利用能量轉換器，光轉電可用光偵測器（如偵光二極體 photodiode），電轉光可用半導體雷射(laser diode)，再搭配電子訊號放大電路做成間接光放大器（如圖 2-1 下圖所示）。這裡所提雷射系統的放大機制為直接對光進行放大，屬直接光放大器。在光纖通訊中所使用的摻鉺光纖放大器(EDFA=Erbium-Doped Fiber Amplifier)是利用一小段包含低濃度鉺離子之光纖與一激發用半導體雷射所製成，也是屬於直接放大光訊號的光放大器。

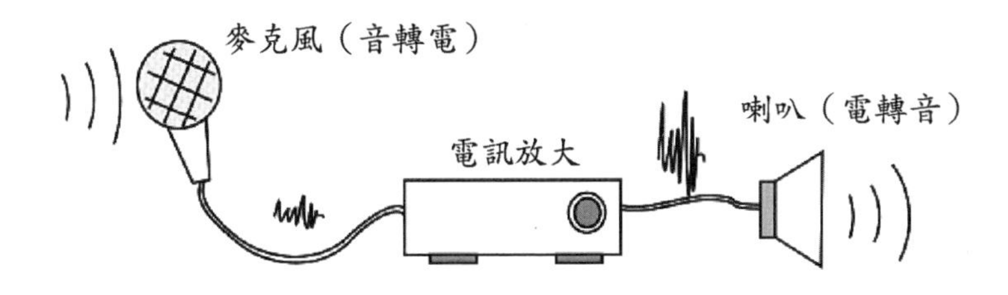

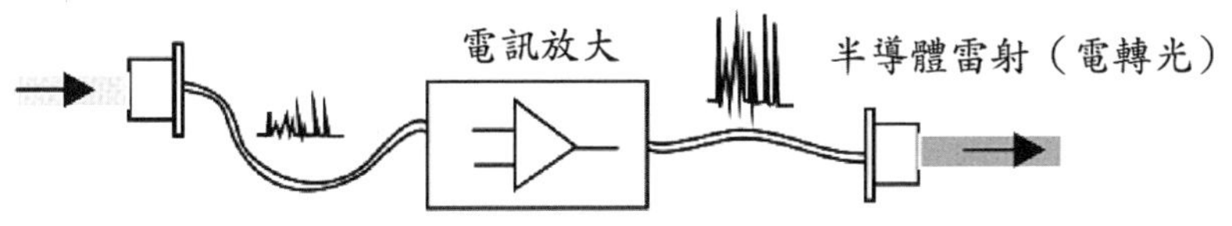

■圖 2-1　間接聲音放大（上圖）與間接光放大（下圖）

2-2 ★ Laser Engineering

三種光與物質的交互作用

生活中伸手可及物質皆由原子構成，原子的構造可看成一個迷你的太陽系，帶負電的電子繞著帶正電的原子核旋轉，如同於太陽系大部分質量集中於太陽，原子大部分的質量集中於原子核。不同於太陽系中的行星可處於任意半徑軌道，原子中的電子僅能停留在某些穩定軌道，這些穩定軌道所對應的能量像階梯高度一樣不連續，於是產生能階(energy level)的概念。我們日常生活中所看見的光大多來自原子中電子由某一能量較高的能階躍遷至另一能量較低的能階時，能量以光形式釋放的結果。原子中電子僅能存在某些穩定軌道與電子軌道躍遷發出光的概念是丹麥物理學家 Bohr 於 1913 年所提出，並據此發展出可以成功解釋氫原子的發光譜線的理論。至今仍是探討光與物質交互作用時常用的基本概念。我們假設高能階能量為 E_2，低能階能量為 E_1，則光與原子中電子的交互作用可粗略分成自發性輻射(spontaneous emission)，吸收(absorption)，受激輻射(stimulated emission)三種說明。

第一個過程稱為自發性輻射（如圖 2-2 所示）。水往低處流，物體傾向處於低能量狀態。當電子處於高能階能量 E_2 時，其停留時間有限。所以在一段時間後，電子會自發性由 E_2 能階躍遷至 E_1 能階，並放出一顆頻率為 ν 的光子，稱為自發性輻射，其中輻射光頻率滿足：

$$h\nu = E_2 - E_1 \tag{2-1}$$

由於每個光子能量為 $h\nu$，所以 $h\nu = E_2 - E_1$ 的關係表示一個電子一次躍遷只產生一個光子。由於我們所看到的光都是來自數量龐大的原子一起所發出的光，對於自發性輻射，不同原子發光時彼此沒聯絡完全自動自發，所以不同原子所發出光子的相位、偏振、輻射方向等特性屬隨機(random)而沒關聯。另外每個原子其電子處於高能階能量為 E_2 的停留時間也不相等，停留時間短的機率大，停留時間長的機率小。日常生活中的光源（如日光燈、電燈泡、LED 等）主要發光機制屬於自發性輻射。我們可以將自發性輻射過程以類似化學反應式寫成：

$$A^* \rightarrow A + h\nu \tag{2-2}$$

這裡 A^* 代表電子處於 E_2 的原子，A 代表電子處於 E_1 的原子，$h\nu$ 代表電子由 E_2 躍遷至 E_1 所釋放的光子。根據碰撞理論，化學反應速率與反應物碰撞發生機率有關，與各反應物濃度乘積成正比。式(2-2)的反應物只有 A^*，所以自發性輻射發生機率只與單位體積中電子處於 E_2 的原子數目 N_2 成正比。

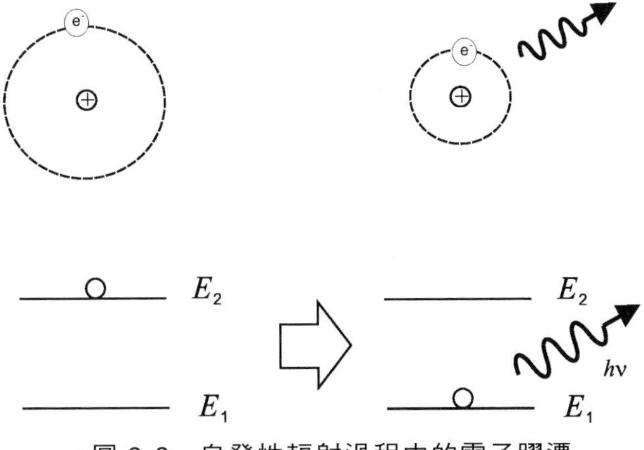

■圖 2-2　自發性輻射過程中的電子躍遷

第二個過程稱為吸收（如圖 2-3 所示）。當頻率滿足 $h\nu = E_2 - E_1$ 的光子入射，遇到一電子處於 E_1 低能階的原子，則光子被吸收，電子由 E_1 能階躍遷至 E_2 能階，稱為吸收。在此過程中光子減少一個，屬光衰減過程。將吸收過程以類似化學反應式寫成：

$$A + h\nu \to A^* \tag{2-3}$$

式(2-3)的反應物有 A 與 $h\nu$ 兩個，所以吸收發生機率與單位體積中電子處於 E_1 的原子數目 N_1 和單位體積中能量為 $h\nu$ 的光子數目 N_{ph} 的乘積成正比。為什麼發生機率是與濃度成正比而不是與數量成正比？我們以男生與女生相遇為例，若將 10 個男生與 10 個女生分別置於一教室中與置於操場上比較，我們會發現在教室中男女相遇機率比在操場上大，這是因為教室空間較小，所以密度提高。為什麼是與兩個濃度乘積成正比？因為濃度乘積滿足任一反應物濃度為零時，發生機率為零。再以男生與女生相遇為例，若男生或女生數量為零，則男女相遇機率應為零。

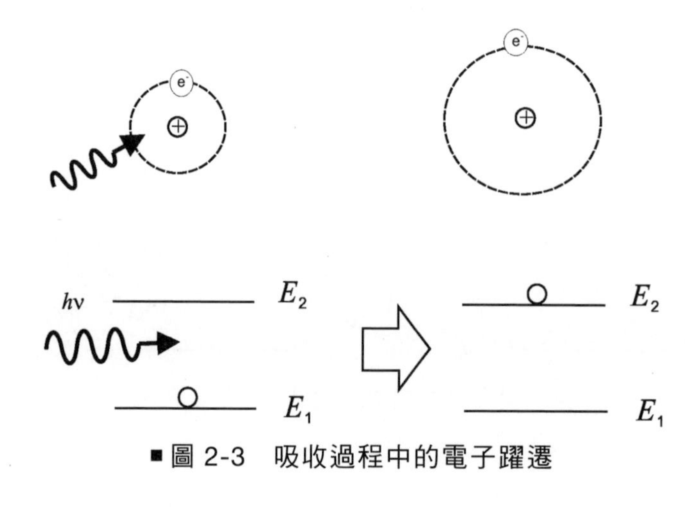

■圖 2-3　吸收過程中的電子躍遷

第三個過程稱為受激輻射（如圖 2-4 所示）。當頻率滿足 $h\nu = E_2 - E_1$ 的光子入射，遇到一電子處於 E_2 高能階的原子時，則光子將誘導電子由 E_2 能階躍遷至 E_1 能階，並多釋放出一個與入射光子特性一模一樣的光子，稱為受激輻射。在此過程中光子由一個變成兩個，屬光放大過程。圖 2-4 中的光子 1 與光子 2 一樣，無法區分哪一個是原來入射的光子？哪一個是後來產生的光子？Albert Einstein 於 1917 年首先提出受激輻射的概念，但以此原理所發展出的雷射裝置要等到 1960 年才真正做出來。將受激輻射過程以類似化學反應式寫成：

$$A^* + h\nu \rightarrow A + 2h\nu \tag{2-4}$$

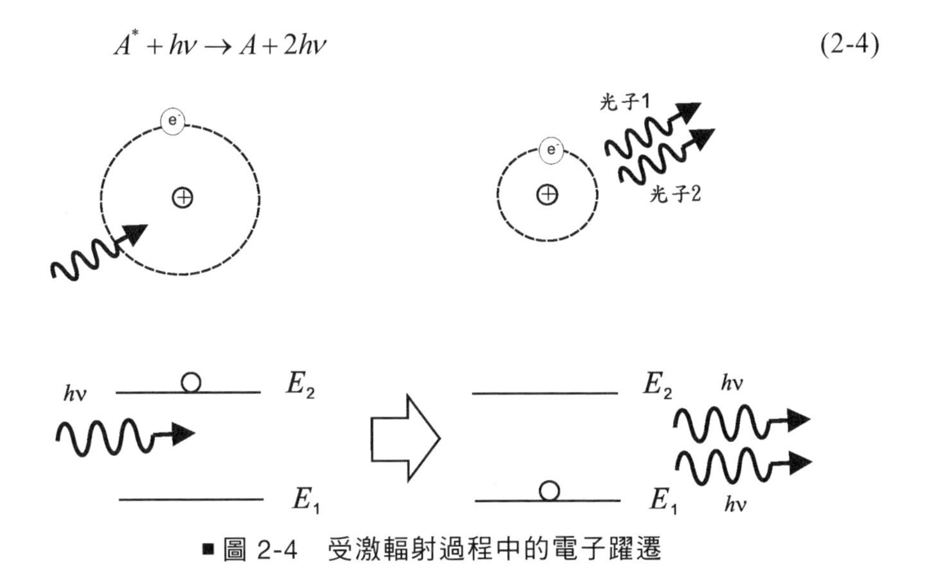

■ 圖 2-4　受激輻射過程中的電子躍遷

式(2-4)的反應物有 A^* 與 $h\nu$ 兩個，所以受激輻射發生機率與單位體積中電子處於 E_2 的原子數目 N_2 與單位體積中能量為 $h\nu$ 的光子數目 N_{ph} 的乘積成正比。

由於兩個光子相位一樣，受激輻射中電子躍遷所產生的光可視為入射光子的延伸，且相位不中斷，這可以解釋為何受激輻射產生的光具有較長的同調長度。若受激輻射所產生的光子繼續誘導下一個受激輻射產生，如此一代接一代傳下去，可視為很多個先後產生的輻射串接起來，中間相位連續不斷，使同調長度大幅延伸。受激輻射還有一個特點，就是它的反應速度比自發性輻射快，因為誘導光子一到達，處於激發態的電子立刻跟著掉下來。因為反應快，所發出光訊號調變速度也變快，單位時間可載入訊號量變多，這也是為什麼雷射光源會用於光通訊的主要原因。

自發性輻射發生機率與光子密度無關，而吸收與受激輻射發生機率會隨光子密度增加而增加。在雷射系統中，當雷射光產生後，光子密度暴增，吸收與受激輻射發生機率會隨光子密度增加而超越自發性輻射。所以一般在穩定輸出的雷射系統中可忽略自發性輻射的貢獻，只考慮吸收與受激輻射兩者間競爭。

＊表 2-1　三種光與物質交互作用過程的比較

	自發性輻射	吸收	受激輻射
光子數變化	0→1	1→0（衰減）	1→2（放大）
過程發生機率	$\propto N_2$	$\propto N_{ph}\times N_1$ $\propto \rho_\nu \times N_1$	$\propto N_{ph}\times N_2$ $\propto \rho_\nu \times N_2$
產生光子間的關聯	相位隨機 方向任意	無光子產生	所複製光子與原來入射光特性（相位、偏振、行進方向）一致

其中 $\rho_\nu = N_{ph}\times h\nu$：單位體積中能量為 $h\nu = E_2 - E_1$ 的光子能量

2-3 ★ Laser Engineering
構成雷射的三個要素

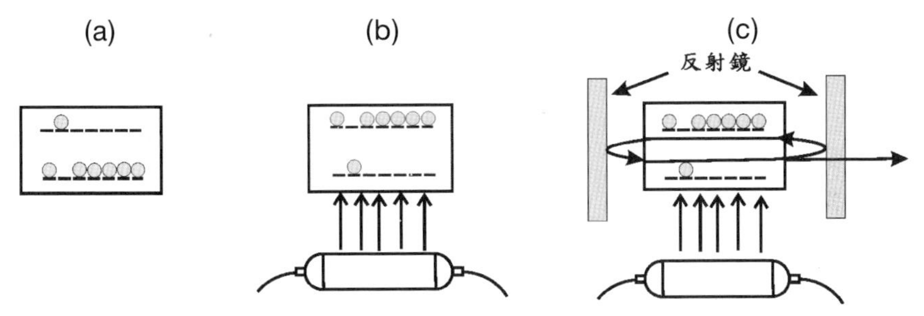

■圖 2-5 組成雷射的三要素：(a)增益介質；(b)+居量反置；(c)+共振腔

目前人類建構的雷射系統大致包含三個組成要素（如圖 2-5 所示）。

(1) 增益介質(gain medium)：雷射需要提供電子躍遷能階的材料，增益介質有不同型態，決定雷射所發出光的波長，不同的材料發出不同波長的光。

(2) 居量反置(population inversion)：在一般雷射系統中，由於光子密度很高，可忽略自發性輻射的貢獻，只考慮吸收與受激輻射兩者間競爭。在吸收過程中，光子減少一個；在受激輻射中，光子增加一個。吸收發生機率$\propto N_{ph}\times N_1$，受激輻射機率$\propto N_{ph}\times N_2$，在第 5 章中會證明此兩正比關係間的正比係數相同。雷射要達到光放大作用，整體光子數必須增加，光子增加一個的機率必須大於光子減少一個所發生的機率。所以$N_{ph}\times N_2 > N_{ph}\times N_1$，也就是$N_2 > N_1$，這代表單位體積中電子處於$E_2$的原子數目必大於處於$E_1$的原子數目，此條件稱為居量反置。一般系統達熱平衡時，電子處於低能階的原子數目較多，也就是

$N_2 < N_1$。欲達到 $N_2 > N_1$，系統需足夠大的外界激發(pumping)能量將電子由 E_1 升至 E_2 造成居量反置。外界激發機制有很多方式（見圖 2-6），有用側向閃光燈光激發、半導體雷射激發(diode-pumped)、電子碰撞激發等，其中利用半導體雷射激發固態雷射具有體積小與效率佳等優勢變成當前主流。

(a)側向閃光燈激發

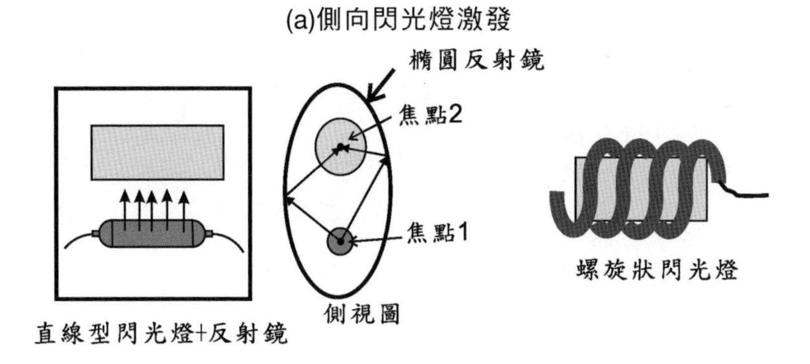

(b)半導體雷射光激發

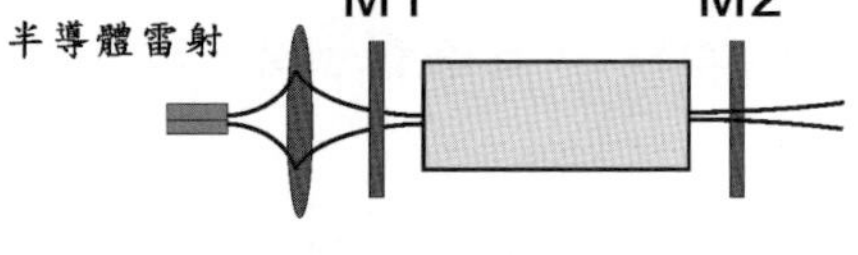

(c)電子碰撞激發

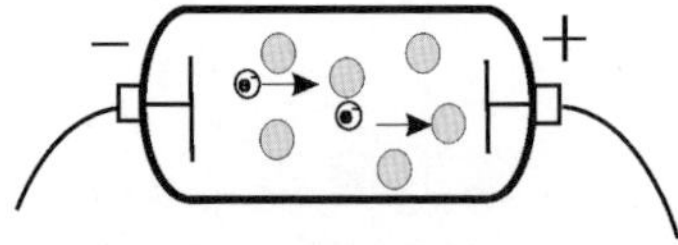

■ 圖 2-6　各種不同達到居量反置的激發方式

(3) 共振腔（resonator 或 cavity）：為什麼雷射需要由兩面鏡子所構成的共振腔？假設我們考慮一受激發具有放大功能的雷射晶體，當 1 顆光子由左方產生後，先經由兩次受激輻射過程變成 4 個光子，其中 1 顆光子在離開晶體前被吸收，所以最後由晶體右方輸出 3 顆光子，注意對於一般實際雷射系統而言這已是需要相當高的外界激發才能達到的放大倍率。1 顆可見光的光子能量約為 10^{-19} J，一般實驗室中雷射輸出 1 個脈波能量可達 1 J，需要產生 10^{19} 顆光子。如何由 1 個光子經過放大產生 10^{19} 顆光子？我們可將多個晶體串接（如圖 2-7 上圖），1 個光子穿過第一個晶體後得 3 個光子，穿過第二個晶體後得 9 個光子，穿過第三個晶體後得 27 個光子…。然而這樣需要很多晶體，晶體串接起來的長度也很可觀，所以很不實際。有一個更好的辦法是在晶體兩側擺放兩個反射鏡（如圖 2-7 下圖），讓輸出光子經由鏡子反射回晶體再次放大，直到累積足夠多光子再輸出。這兩個鏡子就稱為共振腔，扮演回授(feedback)的角色。回授代表放大器中有部分輸出訊號又再度耦合至輸入端不斷持續放大，常見的例子就是將麥克風靠近喇叭，從喇叭輸出的放大訊號又進入麥克風不斷放大，最後會產生輸出飽和(saturation)現象，產生刺耳的聲音。所以雷射是具有回授，操作在飽和態的光放大器，且不需輸入訊號，可由空間中存在的雜訊放大。如同將麥克風靠近喇叭時，不需講話就會產生刺耳的聲音。如同為了確保光可以穩定在兩鏡面間多次反射，一般採用凹面鏡會比較好。關於共振腔必須滿足何種條件，光子才能在兩鏡面間穩定往返的問題將在第 3 章中詳細討論。一般兩個鏡子中有一鏡面完全反射，另一鏡面部分穿透（不同雷射的穿透率不同，一般穿透率在 1~50%左右），稱為輸出耦合鏡(output coupler)，雷射光即由此鏡輸出。

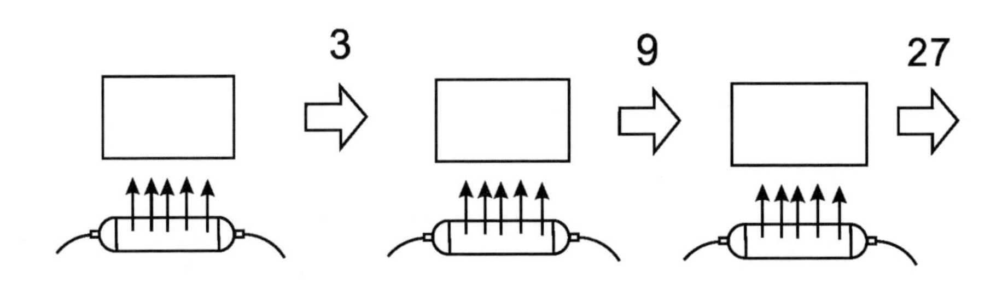

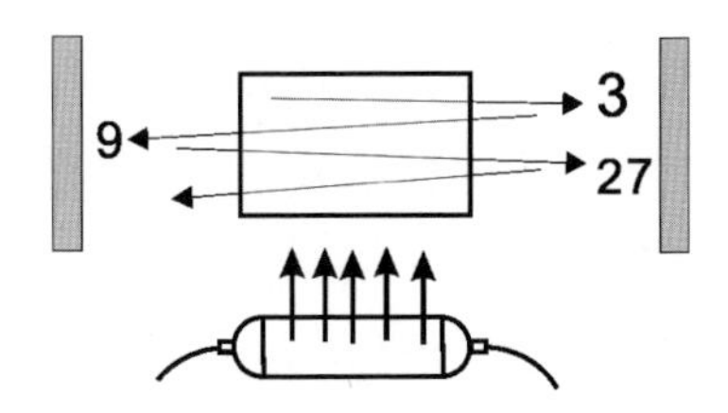

■圖 2-7　一個光子必須經過多次放大才能累積足夠能量，兩個鏡面所組成的共振腔可使光在同一個晶體中往返多次放大

2-4 ★ Laser Engineering

雷射光的特性

由於雷射光產生機制為受激輻射與一般光源來自自發性輻射不同，所以具有許多與一般光源不同的特性（如同調性、方向性、單色性、高光功率密度等，如圖 2-8 所示）。

同調性(coherence)代表雷射光相較於一般光源具有較長同調時間與同調長度，適合作為全像術(holography)與干涉儀的光源。全像術又稱為全息術、立體照相術；其基本原理是利用光的干涉原理，將光波的振幅與相位同時記錄在感光底片上。拍攝的底片經雷射光加以重建後，可以顯示出與原物一樣的立體像，全像技術的發明人 Dennis Gabor 還因為這個貢獻而獲得 1971 年諾貝爾物理獎。干涉儀在工業中有很多重要用途，一般用於精密度量（如薄膜厚度）。

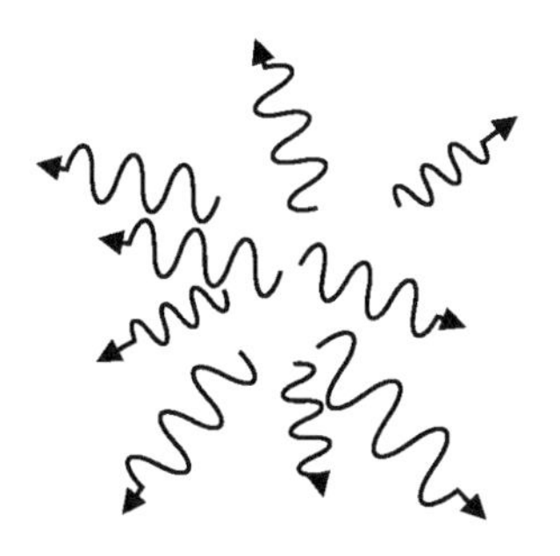

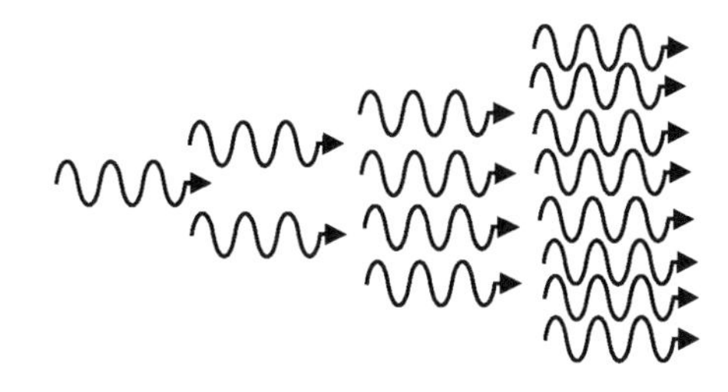

■圖 2-8　一般光源與雷射發光機制的比較

指向性(directionality)來自於共振腔，因為只有垂直於鏡面的光才能穩定往返於兩鏡面間，所以雷射僅輸出與輸出耦合鏡面垂直的光。一般由雷射共振腔輸出的光經過準直透鏡(collimating lens)校正後在經過很長距離傳播後，光點的大小可以維持幾乎不變。雷射的指向性使得它目前常用於建築中的直線與水平校正，工具店也常見雷射水平儀(laser horizon)，一般會議簡報中的雷射指示筆(laser pointer)也是利用雷射的指向性。因為指向性，光只朝一個方向前進，所以從雷射光束側面觀看時，將看不到雷射光。元宵節花燈展和舞會中的雷射光束之所以從側面看得到是因為空氣與灰塵散射的結果，通常噴一些乾冰或煙霧效果會更好。大氣散射效應也限制地球表面雷射武器的射程只能在幾公里內，雷射武器也是利用雷射的指向性，在星際大戰相關電影中，常看到雷射武器攻擊敵方船艦的畫面，畫面中可以看到光行進的軌跡，因為外太空沒有空氣灰塵散射，所以這只是為了增加聲光效果所做的特效，真實情形應該只能看到光打到目標物的點發光。關於雷射武器的發展與所遇到的瓶頸，讀者可參考 Discovery 所發行的「超級雷射」DVD，裡面講述 1970~1980 年代美國空軍開發雷射武器的紀錄，對於雷射武器所遭遇的困難，以及後來想到可能解決的方法都有詳細的介紹，影片後段有提到利用雷射光做為飛行器動力的嘗試，未來可用於發射迷你人造衛星，非常值得一看。

單色性(monochromaticity)代表雷射光光譜分布很窄接近單色光源，單色性與同調性有關，因為光譜分布越窄，光源的同調長度越長。雷射光頻寬很窄代表具有很好的頻率解析度，利用可調波長雷射可發展出具有高頻率解析力的雷射光譜(laser spectroscopy)技術。

雷射的單色性還可用於選擇性破壞某些組織，或啟動某特定化學物質產生反應，常用於化學反應控制與醫療用途。

高光功率密度(high power density)為雷射另一個重要特性。以一般雷射指示筆而言，雖然輸出功率僅約 1 mW，但 1 mW 都集中在某一波長（因為單色性），集中在某一光點（因為指向性）。所以在雷射輸出光點中，對應於雷射波長的光功率密度遠高於一般光源中對應於相同波長的光功率密度，我們也可以說雷射是高度能量集中（在空間集中與在頻率集中）的光源。

2-5 ★ Laser Engineering

雷射的分類

雷射的分類方式很多，以下我們依輸出波形、能階系統、增益介質的型態、雷射對人體的危險程度四種分類方式分別進行討論。希望讀者閱讀這個章節內容後，將來在實驗室或工作場所中看到雷射可以很快指出它是屬於下面分類中的哪一類。

2-5-1 依輸出波形區分

雷射依輸出波形區分為連續波(Continuous-Wave=CW)雷射與脈波(pulsed)雷射兩種。圖 2-9 顯示連續波與脈波雷射輸出功率隨時間的關係，連續波雷射是指輸出能量對時間維持一常數，脈波雷射的能量則集中於某一較短時間輸出，輸出能量對時間的關係呈現脈波狀，因此峰值功率較連續波雷射高出很多。表 2-2 列出描述脈波雷射常用參數。

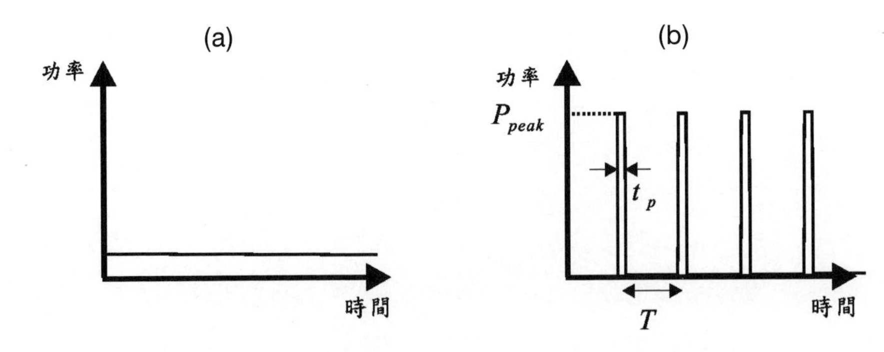

■圖 2-9 連續波與脈波雷射輸出功率隨時間的關係

＊表 2-2　描述脈波雷射常用參數

參數	符號	與其他參數關聯
脈波寬度(pulsewidth)	t_p	
重複頻率(repetition rate)	ν_r	$\nu_r = \frac{1}{T}$
週期(period)	T	$T = \frac{1}{\nu_r}$
脈波能量(pulse energy)	E_{pulse}	$E_{pulse} = P_{peak} \cdot t_p = P_{ave.} \cdot T$
峰值功率(peak power)	P_{peak}	$P_{peak} = \frac{T}{t_p} P_{ave.}$
平均功率(average power)	$P_{ave.}$	$P_{ave.} = \frac{t_p}{T} P_{peak} = E_{pulse} \cdot \nu_r$
工作週率(duty cycle)	D	$D = \frac{t_p}{T} = \frac{P_{ave.}}{P_{peak}}$

例題 2-1

實驗室中有一以閃光燈激發(flash-pumped) Q 開關 Nd:YAG 脈波雷射，已知其脈波能量為 100 mJ，脈波寬度為 20 ns，重複頻率為 10 Hz。請計算此雷射之平均功率、峰值功率、週期、工作週率分別為何？

解 平均功率= 1 W

峰值功率=5 MW

週期=0.1 second

工作週率= 2×10^{-7}

2-5-2 依能階系統區分

雷射依能階系統區分為三能階雷射(three-level laser)與四能階雷射 (four-level laser)。我們前面討論雷射系統時只談到兩個能階，高能階能量為E_2，低能階能量為E_1，但實際雷射系統中電子的躍遷還會牽涉到第三或第四個能階。為什麼雷射沒有二能階系統？因為若只有E_1與E_2兩個能階，外界激發最後僅能達到$N_2 = N_1$，而無法達到居量反置的條件。主要的原因是在二能階系統中激發光的波長正好與雷射光相同，因為吸收發生機率$\propto N_{ph} \times N_1$，受激輻射機率$\propto N_{ph} \times N_2$，若一開始$N_2 < N_1$，則吸收發生機率大於受激輻射，也就是電子由$E_1$到$E_2$的機率會大於電子由$E_2$到$E_1$的機率，所以$N_2$會增加，$N_1$會減少，兩者差距會減小。反之，若一開始$N_2 > N_1$，則受激輻射發生機率會大於吸收，也就是電子由$E_2$到$E_1$的機率會大於電子由$E_1$到$E_2$的機率，所以$N_1$會增加，$N_2$會減少，兩者差距也會減小。所以不管一開始是$N_2 < N_1$或是$N_2 > N_1$，最後都會變成$N_2 = N_1$的穩定狀態，所以無法達到穩定的居量反置狀態。

在圖 2-10 左圖的三能階雷射的能階系統中，E_1為系統基態能階（ground state，為系統的最低能態），當增益介質受激發時，電子由基態躍遷至比E_2高能階並迅速掉落至E_2，通常電子在E_2停留時間較久以便累積足夠大的N_2達到居量反置。在圖 2-10 右圖的四能階雷射的能階系統中，一樣需藉由一個比E_2高的能階累積N_2，與三能階系統不同的是四能階系統的基態能階在E_1下面。由於多數電子喜歡處於基態，所以三能階系統中電子處於E_1的原子數目較大，相較於四能階系統需要更多能量激發才能達居量反置。所以四能階系統相較於三能階系統較易達居量反置。三能階雷射的代表為紅寶石雷射，其他常見雷射如氦氖雷射大多屬於四能階雷射。不論三能階或四能階雷射，激發光的波長比雷射波長短，激發吸收與雷射受激輻射所對應的光波長不同，所以在 $N_2 > N_1$ 時，激發所對應的吸收過程發生機率仍然可以超越雷射受激輻射。

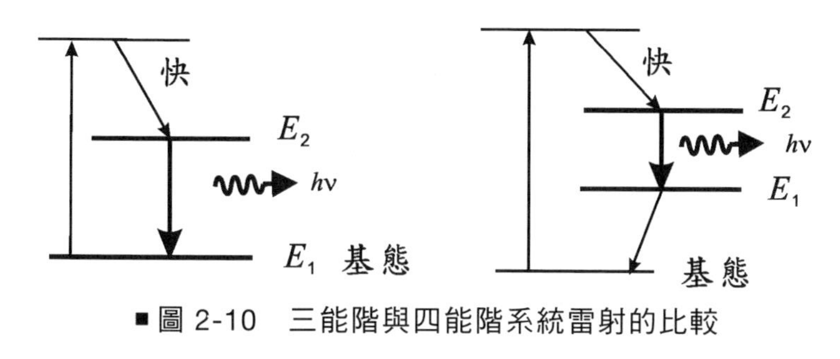

■ 圖 2-10 三能階與四能階系統雷射的比較

2-5-3 雷射依增益介質的型態區分

雷射依增益介質的型態區分為氣體雷射(gas laser)、液體雷射(liquid laser)與固體雷射(solid-state laser)三類。一般氣體雷射將發光介質充入玻璃管中，在兩端電極加上高電壓進行放電，以加速電子撞擊原子方式將電子激發至高能階，氣體雷射缺點在於玻璃管易碎，氣體密度較固體與液體低，單位體積輸出能量較小。液體雷射以染料雷射為代表，染料雷射為可調波長輸出雷射，缺點是染料具有毒性且壽命短需經常更換。固體雷射由於增益介質密度較高，單位體積輸出能量較大，不易破碎，固體雷射多採用閃光燈激發，但最近成熟的半導體雷射激發技術，可使雷射體積變小，成為許多應用的首選。下面我們就這三種雷射分別列舉常見的雷射說明。

(1) 氣體雷射

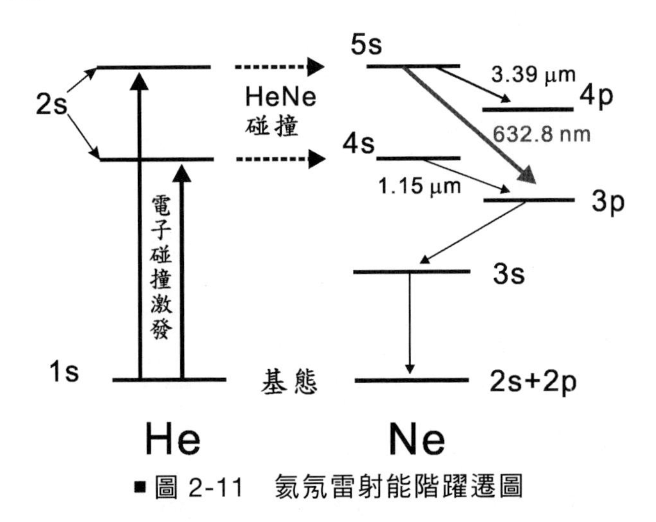

■圖 2-11 氦氖雷射能階躍遷圖

氦氖雷射(HeNe laser)波長 632.8 nm 為紅色可見光。圖 2-11 代表氦氖雷射能階躍遷圖，利用放電管中的加速電子與氣體分子產生碰撞激發。氦氖雷射中實際發光氣體為氖氣，但氦比氖更容易吸收加速電子的能量，而氦氣中 2s 能階與基態的能量差與氖的 5s 相對基態的能量差接近，所以當電子處於 2s 的氦與氖碰撞時，其電子降至基態並將能量有效轉移至氖，將氖電子升至 5s 軌道，氦氣的存在有助於將氖氣中電子由基態激發至 5s，當電子由 5s 躍遷至 3p 時會發出波長為 632.8 nm 的紅色光。放電管中若只填充氖氣也會發光，但加入適量氦氣後，發光亮度可增加兩百倍。氦氖雷射為一般光學實驗室中最常見雷射，常用於光學系統中的光路校正與教學實驗。

氦鎘雷射(HeCd laser)波長為 325 nm，為近紫外光，目前常用於檢測氮化物發光材料（目前用於製造藍光與綠光 LED 的材料）的光激發光源。鎘在常溫下為固體，氦鎘雷射使用時需將鎘加熱蒸發，關機前需等鎢回收至原先存放處再關機，這樣才可延長使用壽命，平常應避免直接關閉電源。

準分子雷射(excimer laser)代表為氟化氬(ArF)雷射，波長為 193 nm。氬為惰性氣體(inert gas)，平時不易與其他原子鍵結為分子，但當氬的電子處於激發態時（以 Ar*表示）可與 F 形成 Ar*F 分子（圖 2-12 中 Ar*F 中能量在某距離時會出現最小值），這種分子壽命短，當氬離子受激電子回到基態時，分子鍵結消失，並釋放出一紫外光光子。準分子雷射常用於半導體製程與雷射近視校正手術。準分子雷射輸出紫外光，其光子能量很高（以波長為 193 nm 的氟化氬雷射為例，光子能量達 6 eV），這樣高能量的光子可直接破壞照射處的化學鍵結，因此準分子雷射加工可視為冷加工，這點與二氧化碳雷射或 Nd:YAG 雷射藉由加熱來達成熔化或移除照射處的材料不同。因為金屬材料對紫外光的吸收能力較佳，故準分子雷射適用於金屬材料的加工。除了氟化氬雷射外尚有許多其他種類的準分子雷射，如波長為 222 nm 的氯化氪(KrCl)雷射，波長為 248 nm 的氟化氪(KrF)雷射，波長為 282 nm 的溴化氙(XeBr)雷射，波長為 308 nm 的氯化氙(XeCl)雷射以及波長為 351 nm 的氟化氙(XeF)雷射。

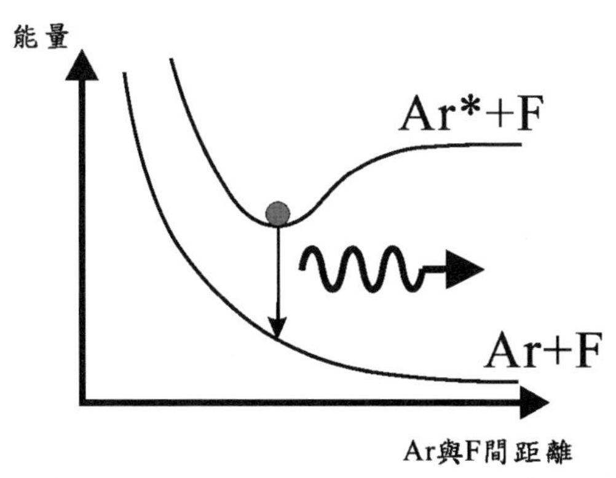

■圖 2-12　ArF 準分子雷射的能階躍遷

氬離子雷射(argon ion laser)輸出波長有兩個，分別為為 515 nm 的綠光與 488 nm 的藍光。惰性氣體中，除了氖外，尚有氬與氪離子可用電激發光。雷射躍遷發生在氣體離子能階之間的雷射稱之為離子氣體雷射。中性原子或分子失去一個或幾個電子後便形成正離子，如果從外界獲得電子就形成負離子，這些離子也有分立的能階，稱為離子能階。氬離子激發分成兩個步驟，第一步先將氬原子電子游離變成氬離子，第二步再將氬離子中的電子激發到激態能階，所以需兩次電子碰撞。氬離子雷射早期主要做為鈦：藍寶石雷射的激發光源，但因為輸出為數瓦級的氬離子雷射需使用水冷卻系統，維護較為麻煩，目前已被半導體雷射激發之 Nd:YAG 雷射經倍頻所得到的綠光光源取代。氬離子雷射的光很容易地被血蛋白所吸收，因此它們具有良好的止血作用。氬離子雷射除了可以做表皮止血外，亦可經光纖傳導，配合內視鏡，伸入內臟（包含胃）進行止血。事實上，它最重要的止血用途在於眼睛視網膜止血。因為其波長在可見光範圍內，所以可穿透眼角膜、水晶體等直達視網膜。又因水晶體是一個聚焦透鏡正好可以把雷射光聚焦到視網膜上。在進行手術時，先以光闌(aperture)擋住大部分雷射光，藉透過光闌小孔之微弱雷射光來瞄準出血處。對準後即可瞬間打通光闌，讓雷射全部通過，照射出血處以止血。

二氧化碳雷射(CO_2 laser)波長為 10.6 μm，屬於遠紅外光。二氧化碳是由一個碳原子與兩個氧原子鍵結所形成的分子，分子形狀為線型（三個原子排成一直線），原子間鍵結可看成用一微小彈簧聯繫，在絕對溫度不為零時，彈簧會以不同模式振盪。二氧化碳雷射是利用二氧化碳分子由對應較高能量振動態變化至較低能量振動態所釋放出的光使其經由受激輻射放大輸出雷射光，其他利用分子振動態躍遷所製成的雷射尚有輸出波長在 5~6.5 μm 的一氧化碳(CO)雷射與輸出波長在 10~11 μm 的二氧化氮(NO_2)雷射。二氧化碳雷射是可輸出相當大功率的雷射，一般氦氖雷射輸出約為數 mW，但與氦氖雷射大小相似的二氧化碳雷射卻可輸出數 W 功率，這是因為二氧化碳雷射將激發能量轉成輸出光能量效率比其他雷射高出很多（一般可達 20~25%）。二氧化碳雷射重要的應用之一就是用它來對材料進行打孔、切割、焊接和熱處理。特別是對玻璃、陶瓷、橡膠、塑料、壓克力、竹木等材料的打孔、切割、雕刻加工等尤其有效。另外二氧化碳雷射在醫療上可用作手術刀，這是因為二氧化碳會被水分子吸收，而人體組織中大部分是水，目前已應用於皮膚科、外科、神經外科、整形外科、婦產科等的臨床治療上。其中連續功率輸出的二氧化碳雷射也已用於癌症的治療。

(2) 液體雷射

染料雷射(dye laser)為液體雷射的代表，使用閃光燈或其他雷射光激發某一染料溶液，將電子由基態激發至高能階態，隨後電子回到低能態時放出光子，由於低能態可對應不同轉動與振動態且轉動與振動能階很密集，所以產生的雷射光可涵蓋一很寬範圍的波長（如圖 2-13 所示）。若在共振腔中使用一分光裝置（如三稜鏡或光柵）可做成可調輸出波長雷射(wavelength-tunable laser)。使用不同的染料，可產生不同波段可調波長雷射光（如圖 2-14 所示）。染料雷射缺點是一般染料具有毒性且壽命短，容易因紫外光照射變質，需經常更換。染料雷射常使用的染料有 Rhodamine 6G(Rh6-G)，可輸出 560~635 nm 的光。

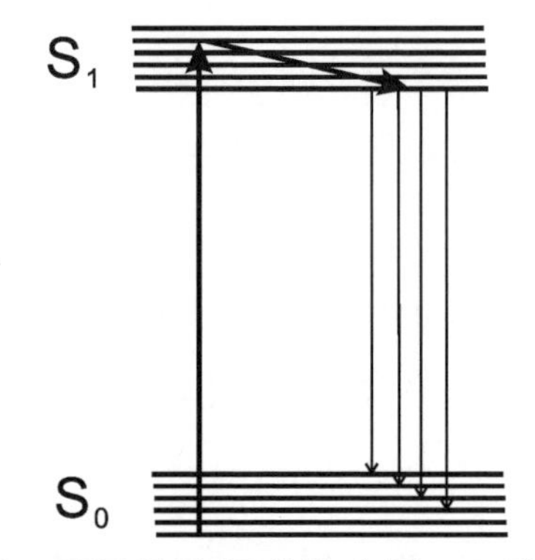

■圖 2-13 電子躍遷伴隨振動態改變，可發出寬頻譜的光

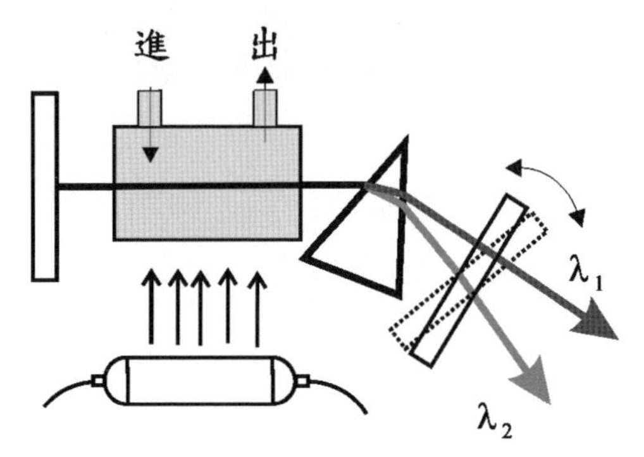

■圖 2-14 輸出波長可調的染料雷射

(3) 固體雷射

鈦石榴石雷射常稱為 Nd:YAG 雷射，波長為 1064 nm，在紅寶石雷射完成後不久後在 1964 年由美國 Bell 實驗室首先做出，為目前實驗室中最常見的固體雷射。將濃度為 1%到 3%的鈦(Nd)填充在石榴石(YAG=Yttrium Aluminum Garnet)晶體，並以閃光燈或半導體雷射（波長約在 808 nm）照射，其中 Nd 離子吸光之後可經 $^4F_{3/2} \to {}^4I_{11/2}$ 躍遷射出 1064 nm 紅外光（能階躍遷圖請參考圖 2-15）。Nd 為稀土(rare earth)族元素，稀土族元素中所發的光主要來

自在 $4f$ 軌域電子的躍遷，而填滿 $5s$ 與 $5p$ 的電子在 $4f$ 軌域電子的外面產生屏蔽效應(shielding effect)，使得電子躍遷不會隨晶格環境變化。從螢光光譜分析發現 Nd:YAG 有三條明顯的螢光窄頻譜，其所對應的波長與能階躍遷分別為：

1064 nm，對應於 $^4F_{3/2} \rightarrow {}^4I_{11/2}$
1319 nm，對應於 $^4F_{3/2} \rightarrow {}^4I_{13/2}$
946 nm，對應於 $^4F_{3/2} \rightarrow {}^4I_{9/2}$

三條譜線中，以 1064 nm 最強，946 nm 次之，1319 nm 最弱，三條螢光強度比約為 0.6:0.25:0.14。有意思的是將上面三個波長都減半將得 532 nm，473 nm，660 nm，正好分別為綠、藍、紅的光，所以已有研究單位嘗試利用這三個躍遷做成雷射再經由倍頻（波長減半）得到三原色雷射光，並以此製作雷射投影電視。利用 Q 開關所製成的 Nd:YAG 脈波雷射，雷射光的峰值功率可超過百萬瓦，適合用於研究物質在強光場影響下的非線性反應，這個領域稱為非線性光學(nonlinear optics)。另外 Nd:YAG 雷射的輸出功率僅次於二氧化碳雷射，在工業上有很多應用，特別是在材料加工方面（例如：鑽孔、熔接、切削、雕刻等）。

以 Nd 為發光的晶體除了 Nd:YAG 外上尚有 Nd:YLF、$Nd:YVO_4$、Nd:YAP、$Nd:GdVO_4$ 等雷射晶體，其中 $Nd:YVO_4$ 的吸收截面是 Nd:YAG 的 5 倍，輸出光具有偏振性（Nd:YAG 輸出光不具偏振性），在 808 nm 波長附近有很強的寬吸收帶，特別適合用於半導體雷射激發的雷射系統。$Nd:GdVO_4$ 有較佳的導熱係數，常用於高功率輸出雷射。

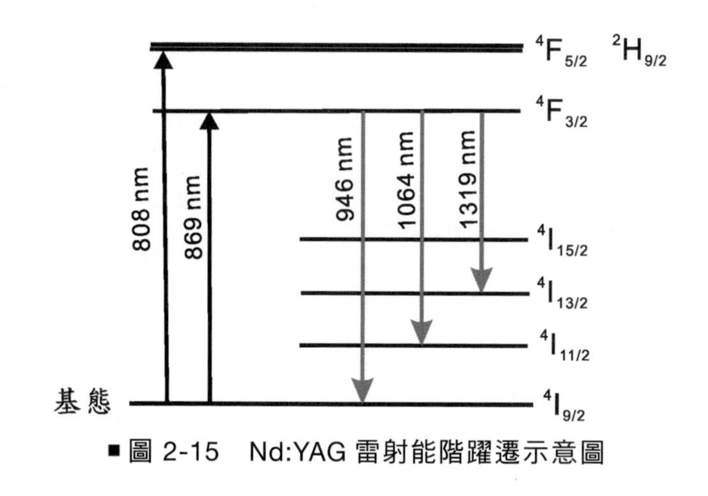

■圖 2-15　Nd:YAG 雷射能階躍遷示意圖

紅寶石雷射(ruby laser)波長為 694.3 nm，紅寶石雷射為歷史上第一台人類所製造的可見光雷射（由 Maiman 於 1960 在美國製造），紅寶石主要材料為 Al_2O_3 摻入 Cr^{3+}離子，Al_2O_3 為無色，紅色來源為 Cr^{3+}離子。紅寶石雷射的相關躍遷能階如圖 2-16 所示，為三能階系統，能量轉換效率較差，但因對 694.3 nm 這個波長的光，黑色素細胞相對於其他組織有較大的吸收係數，所以目前還常用於雷射除斑手術，且效果比其他雷射好。

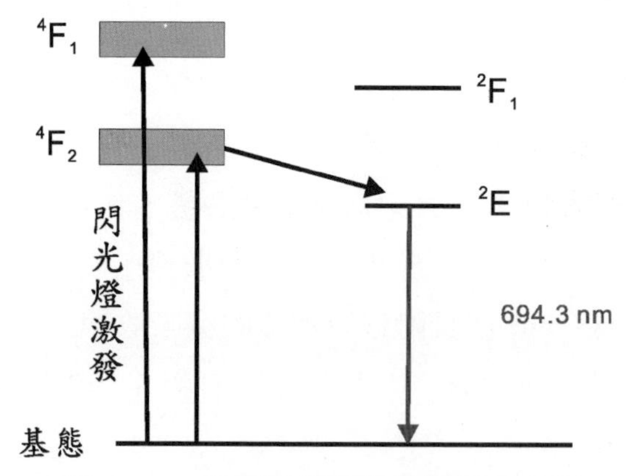

■圖 2-16　紅寶石雷射能階躍遷示意圖

鈦：藍寶石雷射(Ti:sapphire laser)與紅寶石一樣主要成分為 Al_2O_3，如染料一般電子躍遷所發出的光具有很寬頻譜，染料雷射之所以發出寬頻譜的光是因為電子躍遷時會伴隨不同分子振動態的改變，而鈦：藍寶石雷射之所以發出寬頻譜的光是因為電子躍遷時會伴隨不同晶格振動態的改變。我們可以在雷射共振腔中放入波長選擇元件做成輸出波長可調雷射，波長可調範圍在 660~1180 nm。另外鈦：藍寶石雷射經由鎖模（第 6 章所提一種用來產生脈波雷射的方法）後所產生的脈波寬度極短，可達數飛秒（1 飛秒=1fs=10^{-15} sec），具極高的時析能力(time-resolved capability)，是用來探索快速化學動態變化的利器。

半導體雷射（laser diode，簡稱 LD）是固態雷射中特殊的雷射，主要是因為半導體中電子能階會形成能帶結構(band structure)，所以分析時要用到一些能帶理論的知識，我們將它放在附錄 A 討論。

2-5-4 根據雷射對人體的危險程度區分

1973 年美國國家標準局(ANSI=American National Standards Institute)首先依據對人體的危險程度將雷射區分四類，目前世界各國所使用的標準大致仍沿用此分類方式，我們將此四類用表 2-3 說明。

＊表 2-3　依對人體危險程度將雷射分成四類

	輸出	說明
第一類 Class I	低輸出雷射	不論任何條件下，對人體與眼睛都不會造成傷害，為無危險雷射，不必特別管理
第二類 Class II	低輸出可視雷射，CW 可見光輸出<1.0mW	只用於可見光雷射，CW 可見光功率在 0.25 秒內，曝光量不超過眼睛最大容許曝光量(MPE=Maximum Permissible Exposure)值，因此可藉閉眼來保護眼睛（閉眼時間為 0.1 秒），屬低危險雷射
第三類 Class III	中輸出雷射 CW 可見光輸出 1.0~500 mW	又細分為 Class IIIa 與 Class IIIb Class IIIa：CW 可見光功率 1.0~5.0 mW Class IIIb：CW 可見光功率 5.0~500 mW
第四類 Class IV	高輸出雷射 CW 可見光輸出 >500 mW	有火災危險，經由鏡面或物體反射的光也有危險

第一類除了指輸出極小的雷射外，也包含具有防止光外洩封裝的雷射，例如一般家庭用的雷射唱盤或辦公室用的雷射印表機等應用機器，因為雷射光不會射出構造外，能夠保證安全。第二類只用於可見光雷射，因為只有可見光雷射接近人眼時，才會被察覺到，並採取閉眼或轉頭的保護動作。第三類以上的雷射包含可見光與不可見光，對於 IIIa 的雷射，其曝光量必須不超過眼睛最大容許曝光量（對可見光雷射，相當於光強度為 25 W/m^2 的光穿過直徑 7 mm 瞳孔的光通量），所以 IIIa 雷射只要不經過透鏡聚焦，基本上是安全的，一般雷射指示筆為第二類或 IIIa。另外有一點需注意的是：最大容許曝光量與波長有關，紅外光與紫外光的最大容許曝光量與可

見光不同，表中對應 IIIa 的輸出功率的範圍(1.0~5.0 mW)只適用於可見光，對於紅外光與紫外光雷射則會有所不同。IIIb 以上（含）的雷射對人眼會構成傷害，屬於危險雷射，須由具有受過安全教育的人來執行。對於開啟中的雷射裝置，假如不發出雷射光，也不要欠身探視光路中。雷射共振腔光路調整時，有時會突然有雷射光由鏡面反射，要經常注意眼睛的位置來處理。眼睛看不到紅外光與紫外光，使用這兩個波段的雷射時，附近的人要特別注意。不能避免反射光或亂射光時，在使用 IIIb 以上的雷射要配戴用保護眼鏡(goggle)。這裡用來標記雷射種類的符號是採用羅馬數字加上小寫英文字（例：Class IIIa)，這是北美地區所使用的符號，在歐洲（如英國）所使用的符號則是用阿拉伯數字加上大寫英文字母（例：Class 3A)。

如果入射光為可見光（波長在 400~700 nm）或者是近紅外光（波長在 1400 nm 以下）人眼睛的眼角膜、水晶體、玻璃體（水晶體與視網膜間的透明組織）為透明的，因此入射光可以到達視網膜。波長在 400 nm 以下的近紫外光由眼角膜與水晶體吸收，對波長 315 nm 以下的紫外光由角膜強烈吸收，所以在雷射近視手術中使用波長為 193 nm 紫外光的 ArF 準分子雷射雕刻眼角膜，因為如果使用可見光，眼角膜不吸收，光會穿過去，反而會傷到視網膜。又 1400 nm 以上的紅外光也由眼角膜吸收。由眼角膜吸收的紅外光的雷射有二氧化碳雷射。由視網膜吸收的近紅外光的雷射最重要的為 Nd:YAG 雷射，由於紅外光眼睛看不到，所以危險性較高。一般被 Nd:YAG 雷射打到眼睛，雷射光會經由水晶體在視網膜某處聚焦造成此處的感光細胞被破壞，這將使得受傷眼睛在看東西時，在某個固定方位會出現黑點，這和某些人以為眼睛被雷射光打到可能會失明的想法不同。產生可見光的雷射有氬離子雷射、氦氖雷射、紅寶石雷射、染料雷射，產生近紫外光的雷射有氦鎘雷射，可產生遠紫外光的雷射有準分子雷射。不同波段的光對眼睛穿透情形如圖 2-17 所示。

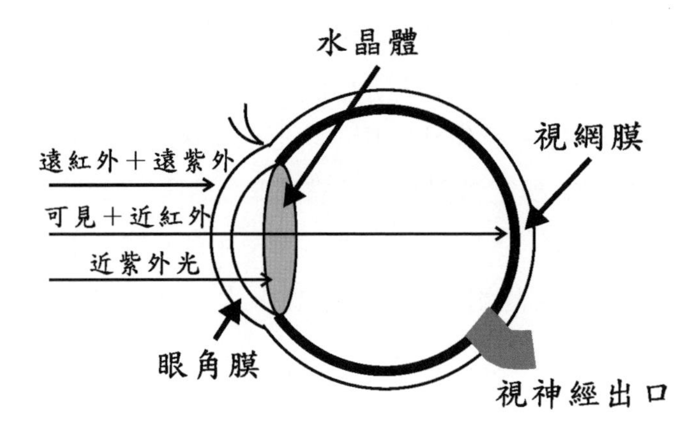

■ 圖 2-17　不同波段的光對眼睛的穿透情形，可見光與近紅外光可直達視網膜

雷射光引起的皮膚傷害，有受到黑色素或是血管狀態變化而產生皮膚顏色的改變，皮膚的角質化。雷射引起皮膚傷害的主要原因為皮膚吸收光能引起的熱作用，對紫外線的光學作用而引起的傷害也有必要考慮。熱作用引起的傷害，依照吸收能量的多寡，會出現曬傷或燒傷的症狀。紫外光引起的傷害都集中在皮膚表面，皮膚表面吸收這些能量而產生黑色素。特別在 250~320 nm 的紫外光，長時間照射引起的傷害很大，也有一說是形成皮膚癌的主因。波長比 1.5 μm 長的紅外光引起的傷害，大部分由表皮吸收，750nm~1.3 μm 的近紅外光可由真皮到達皮下組織，特別是 Nd:YAG 雷射在接近波

長 1.06 μm，可透過表皮到皮下組織下幾公釐處。水分對二氧化碳雷射輸出 10.6 μm 的遠紅外光吸收非常良好，因此雷射光不會透到皮膚的深層，皮膚容易因吸收熱而受到傷害。

Exercise ★ ●● 習題

1. 請解釋何謂雷射？它與一般照明光源有何不同？
2. 請解釋何謂受激輻射？為何經由受激輻射可以產生同調長度較長的光？
3. 請說明構成雷射的三個要素。
4. 雷射依照增益介質型態分為哪三類？請各舉一個對應雷射的例子。
5. 請想想看雷射依照能階系統區分，為什麼不定義四能階以上的雷射系統？
6. 實驗室中有一台 Nd:YAG 脈波雷射，已知其平均功率為 1 W，脈波寬度為 10 ns，重複頻率為 10 Hz。請計算此雷射之脈波能量、峰值功率、工作週率分別為何？

雷射共振腔的穩定性分析

上一章提到構成雷射的三個要素中包含兩個反射鏡所構成的共振腔，共振腔的作用在於使光能多次穩定往返於雷射增益介質，經過多次放大後產生足夠大訊號輸出。然而並非任意選取兩個鏡面就可達到這個目標，這兩個鏡面的曲率半徑與兩鏡子的間距必須滿足某條件，光才會在兩鏡面間穩定往返，否則在穿過雷射增益介質數次後，光會偏離光軸越來越遠，無法再往返於雷射增益介質。能讓光在兩鏡面間穩定往返的共振腔稱為穩定共振腔(stable cavity)。本章內容主要說明分析共振腔的穩定條件的方法，在設計雷射系統時必須特別注意共振腔是否穩定。

光線追跡法與 ABCD 傳輸矩陣

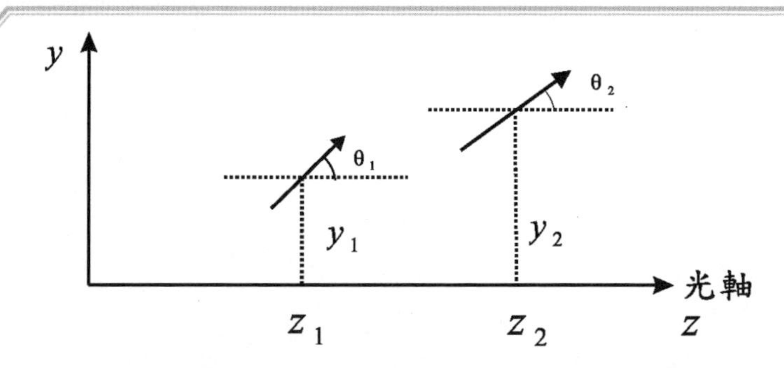

■圖 3-1　雷射光沿光軸（z 方向）行進，光在每個不同位置的狀態可以一個小箭頭表示

在日常生活中光所穿過障礙物或孔洞大小與光波波長相比較大很多，所以可以忽略光波的繞射效應。若不考慮光繞射，光在均勻介質中以直線行進，稱為光線(ray)，一般在分析光學成像系統時都可忽略光繞射效應，這樣的領域稱為幾何光學（geometric optics 或 ray optics）。考慮一具有旋轉對稱性的光學系統，光沿光軸行進，在每個不同位置的狀態可以用一個小箭頭表示（如圖 3-1 所示），小箭頭的狀態可以箭頭和光軸間距離 y 與箭頭對應斜率 y' 兩參數表示，並以一個二維向量

$$\begin{pmatrix} y \\ y' \end{pmatrix} \tag{3-1}$$

表示。其中箭頭對應斜率代表箭頭方向，當光線行進方向與光軸夾角 θ 不大時，$y' = \tan\theta \approx \theta$。若光經過某光學元件後狀態由 $\begin{pmatrix} y_1 \\ y'_1 \end{pmatrix}$ 轉變成 $\begin{pmatrix} y_2 \\ y'_2 \end{pmatrix}$，則我們可用一個 2×2 的方形矩陣表示兩狀態間的轉換：

$$\begin{pmatrix} y_2 \\ y'_2 \end{pmatrix} = \begin{pmatrix} A & B \\ C & D \end{pmatrix} \begin{pmatrix} y_1 \\ y'_1 \end{pmatrix} \tag{3-2}$$

這裡的 $\begin{pmatrix} A & B \\ C & D \end{pmatrix}$ 就稱為該元件的傳輸矩陣(transfer matrix)。下面我們介紹四個在分析共振腔穩定性時常用到的傳輸矩陣。

(1) 在空間中走一段距離 d 的傳輸矩陣：$\begin{pmatrix} A & B \\ C & D \end{pmatrix} = \begin{pmatrix} 1 & d \\ 0 & 1 \end{pmatrix}$

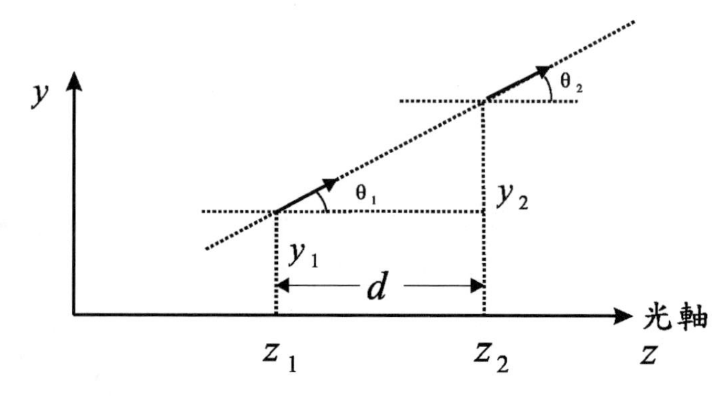

■ 圖 3-2　在空間中走一段距離 d 後，光的狀態變化

證明

由圖 3-2 可看出光在空間中走一段距離 d 後，光與光軸間的距離會發生變化，且

$$y_2 = y_1 + d\tan\theta_1 = y_1 + dy'_1 \tag{3-3}$$

因為光走直線，光在空間中走一段距離 d 後，箭頭方向不變所以

$$y'_2 = y'_1 \tag{3-4}$$

將式(3-3)與(3-4)聯立寫成矩陣表示式得

$$\begin{pmatrix} y_2 \\ y'_2 \end{pmatrix} = \begin{pmatrix} 1 & d \\ 0 & 1 \end{pmatrix} \begin{pmatrix} y_1 \\ y'_1 \end{pmatrix} \tag{3-5}$$

故得證。空間中走一段距離的傳輸矩陣滿足：

$$\begin{pmatrix} 1 & d_2 \\ 0 & 1 \end{pmatrix} \begin{pmatrix} 1 & d_1 \\ 0 & 1 \end{pmatrix} = \begin{pmatrix} 1 & d_1 + d_2 \\ 0 & 1 \end{pmatrix} \tag{3-6}$$

代表光在空間中先走 d_1 距離後再走 d_2 距離則可以看成一次走 d_1+d_2 的距離。

(2) 穿過一焦距為 f 的薄透鏡的傳輸矩陣：$\begin{pmatrix} A & B \\ C & D \end{pmatrix} = \begin{pmatrix} 1 & 0 \\ -\frac{1}{f} & 1 \end{pmatrix}$

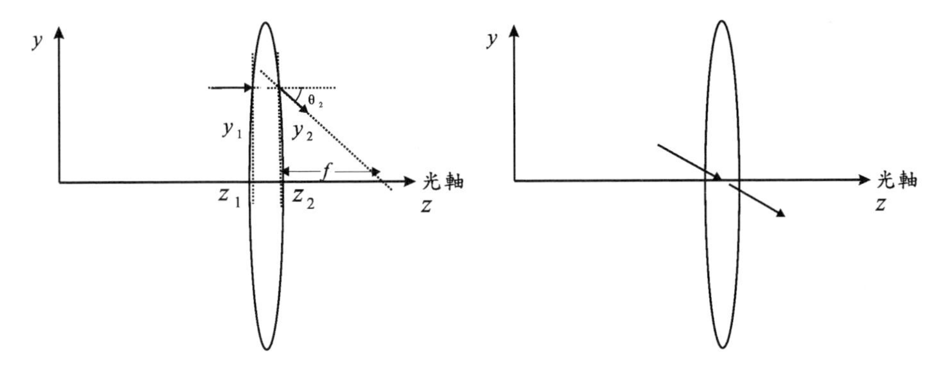

■圖 3-3　平行光入射（左圖）與穿過鏡心（右圖）光的狀態變化

證明

我們可以由兩個特例求出穿過一焦距為 f 的薄透鏡的傳輸矩陣的四個元素，首先我們先考慮入射光為平行光（如圖 3-3 左圖所示）的情形，平行光斜率為零，所對應的狀態可寫成 $\begin{pmatrix} y_1 \\ 0 \end{pmatrix}$，平行光穿過透鏡後方向會發生偏折並通過右側焦點，所以斜率變成 $y'_2=-\frac{y_1}{f}$。進一步假設透鏡厚度趨近於零，光穿過鏡片後與光軸間距離不變，得 $y_2=y_1$，將結果帶入式(3-2)得

$$\begin{pmatrix} y_1 \\ -\frac{y_1}{f} \end{pmatrix} = \begin{pmatrix} A & B \\ C & D \end{pmatrix} \begin{pmatrix} y_1 \\ 0 \end{pmatrix} \tag{3-7}$$

可解出 $A=1$，$C=-\frac{1}{f}$。其次我們再考慮入射光穿過透鏡中心（如圖 3-3 右圖所示）的情形，穿過鏡心的光與光軸距離為零，所對應的狀態可寫成 $\begin{pmatrix} 0 \\ y'_1 \end{pmatrix}$，又透鏡厚度趨近於零，光穿過鏡片後與光軸間距離不變，得 $y_2 = y_1 = 0$。另外穿過鏡心的光不會發生偏折，行進方向維持不變，所以 $y'_2 = y'_1$，將結果帶入式(3-2)得

$$\begin{pmatrix} 0 \\ y'_1 \end{pmatrix} = \begin{pmatrix} A & B \\ C & D \end{pmatrix} \begin{pmatrix} 0 \\ y'_1 \end{pmatrix} \tag{3-8}$$

可解出 $B=0$，$D=1$。

穿過一焦距為 f 的薄透鏡的傳輸矩陣滿足：

$$\begin{pmatrix} 1 & 0 \\ -\frac{1}{f_2} & 1 \end{pmatrix} \begin{pmatrix} 1 & 0 \\ -\frac{1}{f_1} & 1 \end{pmatrix} = \begin{pmatrix} 1 & 0 \\ -(\frac{1}{f_1}+\frac{1}{f_2}) & 1 \end{pmatrix} \tag{3-9}$$

代表光先穿過一焦距為 f_1 的薄透鏡再穿過另一焦距為 f_2 的薄透鏡可以看成一次穿過一焦距為 f' 的薄透鏡，且 $\frac{1}{f'}=\frac{1}{f_1}+\frac{1}{f_2}$。

(3) 由一曲率半徑為 R 的面鏡反射的傳輸矩陣：$\begin{pmatrix} A & B \\ C & D \end{pmatrix} = \begin{pmatrix} 1 & 0 \\ -\frac{2}{R} & 1 \end{pmatrix}$

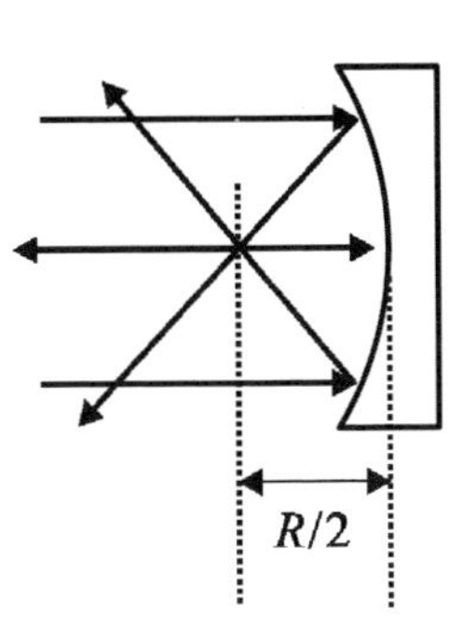

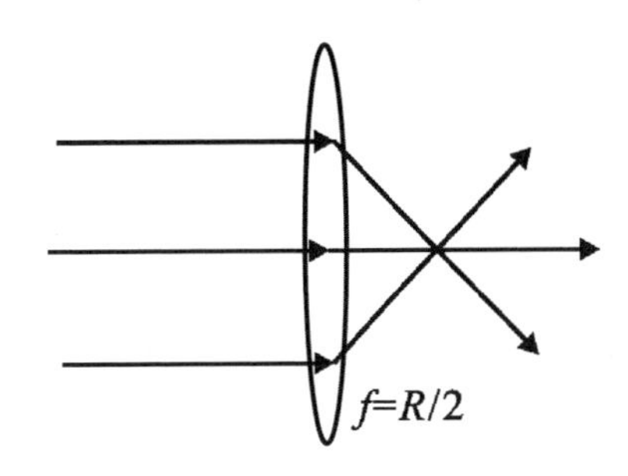

■ 圖 3-4　凹面鏡與凸透鏡的比較

證明

光學元件中凹面鏡的作用與凸透鏡一樣，都會對光產生聚焦作用，由圖 3-4 可以看出，若不考慮方向反轉且 $f = \frac{R}{2}$，凹面鏡與凸透鏡的傳輸矩陣將會一樣。所以曲率半徑為 R 的面鏡的傳輸矩陣可將穿過一焦距為 f 的薄透鏡的傳輸矩陣中的 f 以 $\frac{R}{2}$ 帶入得到。值得注意的是透鏡焦距 f 的值有正有負，凸透鏡為正，凹透鏡為負；面鏡曲率半徑 R 的值也有正負之分，凸面鏡為負，凹面鏡為正。簡單的記法是：不管透鏡或面鏡，聚焦為正，發散為負。

(4) 由折射率 n_1 進入折射率 n_2 介質的傳輸矩陣：$\begin{pmatrix} A & B \\ C & D \end{pmatrix} = \begin{pmatrix} 1 & 0 \\ 0 & \dfrac{n_1}{n_2} \end{pmatrix}$

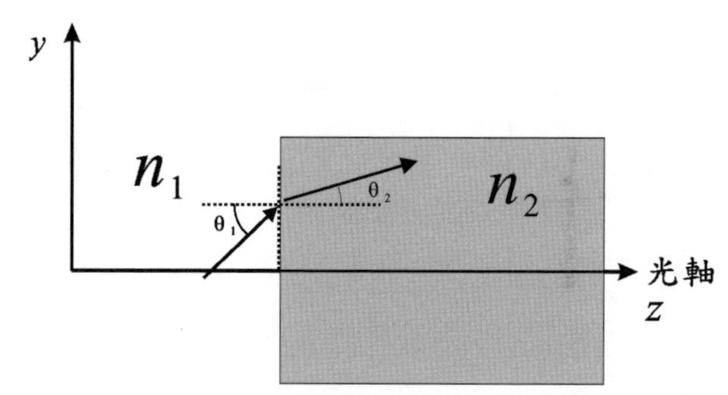

■圖 3-5　光由折射率 n_1 進入折射率 n_2 介質的狀態改變

證明

光在介面折射後與光軸距離不變所以

$$y_2 = y_1 \tag{3-10}$$

但穿過介面後箭頭方向會因為折射發生改變（如圖 3-5 所示），這裡只考慮沿光軸行進的光，所以入射角很小，滿足 $y'_1 = \tan\theta_1 \cong \theta_1 \cong \sin\theta_1$，由 Snell 定律得

$$n_1 \sin\theta_1 = n_2 \sin\theta_2 \Rightarrow n_1 y'_1 = n_2 y'_2 \Rightarrow y'_2 = \frac{n_1}{n_2} y'_1 \tag{3-11}$$

將式(3-10)與(3-11)聯立寫成矩陣表示式得

$$\begin{pmatrix} y_2 \\ y'_2 \end{pmatrix} = \begin{pmatrix} 1 & 0 \\ 0 & \dfrac{n_1}{n_2} \end{pmatrix} \begin{pmatrix} y_1 \\ y'_1 \end{pmatrix} \tag{3-12}$$

前面所介紹的四個傳輸矩陣中的前三個轉換前後折射率相同($n_1 = n_2$)，所以矩陣元素滿足 $AD - CB = 1$。第四個由折射率 n_1 進入折射率 n_2 介質的轉換前後折射率不同且傳輸矩陣 $AD - CB = \dfrac{n_1}{n_2} \neq 1$。事實上對任何傳輸矩陣，若轉換前後折射率相同($n_1 = n_2$)，則矩陣元素滿足 $AD - CB = 1$。為了方便，我們將各種常用轉換所對應的傳輸矩陣整理列於表 3-1 中。

＊表 3-1　各種常用轉換所對應的傳輸矩陣

轉換	描述	傳輸矩陣
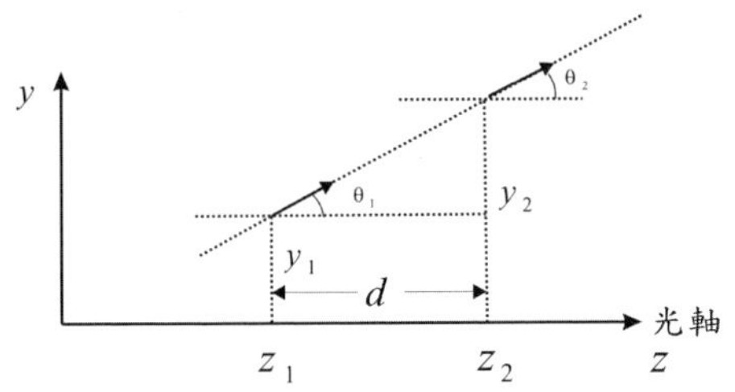 y, θ_1, θ_2, y_1, y_2, d, 光軸 z, z_1, z_2	光在均勻介質中走一段距離 d	$\begin{pmatrix} 1 & d \\ 0 & 1 \end{pmatrix}$

＊表 3-1　各種常用轉換所對應的傳輸矩陣（續）

轉換	描述	傳輸矩陣
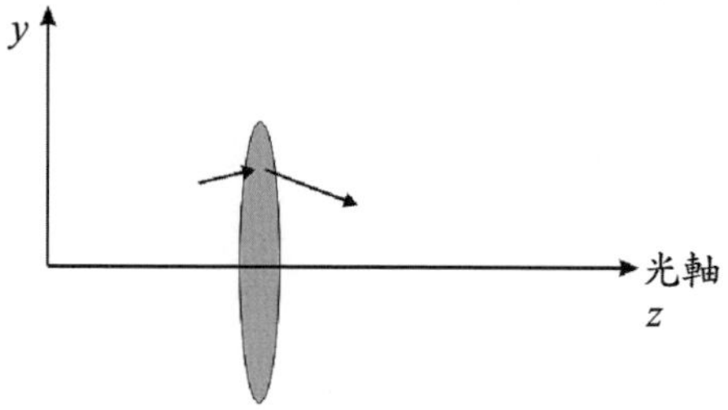	穿過一個焦距為 f 的薄透鏡（f：凸透鏡為正，凹透鏡為負）	$\begin{pmatrix} 1 & 0 \\ -\frac{1}{f} & 1 \end{pmatrix}$
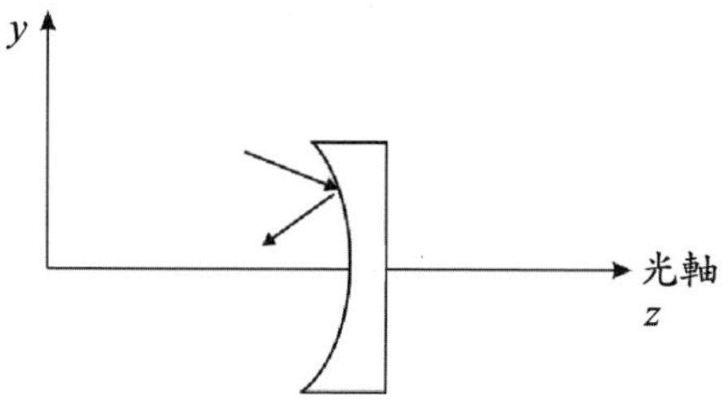	由一個曲率半徑為 R 的面鏡反射鏡（R：凹面鏡為正，凸面鏡為負）	$\begin{pmatrix} 1 & 0 \\ -\frac{2}{R} & 1 \end{pmatrix}$
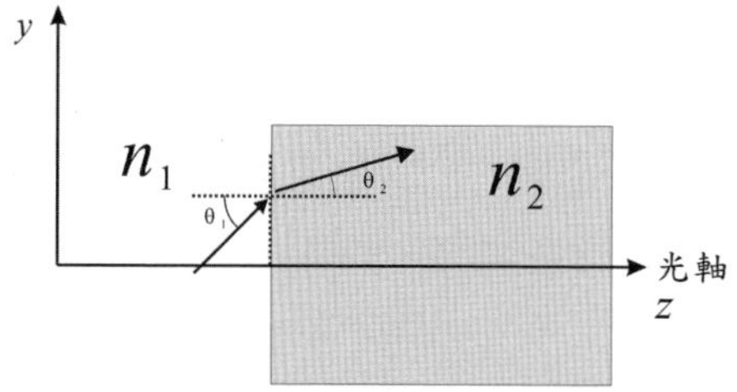	由折射率 n_1 進入折射率 n_2 介質（介面為平面）	$\begin{pmatrix} 1 & 0 \\ 0 & \frac{n_1}{n_2} \end{pmatrix}$
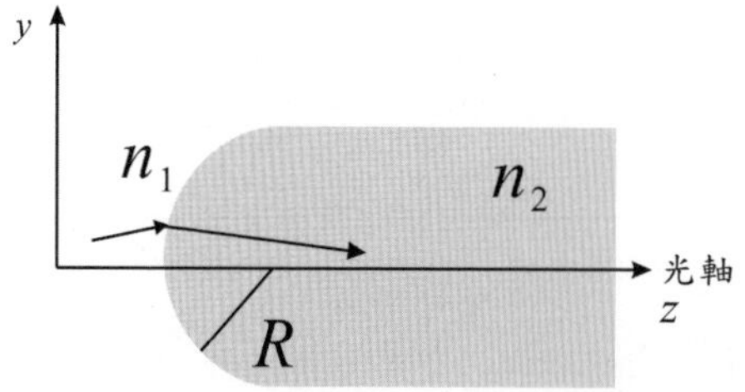	由折射率 n_1 進入折射率 n_2 介質（介面為曲率半徑為 R 的球面）（R：如左圖凸面為正，凹面為負）	$\begin{pmatrix} 1 & 0 \\ \frac{n_1-n_2}{R\cdot n_2} & \frac{n_1}{n_2} \end{pmatrix}$

3-2 ★ Laser Engineering

共振腔的穩定條件

接下來我們利用前面所講的傳輸矩陣來分析圖 3-6 中共振腔的穩定條件。

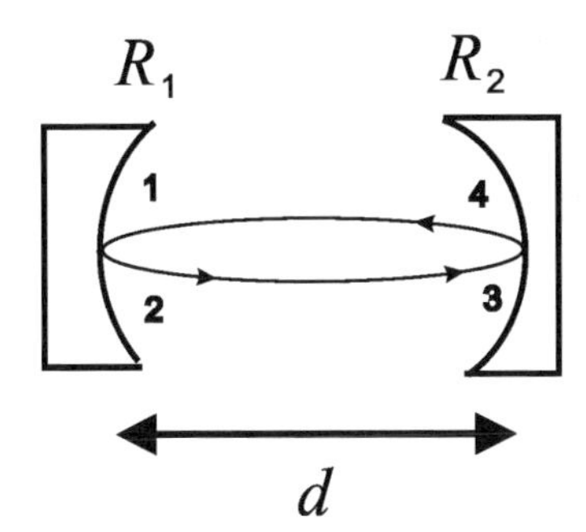

■圖 3-6　由兩個曲率半徑為 R_1 與 R_2 面鏡所組成的共振腔

首先在共振腔中找一個起點（這裡選標示 1 的位置），求出光在共振腔中來回一趟（1→2→3→4→1，四個箭頭代表四個轉換矩陣）的傳輸矩陣：

$$\begin{pmatrix} A & B \\ C & D \end{pmatrix} = \begin{pmatrix} 1 & d \\ 0 & 1 \end{pmatrix} \begin{pmatrix} 1 & 0 \\ -\dfrac{2}{R_2} & 1 \end{pmatrix} \begin{pmatrix} 1 & d \\ 0 & 1 \end{pmatrix} \begin{pmatrix} 1 & 0 \\ -\dfrac{2}{R_1} & 1 \end{pmatrix}$$

$$= \begin{pmatrix} 1-\dfrac{2d}{R_2} & d \\ -\dfrac{2}{R_2} & 1 \end{pmatrix} \begin{pmatrix} 1-\dfrac{2d}{R_1} & d \\ -\dfrac{2}{R_1} & 1 \end{pmatrix}$$

$$= \begin{pmatrix} (1-\frac{2d}{R_1})(1-\frac{2d}{R_2})-\frac{2d}{R_1} & d(1-\frac{2d}{R_2})+d \\ -\frac{2}{R_2}(1-\frac{2d}{R_1})-\frac{2}{R_1} & 1-\frac{2d}{R_2} \end{pmatrix} \tag{3-13}$$

這裡需注意的是先作用的矩陣寫在右邊，所以是由右而左依次填寫，與一般右手寫字次序相反。另外矩陣乘法滿足結合律(association law)：$M_3 \cdot M_2 \cdot M_1 = (M_3 \cdot (M_2 \cdot M_1)) = ((M_3 \cdot M_2) \cdot M_1)$，符號表示乘法由裡面括號先算，當 M_1、M_2、M_3 由右而左依序相乘時，我們可先算 $M_2 \cdot M_1$ 再在左乘上 M_3 或先算 $M_3 \cdot M_2$ 再在右乘上 M_1，兩個結果都會一樣。在式(3-13)中，有四個矩陣相乘，我們先將右邊與左邊兩個矩陣先相乘，最後再將兩個結果相乘。假設光的初始狀態為 $\begin{pmatrix} y_0 \\ y'_0 \end{pmatrix}$，來回走 s 趟後狀態變成 $\begin{pmatrix} y_s \\ y'_s \end{pmatrix}$，則

$$\begin{pmatrix} y_{s+1} \\ y'_{s+1} \end{pmatrix} = \begin{pmatrix} A & B \\ C & D \end{pmatrix} \begin{pmatrix} y_s \\ y'_s \end{pmatrix} \tag{3-14}$$

將矩陣乘開，寫成聯立方程式：

$$y_{s+1} = Ay_s + By'_s \tag{3-15}$$

$$y'_{s+1} = Cy_s + Dy'_s \tag{3-16}$$

由式(3-15)得：$y'_s = \frac{1}{B}(y_{s+1} - Ay_s)$ 與 $y'_{s+1} = \frac{1}{B}(y_{s+2} - Ay_{s+1})$，帶入式(3-16)得：

$$\begin{aligned}
&\frac{1}{B}(y_{s+2}-Ay_{s+1})=Cy_s+\frac{D}{B}(y_{s+1}-Ay_s)\\
&\Leftrightarrow y_{s+2}-Ay_{s+1}=BCy_s+D(y_{s+1}-Ay_s)\\
&\Leftrightarrow y_{s+2}-(A+D)y_{s+1}+(AD-BC)y_s=0\\
&\Leftrightarrow y_{s+2}-(A+D)y_{s+1}+y_s=0 \qquad (3\text{-}17)
\end{aligned}$$

上面計算用了 $AD-CB=1$ 的條件，這是因為光來回走一圈後又回到起點，所以起點與終點是在同一個位置，所以折射率也一樣，因此 $AD-CB=1$ 的條件會成立。設方程式(3-17)的解為：$y_s=r_0e^{is\theta}$，帶入得：

$$r_0e^{is\theta}[e^{i2\theta}-(A+D)e^{i\theta}+1]=0 \qquad (3\text{-}18)$$

$$\Leftrightarrow e^{i\theta}=\cos\theta+i\sin\theta=\frac{(A+D)\pm\sqrt{(A+D)^2-4}}{2} \qquad (3\text{-}19)$$

欲得穩定的振盪解，θ 為實數，根號內需為負值，否則會有指數增加項，光會越走越偏離光軸。所以共振腔的穩定條件為：

$$(A+D)^2-4\le 0\Leftrightarrow (A+D)^2\le 4\Leftrightarrow -1\le\frac{A+D}{2}\le 1 \qquad (3\text{-}20)$$

當 $-1\le\frac{A+D}{2}\le 1$ 時，式(3-19)中根號內的值為負，方程式(3-17)的一般解為式(3-19)所解出兩個獨立解的線性組合：$y_s=C_1e^{is\theta_1}+C_2e^{-is\theta_1}$，其中 $\theta_1=\cos^{-1}\left(\frac{A+D}{2}\right)$，$C_1$ 與 C_2 為常數，可由初始的 y_0 與 y'_0 決定。這裡 y_s 代表光走了 s 趟後與光軸的距離，應為實數，然而 $e^{is\theta_1}$ 與 $e^{-is\theta_1}$ 卻為複數。不過這點倒不用擔心，因為 $e^{is\theta_1}$ 與 $e^{-is\theta_1}$ 確實可以組合出

實數的弦波振盪解，最簡單的是我們取 C_1 與 C_2 皆為 $\frac{r_0}{2}$，則 $y_s = \frac{r_0}{2}e^{is\theta_1} + \frac{r_0}{2}e^{-is\theta_1} = r_0\cos(s\theta_1)$，這個解代表光一開始與光軸距離為 r_0（因為 $y_0 = r_0$），光在共振腔中來回振盪時，其與光軸距離時近時遠，但光偏離光軸距離不會超過為 r_0，這就代表一個穩定的振盪解。

接下來我們可以進一步將 $\frac{A+D}{2}$ 加上 1 湊出一個可因式分解的式子：

$$
\begin{aligned}
1+\frac{A+D}{2} &= 1+\frac{1}{2}\left[1-\frac{2d}{R_1}-\frac{2d}{R_2}+\left(1-\frac{2d}{R_1}\right)\left(1-\frac{2d}{R_2}\right)\right] \\
&= \frac{1}{2}\left(3-\frac{2d}{R_1}-\frac{2d}{R_2}+1-\frac{2d}{R_1}-\frac{2d}{R_2}+\frac{4d^2}{R_1R_2}\right) \\
&= 2\left(1-\frac{d}{R_1}-\frac{d}{R_2}+\frac{d^2}{R_1R_2}\right) = 2\left(1-\frac{d}{R_1}\right)\left(1-\frac{d}{R_2}\right)
\end{aligned}
$$

$$\therefore -1 \le \frac{A+D}{2} \le 1 \Leftrightarrow 0 \le 1+\frac{A+D}{2} \le 2 \Leftrightarrow 0 \le \left(1-\frac{d}{R_1}\right)\left(1-\frac{d}{R_2}\right) \le 1 \quad (3\text{-}21)$$

我們以參數 $\frac{d}{R_1}$ 為橫座標，參數 $\frac{d}{R_2}$ 為縱座標，則滿足 $0 \le \left(1-\frac{d}{R_1}\right)\left(1-\frac{d}{R_2}\right) \le 1$ 不等式的區域如圖 3-7 的斜線區域所示。圖中斜率為 1 滿足 $R_1 = R_2$ 的虛線，代表對稱的共振腔，對應座標為 (0,0) 的組態滿足 $R_1 = R_2 = \infty$，代表兩個鏡子都是平面鏡。對應座標為 (1,1) 的組態滿足 $d = R_1 = R_2$，代表兩個鏡子的焦點重疊，稱為共焦組態

(confocal configuration)。對應座標為 (2,2) 的組態滿足 $d=2R_1=2R_2$，代表兩個鏡子的曲面是在同一個球心的球面上，稱為共球心組態(concentric configuration)。前面所提的三個對稱組態都在穩定區與不穩定區交界處，一般不會使用這些組態建構雷射，而是用斜線區域內的穩定組態。

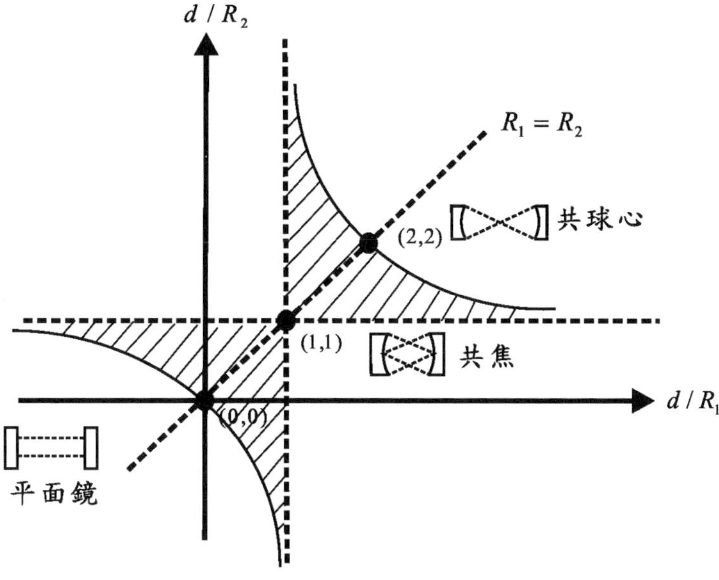

■ 圖 3-7 兩個不同曲率半徑面鏡所組成共振腔的穩定區（斜線標示區域）

講到這裡，我們先整理一下前面的結論：對於一個一般的共振腔，我們如何判斷它是否穩定？

第一步：先在共振腔內找一個起點（可以隨便選），求出光在共振腔中來回走一趟的傳輸矩陣：$M_{RT}=\begin{pmatrix} A & B \\ C & D \end{pmatrix}$

第二步：共振腔的穩定條件為：$-1\le\frac{A+D}{2}\le 1$（與 B 與 C 無關）

穩定條件與起點選取無關，也與順時針或逆時針繞行共振腔無關，這是因為穩定條件只與在共振腔中來回走一趟的傳輸矩陣的跡(trace)有關。方形矩陣的跡定義為對角線元素的和，這裡 $trace(M_{RT}) = A + D$。一般矩陣乘法不滿足交換律(commutation law)，也就是 $M_1 \cdot M_2 \neq M_2 \cdot M_1$，但 $trace(M_1 \cdot M_2) = trace(M_2 \cdot M_1)$。假如共振腔中來回走一趟的傳輸矩陣由四個矩陣 $M_{2\leftarrow 1}$、$M_{3\leftarrow 2}$、$M_{4\leftarrow 3}$、$M_{1\leftarrow 4}$ 由右而左依序相乘得到，則

$$
\begin{aligned}
& trace(M_{1\leftarrow 4} \cdot M_{4\leftarrow 3} \cdot M_{3\leftarrow 2} \cdot M_{2\leftarrow 1}) && \text{以 1 為起點} \\
&= trace(M_{2\leftarrow 1} \cdot M_{1\leftarrow 4} \cdot M_{4\leftarrow 3} \cdot M_{3\leftarrow 2}) && \text{以 2 為起點} \\
&= trace(M_{3\leftarrow 2} \cdot M_{2\leftarrow 1} \cdot M_{1\leftarrow 4} \cdot M_{4\leftarrow 3}) && \text{以 3 為起點} \\
&= trace(M_{4\leftarrow 3} \cdot M_{3\leftarrow 2} \cdot M_{2\leftarrow 1} \cdot M_{1\leftarrow 4}) && \text{以 4 為起點}
\end{aligned}
\tag{3-22}
$$

這代表在共振腔中來回走一趟傳輸矩陣的跡不會因為起點選取不同而改變，所以穩定條件與起點選取無關。

問題 請問圖 3-6 中當 $R_1 = \infty$，$R_2 = 750$ mm，$d = ?$ 共振腔會穩定。

解： $0 \le d \le 750$ mm 才會穩定

問題 請問當一長度為 L，折射率為 n 的晶體放入圖 3-6 所示之共振腔時，其穩定條件變成如何？

解： $0 \le \left(1 - \frac{d'}{R_1}\right)\left(1 - \frac{d'}{R_2}\right) \le 1$，其中 $d' = d - L + L/n$

例題 3-1

(a) 依照下圖所標示的光線軌跡，寫出在共振腔中來回走一次的 transfer matrix 為何？

(b) 求此共振腔的穩定條件。

(c) 若 $d = 1\text{ m}$，$f = 0.75\text{ m}$，請問是否存在 $d_1 > 0$ 使共振腔穩定？若有，求 d_1 可使共振腔穩定的條件。

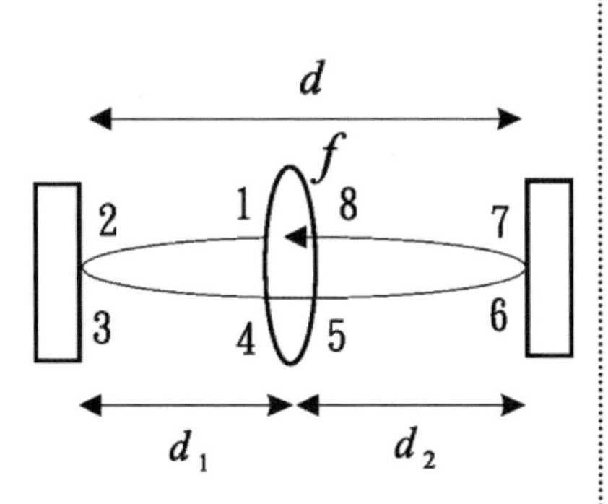

 (a) 令 $d_2 = d - d_1$

因為平面鏡的曲率半徑為無限大，所以平面鏡的傳輸矩陣為單位矩陣

$$\begin{pmatrix} 1 & 0 \\ 0 & 1 \end{pmatrix}$$

光由 1→2→3→4 的傳輸矩陣為

$$\begin{pmatrix} 1 & d_1 \\ 0 & 1 \end{pmatrix}\begin{pmatrix} 1 & 0 \\ 0 & 1 \end{pmatrix}\begin{pmatrix} 1 & d_1 \\ 0 & 1 \end{pmatrix} = \begin{pmatrix} 1 & 2d_1 \\ 0 & 1 \end{pmatrix}$$

所以光由 1→2→3→4，可以看成在空間走 $2d_1$

同理，光由 5→6→7→8，也可以看成在空間走 $2d_2$

光在共振腔中來回走一趟傳輸矩陣可寫成

$$\begin{pmatrix} A & B \\ C & D \end{pmatrix} = \begin{pmatrix} 1 & 0 \\ -\frac{1}{f} & 1 \end{pmatrix}\begin{pmatrix} 1 & 2d_2 \\ 0 & 1 \end{pmatrix}\begin{pmatrix} 1 & 0 \\ -\frac{1}{f} & 1 \end{pmatrix}\begin{pmatrix} 1 & 2d_1 \\ 0 & 1 \end{pmatrix}$$

$$= \begin{pmatrix} 1 & 2d_2 \\ -\frac{1}{f} & 1-\frac{2d_2}{f} \end{pmatrix}\begin{pmatrix} 1 & 2d_1 \\ -\frac{1}{f} & 1-\frac{2d_1}{f} \end{pmatrix}$$

$$=\begin{pmatrix} 1-\frac{2d_2}{f} & 2d_1+2d_2(1-\frac{2d_1}{f}) \\ -\frac{2}{f}+\frac{2d_2}{f^2} & -\frac{2d_1}{f}+(1-\frac{2d_2}{f})(1-\frac{2d_1}{f}) \end{pmatrix}$$

$$\frac{(A+D)}{2}=\frac{1}{2}\left(1-\frac{2d_2}{f}-\frac{2d_1}{f}+1-\frac{2d_2}{f}-\frac{2d_1}{f}+\frac{4d_1d_2}{f^2}\right)$$

$$=1-\frac{2(d_1+d_2)}{f}+\frac{2d_1d_2}{f^2}$$

(b) 穩定條件：

$$-1\le\frac{A+D}{2}\le 1\Leftrightarrow 0\le 1+\frac{A+D}{2}\le 2$$

$$\Leftrightarrow 0\le\left(1-\frac{d_1}{f}\right)\left(1-\frac{d_2}{f}\right)\le 1$$

(c) **解法一**：代數解

$d_2=d-d_1$，$d=1\ \text{m}$，$f=0.74=\frac{3}{4}\ \text{m}$

$$0\le\left(1-\frac{d_1}{f}\right)\left(1-\frac{d_2}{f}\right)\le 1$$

$$\Leftrightarrow 0\le(1-\frac{4}{3}d_1)\left[1-\frac{4}{3}(1-d_1)\right]\le 1$$

$$\Leftrightarrow 0\ge(d_1-\frac{3}{4})(d_1-\frac{1}{4})\ge\frac{-9}{16}$$

$$\begin{cases} 0\ge(d_1-\frac{3}{4})(d_1-\frac{1}{4})\Rightarrow\frac{1}{4}\le d_1\le\frac{3}{4} \\ (d_1-\frac{3}{4})(d_1-\frac{1}{4})\ge\frac{-9}{16}\Rightarrow \text{所有}d_1\text{都成立} \end{cases}$$

取交集得，$0.25\ \text{m}\le d_1\le 0.75\ \text{m}$，存在使共振腔穩定的 d_1

解法二：圖形解

滿足不等式$0\le\left(1-\frac{d_1}{f}\right)\left(1-\frac{d_2}{f}\right)\le 1$的區域如下圖斜線區所示，又$d_1+d_2=d$，所以$\frac{d_1}{f}+\frac{d_2}{f}=\frac{4}{3}$（圖中直線），直線與斜線區的交集即為滿足題意的穩定共振腔，也就是圖中座標為$(\frac{1}{3},1)$的點與座標為$(1,\frac{1}{3})$的點所連成的線段所對應的組態為穩定組態。此線段滿足：

$\frac{1}{3}\le\frac{d_1}{f}\le 1\Leftrightarrow\frac{f}{3}\le d_1\le f\Leftrightarrow 0.25\le d_1\le 0.75$（這裡已知$f>0$，所以在同乘$f$時不等式不變號）。

所以存在d_1使共振腔穩定，穩定條件為：

$0.25\text{ m}\le d_1\le 0.75\text{ m}$

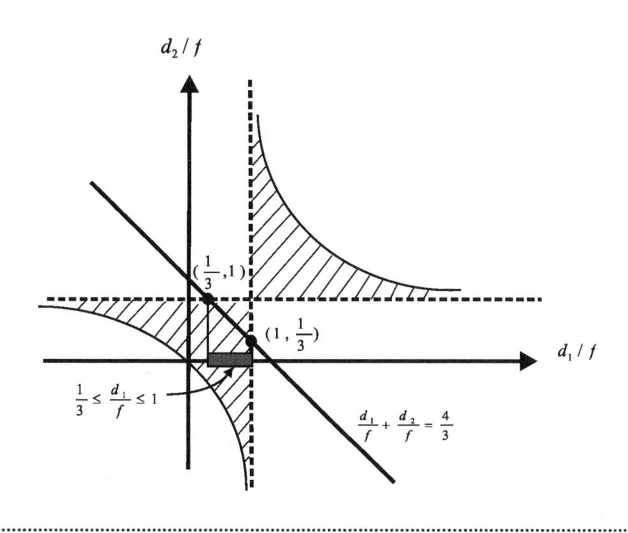

例題 3-2

若分析一雷射共振腔，發現其光線在共振腔中來回走一趟的傳輸矩陣可以寫成下面兩個相等的矩陣相乘的形式：

$$M_T = \begin{pmatrix} a & b \\ c & d \end{pmatrix}\begin{pmatrix} a & b \\ c & d \end{pmatrix}$$

且 $ad-bc=1$，請證明此共振腔的穩定條件為 $\frac{a+d}{2}$。

解

$$M_T = \begin{pmatrix} A & B \\ C & D \end{pmatrix} = \begin{pmatrix} a & b \\ c & d \end{pmatrix}\begin{pmatrix} a & b \\ c & d \end{pmatrix} = \begin{pmatrix} a^2+bc & ab+bd \\ ca+dc & cb+d^2 \end{pmatrix}$$

所以 $A=a^2+bc$， $D=cb+d^2$

穩定條件：

$$-1 \le \frac{A+D}{2} \le 1 \Leftrightarrow -1 \le \frac{a^2+2bc+d^2}{2} \le 1$$

$$\Leftrightarrow -1 \le \frac{a^2+2(ad-1)+d^2}{2} \le 1$$

$$\Leftrightarrow -1 \le \frac{(a+d)^2}{2} - 1 \le 1$$

$$\Leftrightarrow 0 \le \frac{(a+d)^2}{2} \le 2$$

$$\Leftrightarrow 0 \le (a+d)^2 \le 2^2$$

$$\Leftrightarrow -2 \le a+d \le 2$$

$$\Leftrightarrow -1 \le \frac{a+d}{2} \le 1$$

然而對於什麼共振腔光線在其中來回走一趟的傳輸矩陣可以寫成兩個相等的矩陣相乘的形式？答案是對稱的共振腔。

例題 3-3

下圖中雷射共振腔中左右兩端為平面反射鏡，中間放置的兩凸透鏡的焦距皆為 f，(a)求下圖可使共振腔穩定的 d_1 條件為何？(b)若 f =500 mm，d=1.5 m，d_1=600 mm，則此共振腔穩定嗎？

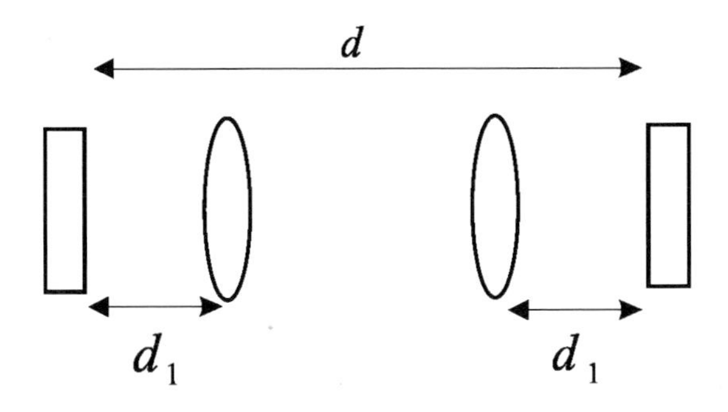

解 (a) 圖所示為一對稱的共振腔，可利用例題 3-2 的結果，所以只需繞半圈即可。如果從中間出發，還可用例題 3-1 的結果，得穩定條件為 $0 \le \left(1-\dfrac{d_1}{f}\right)\left(1-\dfrac{\frac{d}{2}-d_1}{f}\right) \le 1$

(b) 將 f =0.5 m，d =1.5 m，d_1 =0.6 m 帶入上式 $\left(1-\dfrac{0.6}{0.5}\right)\left(1-\dfrac{0.75-0.6}{0.5}\right)=-\dfrac{7}{50}$ 不在 0 與 1 之間，所以共振腔不穩定。

習題

1. 請證明光穿過下面介面：

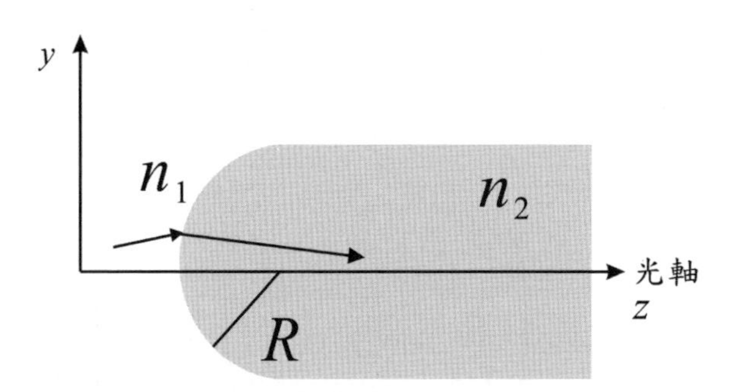

的傳輸傳輸矩陣為：

$$\begin{pmatrix} 1 & 0 \\ \dfrac{n_1 - n_2}{R \cdot n_2} & \dfrac{n_1}{n_2} \end{pmatrix}$$

請根據此傳輸矩陣寫下一個折射率為 n，鏡心厚度為 t 且兩邊曲率半徑為 R 的厚凸透鏡之傳輸矩陣。

2. 有一如下圖所示之雷射共振腔，左方凹面反射鏡的曲率半徑為 25 cm，共振腔右方放置一折射率為 2.2 的晶體，晶體右方介面鍍有反射膜，作為右側腔鏡，求圖中 d 為何值時，共振腔會穩定？

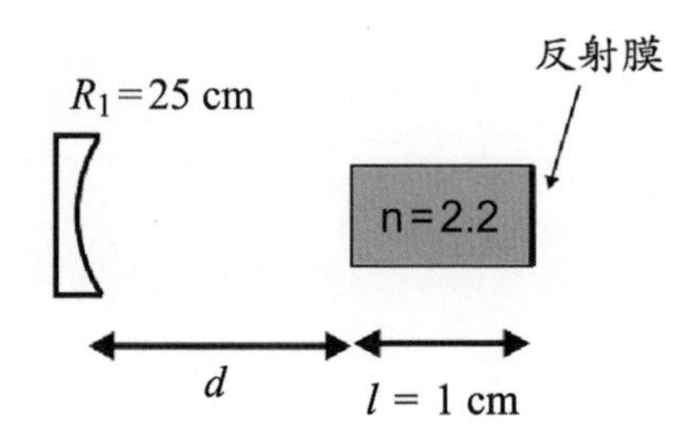

3. 請判斷下面三個共振腔（假設 $R_1 = R_2$ ），何者穩定？何者不穩定？並請說明理由。

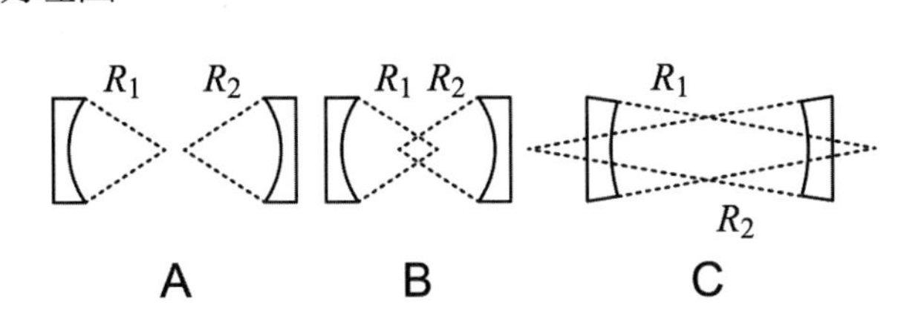

MEMO

04 雷射光束

本章大綱

生活中所看到的雷射光呈現光束(beam)狀，光能量沿垂直波行進方向的分布主要被限制在某一範圍。第 3 章所用的光線追跡法僅能得到光走的軌跡，關於光場與相位分布函數則無法得知，而這些訊息對很多應用扮演重要角色。本章將從電磁波的波動方程式出發，解出一個常用於描述雷射光行進時的光場分布函數，由於此函數沿垂直波行進方向的分布呈現 Gauss 分布，所以此光束又稱 Gauss 光束。

4-1 Gauss 光束

電磁學由四個 Maxwell 方程式描述，這四個方程式分別為：

$$\vec{\nabla}\cdot\vec{E}=\frac{\rho}{\varepsilon} \qquad \text{（Gauss 定律）} \tag{4-1}$$

$$\vec{\nabla}\cdot\vec{B}=0 \qquad \text{（無磁單極）} \tag{4-2}$$

$$\vec{\nabla}\times\vec{E}=-\frac{\partial\vec{B}}{\partial t} \qquad \text{（Faraday 定律）} \tag{4-3}$$

$$\vec{\nabla}\times\vec{B}=\mu\vec{J}+\mu\varepsilon\frac{\partial\vec{E}}{\partial t} \qquad \text{（修正 Ampere 定律）} \tag{4-4}$$

其中 $\varepsilon=\varepsilon_r\cdot\varepsilon_0$， $\mu=\mu_r\cdot\mu_0$。這裡 ε 稱為電容率(permittivity)或稱介電常數(dielectric constant)，若將 ε 值較大的材料填充在電容器的兩平板電極之間，可以增加電容器的電荷容量， $\varepsilon_0=\frac{1}{36\pi}\times10^{-9}$ F/m（記

憶方式：$\frac{1}{4\pi\varepsilon_0}=9\times10^9$）為真空電容率或真空介電常數。$\mu$為磁導率(permeability)，permeability 這個字有誘導的意思，將μ較大材料置於一個線圈中，可以增加當線圈導線通電流後所能誘導出來的磁場，$\mu_0=4\pi\times10^{-7}$ H/m（記憶方式：$\frac{\mu_0}{4\pi}=10^{-7}$）為真空的磁導率。

$\varepsilon_r=\varepsilon/\varepsilon_0$代表材料的電容率與真空電容率的比值，為一個沒有單位的係數，稱為相對電容率(relative permittivity)，一般材料$\varepsilon_r>1$，例如對蒸餾水而言$\varepsilon_r=80$。$\mu_r=\mu/\mu_0$代表材料的磁導率與真空磁導率的比值，為一個沒有單位的係數，稱為相對磁導率(relative permeability)，一般材料$\mu_r\cong1$，只有對於像鐵、鈷、鎳等稱為鐵磁性材料(ferromagnetic materials)的介質中，$\mu_r>>1$（以純鐵為例，$\mu_r\cong4000$），鐵磁性材料常拿來做馬達中的電磁鐵。

考慮真空中的區域($\varepsilon_r=1$，$\mu_r=1$，$\rho=0$，$\vec{J}=0$)，方程式變成：

$$\vec{\nabla}\cdot\vec{E}=0 \tag{4-5}$$

$$\vec{\nabla}\cdot\vec{B}=0 \tag{4-6}$$

$$\vec{\nabla}\times\vec{E}=-\frac{\partial\vec{B}}{\partial t} \tag{4-7}$$

$$\vec{\nabla}\times\vec{B}=\mu_0\varepsilon_0\frac{\partial\vec{E}}{\partial t} \tag{4-8}$$

由式(4-7)可得

$$\vec{\nabla}\times(\vec{\nabla}\times\vec{E}+\frac{\partial\vec{B}}{\partial t})=0$$

$$\Rightarrow\vec{\nabla}\times\vec{\nabla}\times\vec{E}+\frac{\partial(\vec{\nabla}\times\vec{B})}{\partial t}=0$$

$$\Rightarrow\vec{\nabla}(\vec{\nabla}\cdot\vec{E})-\nabla^2\vec{E}+\frac{\partial}{\partial t}\left(\mu_0\varepsilon_0\frac{\partial\vec{E}}{\partial t}\right)=0$$

$$\Rightarrow\nabla^2\vec{E}-\mu_0\varepsilon_0\frac{\partial^2\vec{E}}{\partial t^2}=0 \tag{4-9}$$

方程式(4-9)稱為波動方程式，波的傳播速度等於 $\frac{1}{\sqrt{\mu_0\varepsilon_0}}=\sqrt{\frac{1}{4\pi\varepsilon_0}\cdot\frac{4\pi}{\mu_0}}=\sqrt{9\times10^9\cdot10^7}=3\times10^8\ \text{m/s}=c$，與所測的光速相等，所以光就是一種電磁波。另外光在折射率為 n 介質中的速度為 $\frac{c}{n}=\frac{1}{\sqrt{\varepsilon_r\varepsilon_0\mu_r\mu_0}}$，又 $c=\frac{1}{\sqrt{\varepsilon_0\mu_0}}$，對非鐵磁性材料 $\mu_r\cong1$，可得 $n=\sqrt{\varepsilon_r}$。可是我們知道水的折射率 $n=1.33$，但前面提到對蒸餾水而言 $\varepsilon_r=80$，兩者不滿足 $n=\sqrt{\varepsilon_r}$。這是因為 $\varepsilon_r=80$ 是在直流電場作用下的係數，而折射率 1.33 是在振盪頻率很高的可見光作用下量到的結果，使用 $n=\sqrt{\varepsilon_r}$ 關係時一定要注意到 n 與 ε_r 是否是在一樣頻率下量到的值。

考慮電場沿 x 方向以角頻率 ω 振盪的電磁波，電場函數時空變數可分離寫成：$\vec{E}=E(\vec{r},t)\hat{x}=U(\vec{r})\exp(i\omega t)\hat{x}$，帶入式(4-9)得

$$\nabla^2U+k^2U=0 \tag{4-10}$$

其中 $k^2=\frac{\omega^2}{c^2}$，方程式(4-10)稱為 Helmholtz 方程式。若電磁波朝 z 方向行進，空間函數可進一步寫成：$U(\bar{r})=A(\bar{r})\exp(-ikz)$，使用圓柱座標下的 Laplace 運算子表示法：$\nabla^2U=\frac{1}{r}\frac{\partial}{\partial r}\left(r\frac{\partial U}{\partial r}\right)+\frac{1}{r^2}\frac{\partial^2U}{\partial\varphi^2}+\frac{\partial^2U}{\partial z^2}$，並假設光場為圓柱對稱分布，$A(\bar{r})$ 與 φ 無關，所以 $\frac{1}{r^2}\frac{\partial^2U}{\partial\varphi^2}=0$，帶入式(4-10)中得

$$\frac{1}{r}\frac{\partial}{\partial r}\left(r\frac{\partial U}{\partial r}\right)+\frac{\partial^2U}{\partial z^2}+k^2U=0$$

$$\Rightarrow\frac{1}{r}\frac{\partial}{\partial r}\left(r\frac{\partial\left[A(\bar{r})\exp(-ikz)\right]}{\partial r}\right)+\frac{\partial^2\left[A(\bar{r})\exp(-ikz)\right]}{\partial z^2}+k^2\left[A(\bar{r})\exp(-ikz)\right]=0$$

$$\Rightarrow\exp(-ikz)\frac{1}{r}\frac{\partial}{\partial r}\left(r\frac{\partial A}{\partial r}\right)+\exp(-ikz)\left[\frac{\partial^2A}{\partial z^2}-2ik\frac{\partial A}{\partial z}-k^2A\right]+\exp(-ikz)k^2\left[A\right]=0$$

$$\Rightarrow\frac{\partial^2A}{\partial r^2}+\frac{1}{r}\frac{\partial A}{\partial r}+\frac{\partial^2A}{\partial z^2}-i2k\frac{\partial A}{\partial z}=0 \tag{4-11}$$

若 $A(\bar{r})$ 沿 z 方向變化緩慢，則可忽略方程式(4-11)中 $\frac{\partial^2A}{\partial z^2}$ 這一項，稱為緩慢變化近似(slow varying approximation)，則滿足近軸近似 Helmholtz 方程式可進一步寫成：

$$\frac{\partial^2A}{\partial r^2}+\frac{1}{r}\frac{\partial A}{\partial r}-i2k\frac{\partial A}{\partial z}=0 \tag{4-12}$$

這裡，則滿足方程式(4-12)的一個解為：

$$A(\bar{r})=\frac{A_1}{z}\exp(-ik\frac{r^2}{2z}) \tag{4-13}$$

此解在 $z=0$ 會出現無限大的奇異點(singularity)。為了避免奇異點，我們引進複數 q 參數(q-parameter)座標 $q(z)=z+iz_0$

$$A(\vec{r})=\frac{A_1}{q(z)}\exp(-ik\frac{r^2}{2q(z)}) \tag{4-14}$$

$$=\frac{A_1}{z+iz_0}\exp[-ik\frac{r^2}{2(z+iz_0)}]$$

$$=\frac{A_1}{iz_0}\cdot\frac{1}{1-i\frac{z}{z_0}}\exp[-ik\frac{r^2(z-iz_0)}{2(z^2+z_0{}^2)}]$$

$$=\frac{A_1}{iz_0}\cdot\frac{e^{i\zeta(z)}}{1+\left(\frac{z}{z_0}\right)^2}\exp[-ik\frac{r^2z}{2(z^2+z_0{}^2)}]\exp[-\frac{k}{2}\frac{z_0r^2}{(z^2+z_0{}^2)}] \tag{4-15}$$

式(4-15)可進一步寫成：

$$A_0\cdot\frac{w_0}{w(z)}\cdot e^{i\zeta(z)}\exp[-ik\frac{r^2}{2R(z)}]\exp[-\frac{r^2}{w(z)^2}] \tag{4-16}$$

比較式(4-15)與式(4-16)，可得下面這些關係式：

$$A_0=\frac{A_1}{iz_0} \tag{4-17}$$

$$\zeta(z)=\tan^{-1}\frac{z}{z_0} \tag{4-18}$$

$$w(z)=w_0\left[1+(\frac{z}{z_0})^2\right]^{1/2} \tag{4-19}$$

$$R(z)=z\left[1+(\frac{z_0}{z})^2\right] \tag{4-20}$$

比較式(4-14)與式(4-16)可得下面關係式：

$$\frac{1}{q(z)}=\frac{1}{R(z)}-i\frac{\lambda}{\pi\, w^2(z)} \tag{4-21}$$

最後得方程式(4-12)的解為：

$$U(\bar{r})=A_0\frac{w_0}{w(z)}\exp(-\frac{r^2}{w^2(z)})\exp[-ikz-ik\frac{r^2}{2R(z)}+i\zeta(z)] \tag{4-22}$$

式(4-22)表示如圖 4-1 所示沿 z 方向傳播的光束，$\exp(-\frac{r^2}{w^2(z)})$ 這項代表光場沿 r 方向呈 Gauss 分布，光集中在 z 軸($r=0$)附近。$w(z)$ 可用來代表光場分布的半徑大小，因為

$$\int_0^\infty A_0 e^{-\frac{r^2}{w^2}} 2\pi r dr = A_0\cdot\pi w^2 \tag{4-23}$$

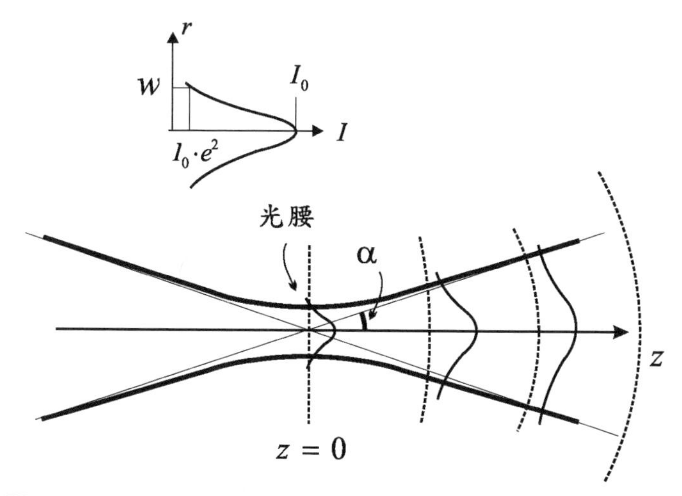

■圖 4-1　Gauss 光束的傳播，光場沿 r 方向呈 Gauss 分布

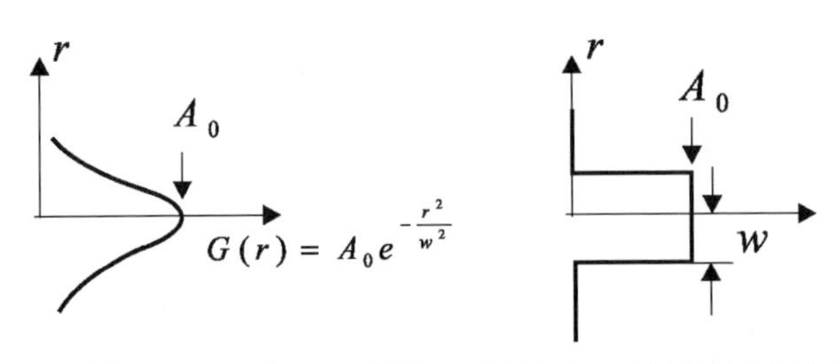

■圖 4-2　二維 Gauss 分布可視為一半徑為 w 的圓柱階梯分布函數

所以若光場在 $r=0$ 處的振幅為 A_0，則此 Gauss 光束可視為一振幅為常數 A_0 均勻分布在 $r \le w$ 的範圍內（如圖 4-2 所示）。光強度與電場與其共軛複數乘積成正比，所以 $I(r)=I_0 \exp\left(-\frac{2r^2}{w^2(z)}\right)$，其中 I_0 代表 $r=0$ 處的光強度。以 w 為半徑的圓內光能量占整個能量分布的比例為 $\int_0^w e^{-\frac{2r^2}{w^2(z)}} 2\pi r dr / \int_0^\infty e^{-\frac{2r^2}{w^2(z)}} 2\pi r dr = 0.87$。在式(4-16)中，$\frac{w_0}{w(z)}$ 這項可使得在任何一個 z 的位置的 $\int U(r,z)^* U(r,z) \cdot 2\pi r dr$ 值為常數，代表流過任何一個 z 位置截面的總能量一樣，符合能量守恆。式(4-19)表示 w 在 $z=0$ 處達最小，此處稱為光腰(beam waist)，當光束沿 z 方向傳播時，w 值會變大，代表光點逐漸變大。圖 4-3 畫出光場分布半徑 $w(z)$ 隨 z 變化的情形，其中 $\alpha = \frac{\lambda}{\pi w_0}$ 稱為發散角(divergence angle)，發散角越大代表光傳播一定距離後，$w(z)$ 會有比較大的變化。$z_0 = \frac{\pi w_0^{\ 2}}{\lambda}$ 稱為共焦參數(confocal parameter)，共焦參數的兩倍 $\left(2z_0 = \frac{2\pi w_0^{\ 2}}{\lambda}\right)$ 稱為焦深(depth of focus)。在實驗中我們常將光聚焦到一材料上，若材料厚度比焦深小很多，則 Gauss 光束在通過材料時，光點大小變化不大，且在焦點附近波前曲率半徑為無限大（與平面波一樣），這種情形下我們可用平面波近似 Gauss 光束分析實驗結果。$\exp[-ikz]$代表波沿正 z 方向行進。$\exp\left[-ik\dfrac{r^2}{2R(z)}\right]$表示與 r 相關的相位，這項代表相對於平面波，波前（等相位點所形成的面）會產生彎曲，曲面為一半徑為 $R(z)$的球面。在圖 4-4 中畫出波前曲率半徑的倒數 $1/R(z)$ 隨 z 變化的情形，圖中發現在 $z\to 0$ 與 $z\to\infty$ 這兩個區域，$1/R(z)$ 趨近於零，代表波前為一平面。另外 $1/R(z)$ 在 $z=z_0$ 處出現極大值，此處對應的波前曲率半徑達最小。$\exp[+i\zeta(z)]$代表與 z 相關的相位延遲(phase retardation)，圖 4-5 畫出延遲相位角 $\zeta(z)$ 隨 z 變化的情形。

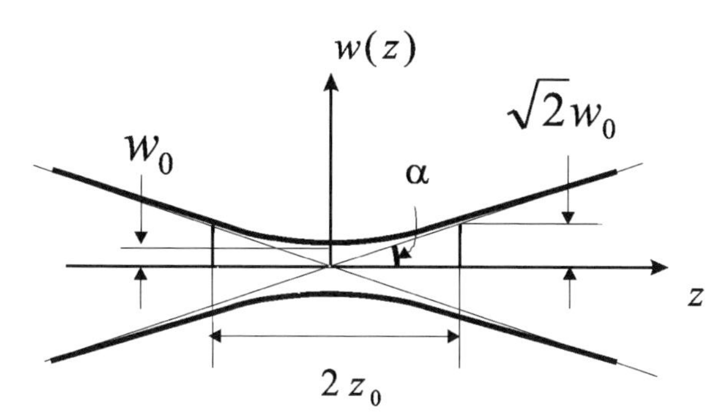

■ 圖 4-3　光場分布半徑 $w(z)$ 隨 z 變化的情形

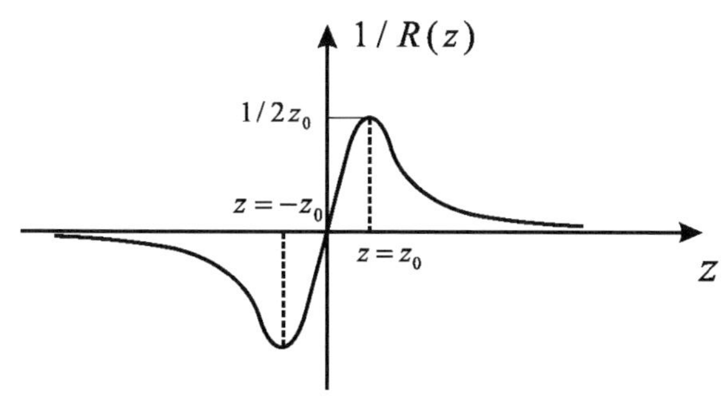

■ 圖 4-4　波前曲率半徑的倒數 $1/R(z)$ 隨 z 變化的情形

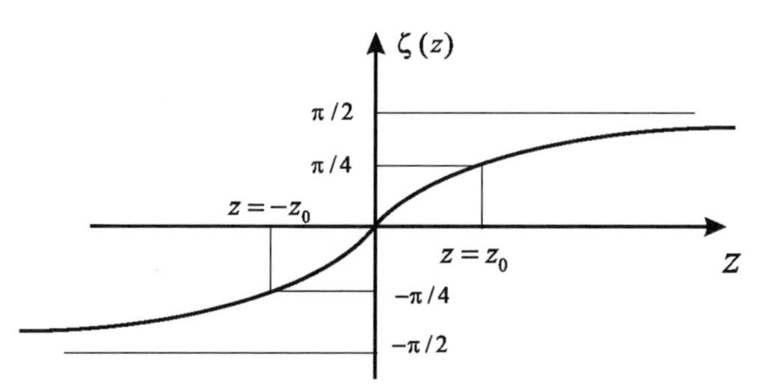

■圖 4-5　延遲相位角 $\zeta(z)$ 隨 z 變化的情形

例題 4-1

考慮一紅寶石雷射(ruby laser λ=694.3 nm)所發出功率為 1 W 的 Gauss 光束，已知最小光腰半徑 $w_0=1$ cm，試求光束的發散角，焦深(depth of focus)為何值？若將此雷射光束射向 1 km 外建築物的牆上，則在牆上光點半徑 w 為何？若射向月球(384,400 km)則光點半徑為何？另求光腰中心點亮度？

解 (a) 發散角 $\alpha=\dfrac{\lambda}{\pi w_0}=\dfrac{694.3\ \text{nm}}{\pi\cdot 1\ \text{cm}}=221\times10^{-7}=0.0221\ \text{mrad}$

(b) 焦深 $2z_0=2\dfrac{\pi {w_0}^2}{\lambda}=\dfrac{2\pi\cdot(10^{-2})^2}{694.3\times10^{-9}}=905\ \text{m}$

(c) $z=1\ \text{km}$ ， $z_0=452.5\ \text{m}$

$$w(z)=w_0\sqrt{1+\left(\frac{z}{z_0}\right)^2}=w_0\sqrt{1+\left(\frac{1000}{452.5}\right)^2}=1\ \text{cm}\times2.4=2.4\ \text{cm}$$

(d) $z=384400\ \text{km}>>z_0$ ， $z_0=452.5\ \text{m}$

$$w(z)=w_0\sqrt{1+\left(\frac{z}{z_0}\right)^2}\cong w_0\frac{z}{z_0}\cong z\alpha=384400\ \text{km}\cdot0.0221\ \text{mrad}$$

$$=8495.2\ \text{m}=8.5\ \text{km}$$

(e) 光腰處的中心點亮度：I_0

$$\pi\frac{w^2}{2}I_0=1\ \text{W}$$

$$\Leftrightarrow I_0=\frac{2}{\pi(10^{-2})^2}\ \ \text{W/m}^2=6366\ \ \text{W/m}^2$$

比較：海平面日照峰值強度約為1000 W/m^2（稱為 one sun）。

例題 4-2

考慮一個輸出功率為 1 mW，波長 $\lambda=633$ nm 的 HeNe 雷射，假設輸出的光束為 Gauss 光束，其光腰處的最小光點半徑 $w_0=0.1$ mm。

請計算(a)在 $z=0$，$z=z_0$，$z=2z_0$ 三個地方的波前曲率半徑 $R(z)$的值；(b)波前曲率半徑值的倒數 $1/R(z)$ 在什麼地方($z=?$)會產生極大值？

解 (a) $z_0=\dfrac{\pi {w_0}^2}{\lambda}=0.05$ m

$$z=0 \qquad R=\infty$$

$$z=z_0 \qquad R=z\left[1+\left(\frac{z_0}{z}\right)^2\right]_{z=z_0}=2z_0=0.1\ \text{m}$$

$$z=2z_0 \qquad R=z\left[1+\left(\frac{z_0}{z}\right)^2\right]_{z=2z_0}=2.5z_0=0.125\ \text{m}$$

(b) 由 $\dfrac{d}{dz}\left[\dfrac{1}{R(z)}\right]=0$解得當 $z=z_0$時$1/R$ 有最大值。

例題 4-3

考慮一二氧化碳雷射($\lambda = 10.6\ \ \mu\text{m}$)輸出的 Gauss 光束，已知某一截面的光點半徑 $w_1 = 0.1699\ \ \text{mm}$，另一截面的光點半徑 $w_2 = 3.38\ \ \text{mm}$，且這兩個截面間距離為 $d = 10\ \ \text{cm}$，請算出光腰位置在何處？且光腰處的最小光點半徑 w_0 的值為何？

解

$$w(z) = w_0\sqrt{1+\left(\frac{z}{z_0}\right)^2}$$

$$\Leftrightarrow \left(\frac{w}{w_0}\right)^2 = 1+\left(\frac{z}{z_0}\right)^2$$

$$\Leftrightarrow z = z_0\sqrt{\left(\frac{w}{w_0}\right)^2 - 1}$$

依題意

$$d = z_2 - z_1 = z_0\sqrt{\left(\frac{w_2}{w_0}\right) - 1} - z_0\sqrt{\left(\frac{w_1}{w_0}\right) - 1}$$

$$\Leftrightarrow \frac{\lambda d}{\pi} = \sqrt{(w_0 w_2)^2 - w_0{}^4} - \sqrt{(w_0 w_1)^2 - w_0{}^4}$$

令 $\alpha = \dfrac{\lambda d}{\pi}$，則

$$\left(\sqrt{(w_0 w_1)^2 - w_0{}^4} + \alpha\right)^2 = (w_0 w_2)^2 - w_0{}^4$$

$$\Leftrightarrow (w_0 w_1)^2 - w_0{}^4 + 2\alpha\sqrt{(w_0 w_1)^2 - w_0{}^4} + \alpha^2 = (w_0 w_2)^2 - w_0{}^4$$

$$\Leftrightarrow 4\alpha^2\left[(w_0 w_1)^2 - w_0{}^4\right] = \left[(w_0 w_2)^2 - (w_0 w_1)^2 - \alpha^2\right]^2$$

$$\Leftrightarrow 4\alpha^2 w_1{}^2 w_0{}^2 - 4\alpha^2 w_0{}^2 = (w_2{}^2 - w_1{}^2)^2 w_0{}^4 - 2\alpha^2 (w_2{}^2 - w_1{}^2) w_0{}^2 + \alpha^4$$

$$\Leftrightarrow \left[(w_2{}^2 - w_1{}^2)^2 + 4\alpha^2\right] w_0{}^4 - [2\alpha^2 (w_2{}^2 + w_1{}^2)] w_0{}^2 + \alpha^4 = 0$$

w_0有兩個解，分別為$w_0 = 0.105$ mm與$w_0 = 0.096$ mm。

當 $w_0 = 0.105$ mm 時，$z_2 - z_1 = 100$ mm，$z_2 + z_1 = 109.1$ mm（不合），代表光腰出現在兩截面外，或兩截面在光腰同一側。

當 $w_0 = 0.096$ mm 時，$z_2 - z_1 = 92.029$ mm（不合），$z_2 + z_1 = 100$ mm，代表光腰出現在兩截面間，或兩截面在光腰不同側。上面所得的兩個解的對應情形如下圖所示：

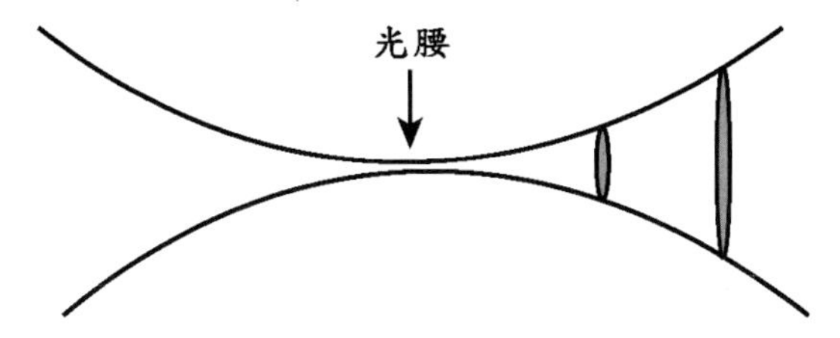

光腰在兩截面同一側

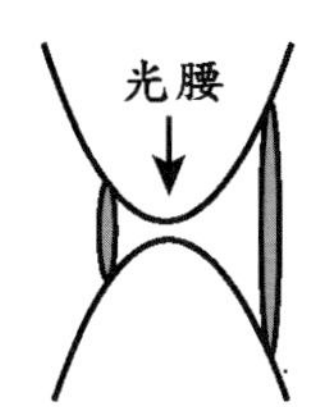

光腰在兩截面之間

4-2 ★ Laser Engineering

q 參數的轉換－ABCD 定律

若光束通過一傳輸矩陣為$\begin{pmatrix} A & B \\ C & D \end{pmatrix}$的光學元件，$q$ 參數會發生改變，假設由q_1變成q_2，則q_1與q_2滿足：

$$q_2 = \frac{Aq_1 + B}{Cq_1 + D} \tag{4-24}$$

上面的規則稱為 ABCD 定律，下面先舉兩個特例說明 ABCD 定律。

在空間中走一段距離d的q參數轉換為：

$$q_2 = q_1 + d \tag{4-25}$$

證明

Gauss 光束表示成$A(\vec{r}) = \frac{A_1}{q(z)} \exp(-ik \frac{r^2}{2q(z)})$，其中$q(z) = z + iz_0$，假設 $q_1 = z_1 + iz_0$，當光在空間中走一段距離d後，z座標由z_1變成$z_1 + d$，所以 $q_2 = z + d + iz_0 = q_1 + d$。

又在空間中走一段距離d的傳輸矩陣寫成：$\begin{pmatrix} A & B \\ C & D \end{pmatrix} = \begin{pmatrix} 1 & d \\ 0 & 1 \end{pmatrix}$

由 ABCD 定律得：$q_2 = \frac{Aq_1 + B}{Cq_1 + D} = \frac{1q_1 + d}{0q_1 + 1} = q_1 + d$，與前面一致。故在空間中走一段距離$d$的$q$參數轉換滿足 ABCD 定律。

穿過一焦距為 f 薄透鏡的 q 參數轉換為：

$$\frac{1}{q_2}=\frac{1}{q_1}-\frac{1}{f} \tag{4-26}$$

證明

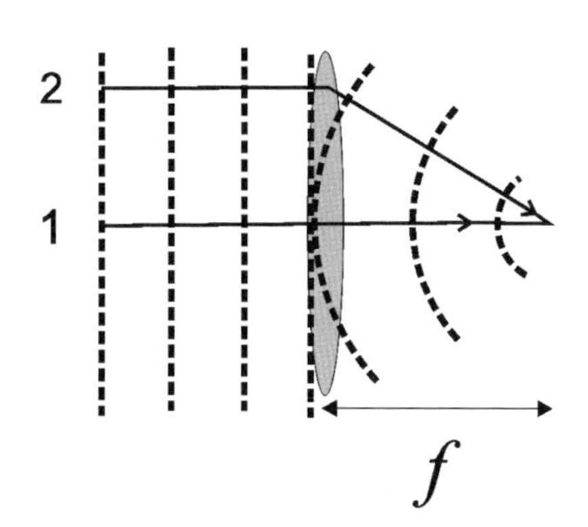

■圖 4-6　平面波穿過透鏡後轉為聚焦球面波

先考慮入射波為平面波，因為光在玻璃中速度較在空氣中慢，又中心處透鏡較厚，所以穿過透鏡後中心處的光會落後穿過透鏡邊緣處的光，使波前彎曲形成一球面波聚焦於焦點（如圖 4-6 所示），曲率半徑由無限大變成 $-f$ 。所以光穿過透鏡的效應可引進一個與 r 相關的相角變化($\Delta\phi(r)=ik\frac{r^2}{2f}=-ik\frac{r^2}{2(-f)}$)來說明。所以 Gauss 光束穿過透鏡後由

$$\frac{A_1}{q_1}\exp(-ik\frac{r^2}{2q_1}) \tag{4-27}$$

變成

$$\frac{A_1}{q_2}\exp(-ik\frac{r^2}{2q_2})=\frac{A_1}{q_1}\exp(-ik\frac{r^2}{2q_1})\exp(ik\frac{r^2}{2(-f)}) \tag{4-28}$$

其中 $\frac{1}{q_1}=\frac{1}{R_1}-i\frac{\lambda}{\pi w_1^2}$，最後得到 $\frac{1}{q_2}=\frac{1}{R_1}-\frac{1}{f}-i\frac{\lambda}{\pi w_1^2}=\frac{1}{q_1}-\frac{1}{f}$。

又光穿過一焦距為 f 的薄透鏡的傳輸矩陣寫成：$\begin{pmatrix} A & B \\ C & D \end{pmatrix}=\begin{pmatrix} 1 & 0 \\ -\frac{1}{f} & 1 \end{pmatrix}$

由 ABCD 定律得：$q_2=\frac{Aq_1+B}{Cq_1+D}=\frac{1q_1+0d}{-\frac{1}{f}q_1+1}\Rightarrow\frac{1}{q_2}=\frac{1}{q_1}-\frac{1}{f}$，與前面一致。故光穿過一焦距為 f 的薄透鏡的 q 參數轉換滿足 ABCD 定律。

為什麼 ABCD 定律成立？首先我們先由傳輸矩陣轉換出發推導出

$$\begin{pmatrix} y_2 \\ y'_2 \end{pmatrix}=\begin{pmatrix} A & B \\ C & D \end{pmatrix}\begin{pmatrix} y_1 \\ y'_1 \end{pmatrix}$$

$$\Rightarrow\begin{cases} y_2=Ay_1+By'_1 \\ y'_2=Cy_1+Dy'_1 \end{cases}$$

$$\Rightarrow\frac{y_2}{y'_2}=\frac{A\frac{y_1}{y'_1}+B}{C\frac{y_1}{y'_1}+D} \tag{4-29}$$

式(4-29)顯示 $\frac{y}{y'}$ 遵守與 q 參數一樣轉換公式。由圖 4-7 可看出在一球面波中，$\frac{y}{y'}=z$，而 q 參數就是將 z 變成複數以避免奇異點出現的座標參數，所以 q 會遵守與球面波中 $\frac{y}{y'}$ 一樣的轉換公式是可以預期的。

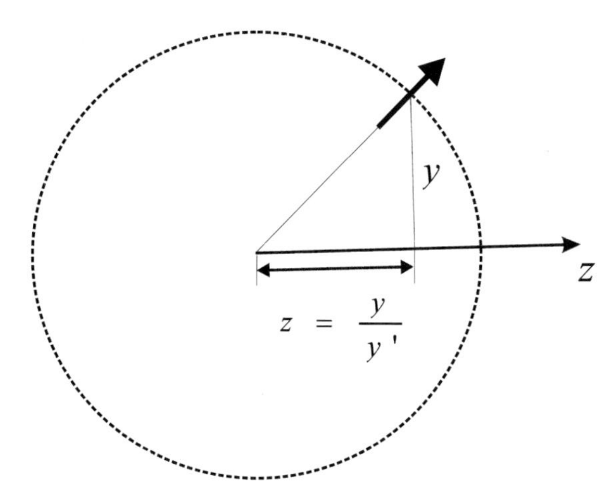

■ 圖 4-7　球面波中，波行進方向與球面垂直，$\frac{y}{y'}$ 代表所在 z 座標與球心的距離

實際方程式(4-12)除了式(4-22)的解外還有其他解（稱為不同橫模），這些不同橫模的光分布不集中在 $r=0$ 處，可用一光闌加以抑制，這裡我們暫不討論。

例題 4-4

有一凹面鏡曲率半徑為 R，鏡面反射率會沿徑向（r 方向）變化，振幅反射率函數為 $\rho(r)=\rho_0\exp\left(-\frac{r^2}{a^2}\right)$，請由 ABCD 定律證明此球面鏡的傳輸矩陣可以寫成：

$$\begin{pmatrix} A & B \\ C & D \end{pmatrix}=\begin{pmatrix} 1 & 0 \\ -\frac{2}{R}-i\frac{\lambda}{\pi a^2} & 1 \end{pmatrix}$$

解 假設光由面鏡反射後，w 由 w_1 變為 w_2，R 由 R_1 變為 R_2，因為鏡面反射率會沿徑向變化，假設入射光振幅 $A_1\propto e^{-\frac{r^2}{w_1^2}}$，則反射後的光振幅變成 $A_2\propto e^{-\frac{r^2}{w_1^2}}\times e^{-\frac{r^2}{a^2}}\propto e^{-\frac{r^2}{w_2^2}}$，所以

$$\frac{1}{w_2^{\,2}}=\frac{1}{w_1^{\,2}}+\frac{1}{a^2}$$

因為鏡面彎曲會使波前曲率半徑改變，曲率半徑為 R 的反射面鏡對波前曲率半徑的改變等同於一焦距為 $f=R/2$ 的薄透鏡

對焦距為 f 的薄透鏡：$\frac{1}{R_2}=\frac{1}{R_1}-\frac{1}{f}$

對曲率半徑為 R 的反射面鏡：$\frac{1}{R_2}=\frac{1}{R_1}-\frac{2}{R}$

又 q_1 與 q_2 滿足：$\frac{1}{q_1}=\frac{1}{R_1}-i\frac{\lambda}{\pi w_1^{\,2}}$

$$\frac{1}{q_2}=\frac{1}{R_2}-i\frac{\lambda}{\pi w_2^{\,2}}$$

最後可得 $\frac{1}{q_2}=\frac{1}{R_1}-\frac{2}{R}-i\frac{\lambda}{\pi w_1^{\,2}}-i\frac{\lambda}{\pi a^2}=\frac{1}{q_1}-\frac{2}{R}-i\frac{\lambda}{\pi a^2}$

根據 ABCD 定律

$q_2 = \frac{Aq_1 + B}{Cq_1 + D} \Rightarrow \frac{1}{q_2} = \frac{Cq_1 + D}{Aq_1 + B}$ 與上面 $\frac{1}{q_2}$ 的表示式比較得

$A = 1$，$B = 0$，$C = -\frac{2}{R} - i\frac{\lambda}{\pi a^2}$，$D = 1$，得證。

4-3 ★ Laser Engineering
共振腔穩定性與光場分布之分析

在共振腔中繞一圈後又回到原來的起點，因為起點與終點是相同位置，所以起點與終點的光場分布一樣，q 參數也一樣，也就是：$q_2 = q_1$，所以

$$q_1 = \frac{Aq_1 + B}{Cq_1 + D} \tag{4-30}$$

$$\Rightarrow q_1 = \frac{A-D}{2C} \pm \sqrt{\left(\frac{A+D}{2C}\right)^2 - \frac{1}{C^2}} \tag{4-31}$$

又
$$\frac{1}{q_1} = \frac{1}{R_1} - i\frac{\lambda}{\pi w_1^2} \tag{4-32}$$

式(4-31)中根號內的值必須為負值，w_1 才會有實數解。

$$\left(\frac{A+D}{2}\right)^2 \le 1 \Leftrightarrow -1 \le \frac{A+D}{2} \le 1 \tag{4-33}$$

所以共振腔的穩定條件為 $-1 \le \frac{A+D}{2} \le 1$，此條件與之前用光線追跡法所得結果一樣。

如何求出共振腔中某一位置的光場分布？一般的方法是以此位置為起點先算出光在共振腔中來回走一趟的傳輸矩陣，利用式(4-31)可求出此位置的 q_1 參數，再由式(4-32)關係算出 w_1 與 R_1。共振腔中其他位置的 q 參數可用傳輸至其他位置的傳輸矩陣經由 ABCD 定

律轉換得到。然而上面的方法實際上用手算時，還是有點複雜，為了簡化問題我們還可利用一些關於波前曲率半徑會滿足的條件帶入計算，常用的兩個條件為：

條件一： 對於穩定存在於兩反射鏡間的 Gauss 光束，光束在鏡面處的波前曲率半徑需與反射鏡的曲率半徑一樣。

條件二： 最小光點半徑出現在光束的光腰處，且此處波前曲率半徑為無限大。

例題 4-5

考慮一個如下圖所示的共振腔，假設在此共振腔中有一波長為 λ 的 Gauss 光束穩定存在，則此光束光腰處的最小光點半徑 w_0 為何？若 $\lambda = 1.064\ \mu\text{m}$，請畫出 $R = 1000$ mm 與 $R = 500$ mm 時，在穩定區域中，最小光點半徑 w_0 隨 d 變化的圖。

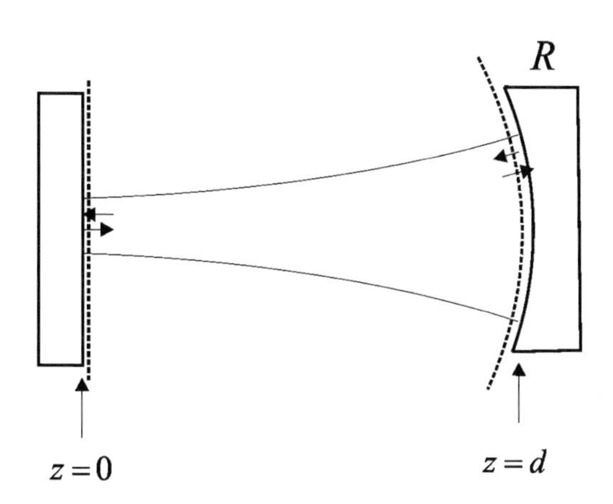

解 **解法一**：由左邊平面鏡出發，

q 參數繞一圈後又回到原來的值，所以 $q=\dfrac{Aq+B}{Cq+D}$

$$Cq^2-(A-D)q-B=0$$

$$q=\frac{(A-D)\pm\sqrt{(A-D)^2+4BC}}{2C}$$

又 $AD-BC=1$

（因為光在共振腔中來回走一趟的起點與終點在同位置，所以折射率相同）

得　$q=\dfrac{(A-D)\pm\sqrt{(A+D)^2-4}}{2C}$

由左邊平面鏡出發，光在共振腔中來回走一趟的傳輸矩陣

$$\begin{pmatrix}A & B\\ C & D\end{pmatrix}=\begin{pmatrix}1 & d\\ 0 & 1\end{pmatrix}\begin{pmatrix}1 & 0\\ -\dfrac{2}{R} & 1\end{pmatrix}\begin{pmatrix}1 & d\\ 0 & 1\end{pmatrix}$$

$$=\begin{pmatrix}1 & d\\ 0 & 1\end{pmatrix}\begin{pmatrix}1 & d\\ -\dfrac{2}{R} & 1-\dfrac{2d}{R}\end{pmatrix}$$

$$=\begin{pmatrix}1-\dfrac{2d}{R} & d+d(1-\dfrac{2d}{R})\\ -\dfrac{2}{R} & 1-\dfrac{2d}{R}\end{pmatrix}$$

$$q=\frac{\pm i\sqrt{4-(A+D)^2}}{2C}$$

我們令在左邊面鏡處的 $R=R_0$，$w=w_0$。因為 $\dfrac{1}{q}=\dfrac{1}{R_0}-i\dfrac{\lambda}{\pi\, w_0{}^2}$，所以 $R_0=\infty$ 才會使 q 為純虛數，也就是在左邊平面鏡處光波的波

前為一平面，與該處面鏡表面的曲率一致。又 $\dfrac{\lambda}{\pi {w_0}^2}$ 為正數，

所以取

$$q=\frac{+i\sqrt{4-(A+D)^2}}{2C}$$
$$=i\frac{\sqrt{4-4(1-\frac{2d}{R})^2}}{-\frac{4}{R}}$$
$$=i\sqrt{d(R-d)}$$

又 $q=i\dfrac{\pi {w_0}^2}{\lambda}=i\sqrt{d(R-d)}$ ，所以

$${w_0}^2=\frac{\lambda}{\pi}\sqrt{d(R-d)}$$
$$\Rightarrow w_0=\sqrt{\frac{\lambda}{\pi}\sqrt{d(R-d)}}$$

另外 $R\geq d$ 時 w_0 才會存在，此條件亦為共振腔的穩定條件。

解法二：

由條件一，得左邊平鏡面處的波前曲率半徑必須為無限大（與鏡面一致），由條件二，光腰產生處的波前曲率半徑為無限大，所以左邊鏡面處即為光腰產生處。設左邊平鏡面處座標為 $z=0$，則波前曲率半徑隨 z 變化滿足

$$R(z)=z\left[1+\left(\frac{z_0}{z}\right)^2\right]$$

再將條件一用在右邊曲率半徑為 R 的鏡面上得

$$R(d)=R$$

$$\Rightarrow d\left[1+\left(\frac{z_0}{d}\right)^2\right]=R$$

$$\Rightarrow z_0=d\sqrt{\frac{R}{d}-1}$$

$$\Rightarrow \frac{\pi {w_0}^2}{\lambda}=\sqrt{d(R-d)}$$

$$\Rightarrow w_0=\sqrt{\frac{\lambda}{\pi}\sqrt{d(R-d)}}$$

解法二與解法一所得答案相同，但計算上較為簡單。

若 $\lambda=1.064$ μm ， $R=1000$ mm 與 $R=500$ mm 時，在穩定區域中 ($0\le d\le R$)，最小光點半徑 w_0 隨 d 變化的趨勢如下圖所示。由圖可以看出在穩定區邊界處，光點半徑趨於零，在穩定區中心處光點半徑達最大值，且 R 值越大，此最大值越大。

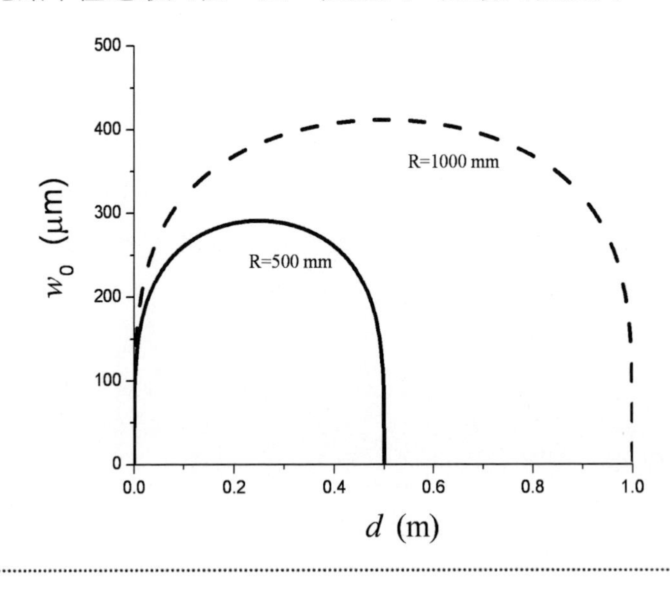

例題 4-6

考慮一個如下圖所示由兩個曲率半徑分別為 R_1 與 R_2 的凹面鏡所組成的共振腔，兩鏡面距離為 d，假設在此共振腔中有一波長為 λ 的 Gauss 光束穩定存在，則此光束光腰位置出現在哪裡？光腰處的最小光點半徑 w_0 為何？

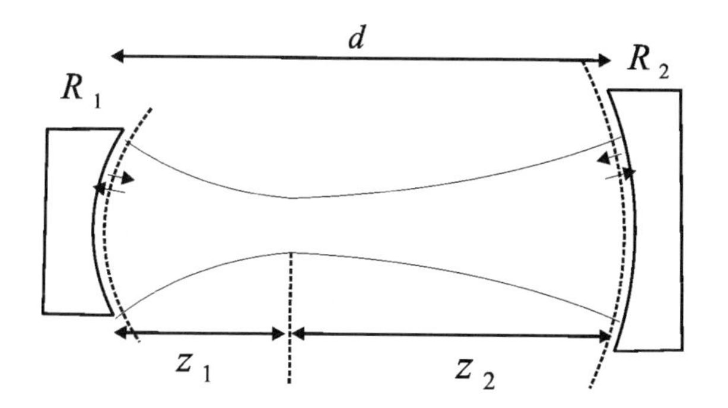

解 假設光腰與曲率半徑為 R_1 鏡面距離為 z_1，與曲率半徑為 R_2 鏡面距離為 z_2。

由於兩個鏡面處波前的曲率半徑必須與鏡面曲率半徑一致，可得

$$\begin{cases} z_1\left[z_1+\left(\dfrac{z_0}{z_1}\right)^2\right]=R_1 \Rightarrow {z_0}^2=z_1(R_1-z_1) \\ z_2\left[z_2+\left(\dfrac{z_0}{z_2}\right)^2\right]=R_2 \Rightarrow {z_0}^2=z_2(R_2-z_2) \end{cases}$$

所以 $z_1(R_1-z_1)=z_2(R_2-z_2)$，再將 $z_2=d-z_1$ 帶入得

$$z_1(R_1-z_1)=(d-z_1)(R_2-d+z_1)$$

$$\Rightarrow z_1=\frac{d(R_2-d)}{(R_1+R_2-2d)}$$

又 $z_2 = d - z_1 = \dfrac{d(R_1 - d)}{(R_1 + R_2 - 2d)}$

最後得共焦參數 z_0 可表示成

$$z_0^{\ 2} = \left(\frac{\pi w_0^{\ 2}}{\lambda}\right)^2 = z_1(R_1 - z_1) = \frac{d(R_2 - d)}{(R_1 + R_2 - 2d)}\left(R_1 - \frac{d(R_2 - d)}{(R_1 + R_2 - 2d)}\right)$$
$$= \frac{d(R_1 - d)(R_2 - d)(R_1 + R_2 - d)}{(R_1 + R_2 - 2d)^2}$$

所以 $w_0 = \sqrt{\dfrac{\lambda}{\pi}\sqrt{\dfrac{d(R_1 - d)(R_2 - d)(R_1 + R_2 - d)}{(R_1 + R_2 - 2d)^2}}}$

當 $R_1 = \infty$，$R_2 = R$ 時結果與例題 4-5 答案相同。

例題 4-7

考慮一波長為 $\lambda = 532$ nm 的綠光雷射，其共振腔如下圖所示，其中 $d = 10$ cm，$R = 20$ cm，雷射光由左方的平面鏡輸出，(a)請計算此雷射的發散角為何？(b)當此雷射射向 100 公尺外的建築物牆壁上時，牆上光點半徑大小 w 為何？(c)欲使牆上光點半徑縮小，我們可以在輸出端後面距離 a 處放一焦距為 $f = 50$ cm 透鏡，請問 a 為何值時可使牆上光點半徑 w 縮小至 4 cm 以內？

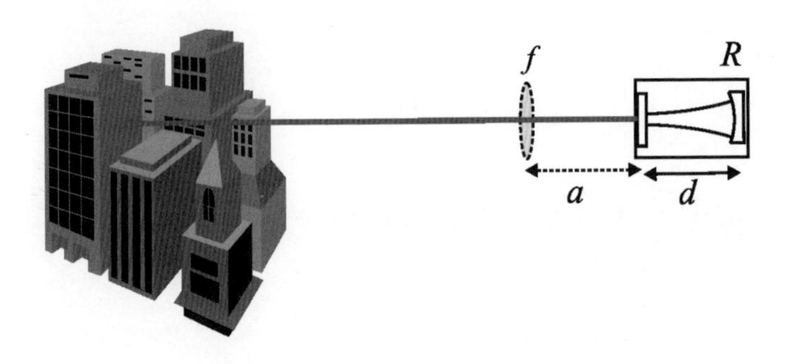

解 (a) 因為根據例題 4-5 的結果 $w_0=\sqrt{\frac{\lambda}{\pi}\sqrt{d(R-d)}}$，所以發散角

$$\alpha=\frac{\lambda}{\pi w_0}=\sqrt{\frac{\lambda}{\pi\sqrt{d(R-d)}}}=\sqrt{\frac{532\times10^{9}}{\pi\sqrt{0.1(0.2-0.1)}}}=0.0013\text{ rad}$$

(b) $w(z)\cong\alpha z=0.0013\times100\text{ m}=13\text{ cm}$（因為 $z_0=10$ cm，且 $z>>z_0$，$w(z)\cong\alpha z$）

(c) 在平面鏡處 $\frac{1}{q_1}=\frac{1}{\infty}-i\frac{\lambda}{\pi w_0^{2}}\Rightarrow q_1=i\frac{\pi w_0^{2}}{\lambda}$

光向左傳播距離 a 後：

$$q_2=q_1+a=i\frac{\pi w_0^{2}}{\lambda}+a$$

通過焦距為 f 的透鏡後：$\frac{1}{q_2}=\frac{1}{q_1}-\frac{1}{f}\Rightarrow q_2=\frac{1}{\frac{1}{i\frac{\pi w_0^{2}}{\lambda}+a}-\frac{1}{f}}$

再走距離 $100-a$ 到達建築物：$q_3=\frac{1}{\frac{1}{i\frac{\pi w_0^{2}}{\lambda}+a}-\frac{1}{f}}+100-a$

假設在建築物牆壁上光點大小為 w_3，波前曲率半徑為 R_3

$$\frac{1}{q_3}=\frac{1}{R_3}-i\frac{\lambda}{\pi w_3^{2}}=\frac{1}{\frac{1}{\frac{1}{i\frac{\pi w_0^{2}}{\lambda}+a}-\frac{1}{f}}+100-a}$$

$$w_3(a)=\sqrt{\left(-\frac{\pi}{\lambda}\mathrm{Im}\left(\frac{1}{q_3}\right)\right)^{-1}}$$

將 w_3 對 a 繪圖

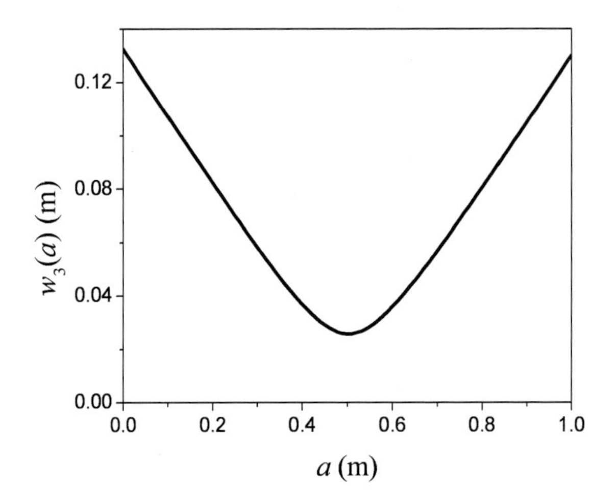

由圖可以看出當 $a = 0.5$ m 時，建築物牆壁上光點大小 w_3 達最小且在 4 cm 以內，所以我們可取 $a = 0.5$ m。

4-4 ★ Laser Engineering

高階橫模

前面所提式(4-22)橫向分布為 Gauss 函數的解只是方程式(4-12)的其中一個解，方程式(4-12)的一般解為 Hermite-Gaussian 函數

$$U_{m,n}(x,y,z) = A_{m.n}\frac{w_0}{w(z)}H_m(\sqrt{2}\frac{x}{w(z)})H_n(\sqrt{2}\frac{y}{w(z)})\exp(-\frac{x^2+y^2}{w^2(z)})$$
$$\times\exp[-ikz - ik\frac{x^2+y^2}{2R(z)} + i(m+n+1)\zeta(z)]$$

(4-34)

其中 $H_m(\xi)$ 其中稱為 Hermite polynomial（polynomial＝多項式），$\psi(\xi) = H_m(\xi)e^{-\xi^2/2}$ 稱為 Hermite-Gaussian 函數。舉例來說：$H_0(\xi)=1$，$H_1(\xi)=2\xi$，$H_2(u)=4\xi^2-2$，$H_3(u)=8\xi^3-12\xi$。Hermite polynomial 滿足下面遞迴關係式(recursion relation)：

$$H_{l+1}(\xi) = 2\xi H_l(\xi) - 2lH_{l-1}(\xi) \qquad (4\text{-}35)$$

這使得我們可以用前兩個 Hermite polynomial 就可以求出所有 Hermite polynomial。不同 (m,n) 對應不同橫向光場分布，代表不同橫模(transverse mode)，一般以 $TEM_{(m,n)}$ 標示。前面討論的 Gauss 光束為 $TEM_{(0,0)}$ 模式，不同橫模強度分布如圖 4-8 所示。相較其他橫模，$TEM_{(0,0)}$ 光場較多集中在中心位置，因此可以在雷射共振腔中適當位置放入適當洞孔光闌抑制其他高階橫模。根據雷射光束理論，對任一雷射光束，光腰處截面光場分布 $u(x_0,y_0)$ 可分解為數個 Hermite-Gaussian 函數疊加。可寫成下面數學表示式：

$$u(x_0,y_0)=\sum_{m,n}\frac{C_{mn}\sqrt{2}}{\sqrt{w_0{}^2\pi\cdot 2^{m+n}m!n!}}\psi_m\left(\frac{\sqrt{2}x_0}{w_0}\right)\psi_n\left(\frac{\sqrt{2}y_0}{w_0}\right) \tag{4-36}$$

其中 $\psi_m(\xi)=H_m(\xi)e^{-\xi^2/2}$。式(4-36)顯示不同模式的加成是光場的振幅疊加而非強度疊加，利用 Hermite-Gaussian 函數正交性：$\int_{-\infty}^{\infty}\psi_n(\xi)\psi_{n'}(\xi)d\xi=\sqrt{\pi}\cdot 2^n\cdot n!\delta_{nn'}$，可以用投影積分直接求出各模式分量大小：

$$C_{mn}=\frac{\sqrt{2}}{\sqrt{w_o{}^2\pi\cdot 2^{m+n}m!n!}}\int_{-\infty}^{\infty}dx_0\int_{-\infty}^{\infty}dy_0u_0(x_0,y_0)\cdot\psi_m\left(\frac{\sqrt{2}x_0}{w_0}\right)\psi_n\left(\frac{\sqrt{2}y_0}{w_0}\right) \tag{4-37}$$

一般 $z=0$ 的位置為光腰出現的位置，光點大小在此處達最小。然而透過光強度分布的量測僅可得 $|u_0(x_0,y_0)|$ 的訊息，對於 $u_0(x_0,y_0)$ 仍無法判斷。必須同時知道同一截面處各點相位值（$u_0(x_0,y_0)$ 是複數函數），才可以利用式(4-37)的投影積分進行模式分解。

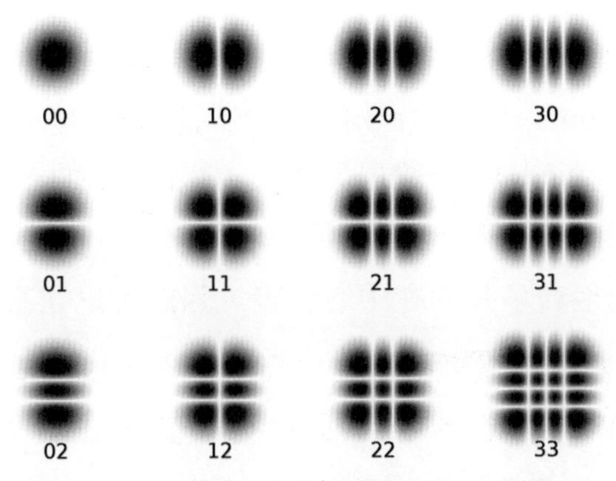

■圖 4-8　不同 (m,n) 對應不同橫向光場分布

4-5 ★ Laser Engineering

利用疊代法分析共振腔的光場分布

前面分析雷射共振腔內的光強度分布是假設雷射光為 Gauss 光束，利用光在共振腔中來回一趟又會回到原點，因此 q 參數經過在共振腔中繞一圈的轉換後又會等於原來的值，利用 ABCD 定律可以解出 q 值，又 Gauss 光束的 q 參數定義為：$\frac{1}{q(z)}=\frac{1}{R(z)}-i\frac{\lambda}{\pi w^2(z)}$，其中 R 為波前曲率半徑，w 為光點半徑，所以由解出的 q 參數就可以得到該起點位置的光點半徑 w 與波前曲率半徑 R。然而若共振腔中有元件無法寫成 ABCD 傳輸矩陣時（例如光闌），則 Gauss 光束通過此元件後不再保有 Gauss 光束的形式，共振腔內的光場也不再是 Guass 光束，這時之前利用 q 參數轉換求共振腔內光場分布的方法將不再適用。下面我們將介紹一種利用疊代計算(iteration)求共振腔中光場分布的新方法，這種方法的優點是可以搭配繞射積分公式應用於非 Gauss 光束。在穩定共振腔中，兩鏡面間的光場會形成駐波並且要求鏡面處的波前的曲率必須與共振腔鏡面曲率半徑一樣，利用這個條件可設計出一疊代方法來求共振腔中兩鏡面處的光強度分布。疊代法是數值方法中一種常用來尋找解答的方法，解題過程中必須先猜測所求問題的解，根據已知條件（如所滿足的方程式與邊界條件），經過一個類似迴路的計算過程後可輸出一個新解，將此新解取代原先所猜測的解，持續反覆計算直到輸入的猜測值與輸出的新值一樣（稱為收斂）為止。

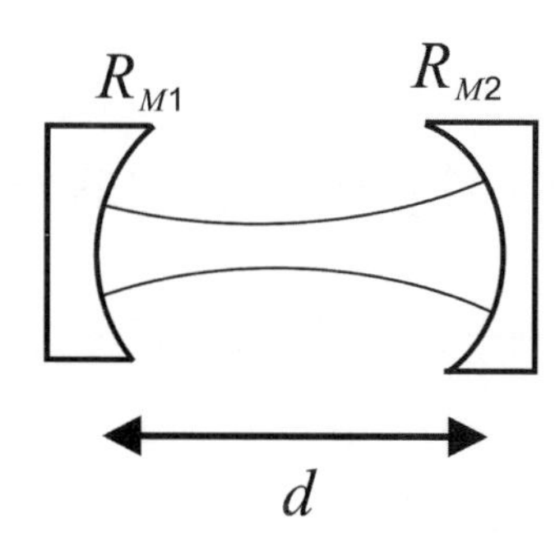

■圖 4-9　待分析的雷射共振腔示意圖

根據 Huygens-Fresnel 原理，若已知光束中某一截面處的光場分布，我們可將截面中每一點的振盪當作球面波波源以光速向外傳播至其他截面處重疊，形成新的光場分布，這樣就可以由一個截面的光場分布推算出雷射光束中其他位置截面的光場分布。對於如圖 4-9 的共振腔，我們可以將在曲率半徑 R_{M1} 面鏡處的光場傳播至曲率半徑 R_{M2} 面鏡處可得此處光場，其數學表示式可寫成下面積分式：

$$u_2(x_2,y_2)=\frac{i}{\lambda}\int_{-\infty}^{\infty}dx_1\int_{-\infty}^{\infty}dy_1\frac{u_1(x_1,y_1)e^{-i\frac{2\pi}{\lambda}\sqrt{(x_2-x_1)^2+(y_2-y_1)^2+d^2}}}{\sqrt{(x_2-x_1)^2+(y_2-y_1)^2+d^2}} \tag{4-38}$$

其中 $u_1(x_1,y_1)=|u_1(x_1,y_1)|e^{i\phi_1(x_1,y_1)}$ 為在曲率半徑 R_{M1} 面鏡處的光場分布函數，$u_2(x_2,y_2)=|u_2(x_2,y_2)|e^{i\phi_2(x_2,y_2)}$ 為在曲率半徑 R_{M2} 面鏡處的光場分布函數，$|u_1(x_1,y_1)|$ 與 $|u_2(x_2,y_2)|$ 為光場強度分布函數開根號，其角色與 w 相當；$\phi_1(x_1,y_1)$ 與 $\phi_2(x_2,y_2)$ 為相位函數，其角色與 Gauss 光束中的波前曲率半徑 R 一樣。同理將共振腔在曲率半徑 R_{M2} 鏡片處的光場向後傳播至曲率半徑為 R_{M1} 的鏡面處：

$$u_1(x_1,y_1)=\frac{i}{\lambda}\int_{-\infty}^{\infty}dx_2\int_{-\infty}^{\infty}dy_2\,\frac{u_2(x_2,y_2)e^{i\frac{2\pi}{\lambda}\sqrt{(x_2-x_1)^2+(y_2-y_1)^2+d^2}}}{\sqrt{(x_2-x_1)^2+(y_2-y_1)^2+d^2}} \tag{4-39}$$

已知在曲率半徑 R_{M2} 鏡片處的波前曲面應為半徑應為 R_{M2} 的球面，這個要求可得出對應相位函數 $\phi_{20}(x_2,y_2)$。同樣地，在曲率半徑 R_{M1} 鏡片處的波前曲面也應為曲率半徑為 R_{M1} 的球面，這可得出相應的相位函數 $\phi_{10}(x_1,y_1)$。我們可以先從曲率半徑為 R_{M1} 的鏡面處開始進行疊代，先猜 $|u_1(x_1,y_1)|$，再使用 $\phi_1(x_1,y_1)=\phi_{10}(x_1,y_1)$，利用方程式 (4-38) 傳播至曲率半徑 R_{M2} 鏡片處。重設相位函數 $\phi_2(x_2,y_2)=\phi_{20}(x_2,y_2)$，再用式(4-39)將光場回傳至曲率半徑為 R_{M1} 鏡片處，這樣就形成一個疊代迴圈。如果整個計算是收斂的，那就可以得到在兩個鏡面上完整的光場分布。而共振腔中任何一個位置的光場也可以用。式(4-38)與式(4-39)的疊代法可用於非 Gauss 光束（例如共振腔內有光闌存在時，光束會因為光闌的洞孔將外圈的光擋住而變成非 Gauss 光束），這是疊代法相較於其他方法最大的優勢，有興趣的讀者可利用數學軟體撰寫程式試一試。

4-6 雷射光束品質量測

★ Laser Engineering

一般由雷射共振腔射出的光束並非為完美的 $TEM_{(0,0)}$ 模式，會包含少許高階橫模成分，這會影響光束傳播的發散角與經過透鏡聚焦時能達到的最小光點半徑。造成這種結果的原因有很多，例如：共振腔中的光闌、雷射晶體受半導體雷射激發所產生的熱透鏡效應、非線性效應（如：Kerr 透鏡）等。這些效應會發生在半導體雷射激發鎖模雷射系統中，其影響多半隨輸出能量增加而變顯著。光束品質參數（beam quality factor，又稱為 M^2 參數）是用來量測雷射光束偏離 $TEM_{(0,0)}$ 程度的參數。M^2 參數也代表雷射光的聚焦能力(focusability)。M^2 參數最小值為 1，代表 $TEM_{(0,0)}$ 單模 Gauss 光束，經透鏡聚焦後，可於焦點處得最小光點半徑（得到最大光功率密度）。M^2 參數的量測對用於焊接、切割、雕刻、醫療手術中所使用的雷射極為重要，它決定聚焦後能達到的最大光能量密度。另外在光源與光纖耦合中，M^2 參數也影響光能量的耦合效率。

對於一個沿 z 方向傳播非完美 $TEM_{(0,0)}$ Gauss 光束，在 z 位置光點半徑 $w(z)$，可由該處截面光強度分布 $|u(x,y)|^2$ 決定。定義為：$w=2\sigma$，其中 σ^2 代表截面光強度分布的二次矩(second moment)，且 $\sigma^2=\sigma_x^2+\sigma_y^2$，其中參數分別滿足

$$\sigma_x^2=\frac{\iint|u(x,y)|^2(x-\bar{x})^2dxdy}{\iint|u(x,y)|^2dxdy} \tag{4-40}$$

$$\sigma_y^2 = \frac{\iint |u(x,y)|^2 (y-\bar{y})^2 dxdy}{\iint |u(x,y)|^2 dxdy} \tag{4-41}$$

$$\bar{x} = \frac{\iint |u(x,y)|^2 x dxdy}{\iint |u(x,y)|^2 dxdy} \tag{4-42}$$

$$\bar{y} = \frac{\iint |u(x,y)|^2 y dxdy}{\iint |u(x,y)|^2 dxdy} \tag{4-43}$$

利用截面強度分布求光點半徑，需注意 CCD 相機背景雜訊會影響計算值，在分析前需設法扣除。一般光點半徑 $w(z)$ 變化滿足（即使非 $\mathrm{TEM}_{(0,0)}$ Gauss 光束）：

$$w^2(z) = w_0^2 + (M^2)^2 \left(\frac{\lambda}{\pi w_0}\right)^2 (z-z_0)^2 \tag{4-44}$$

其中 w_0 為光腰處 $(z=z_0)$ 的光點半徑。所以我們可以量測不同位置 $w(z)$，經由式(4-44)曲線逼近，可得 M^2 參數。若由從直徑為 D 準直入射光束聚焦，可得聚焦後焦點處光點直徑 s 滿足：

$$s = 4M^2 \lambda f / (\pi D) \tag{4-45}$$

所以 M^2 參數越小，能聚焦的光點越小。最小聚焦的光點雷射對應 $M^2=1$，又稱為達繞射極限(diffraction-limited)。若光腰處的光點半徑為 w_0，光發散角度 θ 滿足：

$$\theta = M^2 \left(\frac{\lambda}{\pi w_0}\right) \tag{4-46}$$

所以若 w_0 一樣，則 M^2 參數越小，發散角越小。M^2 參數量測方法是量測光腰附近光點半徑的變化情形。我們先將雷射光用透鏡聚焦，使用 CCD 來擷取不同位置的光強度分布（如圖 4-10 所示），再分析該截面的光束橫向強度分布情形。根據 ISO11146 規範，量測 M^2 參數需要在光腰位置兩側至少量 10 個截面強度分布，且一半在 Rayleigh 範圍內，一半在 Rayleigh 範圍外，因此量測需分段量測多截面強度分布。在得到幾個不同位置的資料後，以式(4-44)兩邊開根號做曲線逼近，即可得到 M^2 參數。我們以實驗室中氦氖雷射做測試，利用 DataRay 公司所生產的 WinCamD 裝置進行截面強度分布擷取量測（如圖 4-11），曲線逼近結果如圖 4-12 所示。

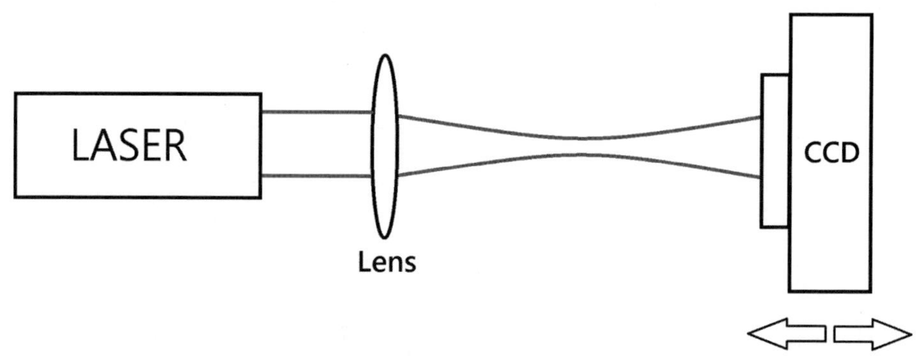

■圖 4-10　截面光強度量測架構示意圖，CCD 沿光行進方向在光腰附近移動，擷取不同位置強度分布

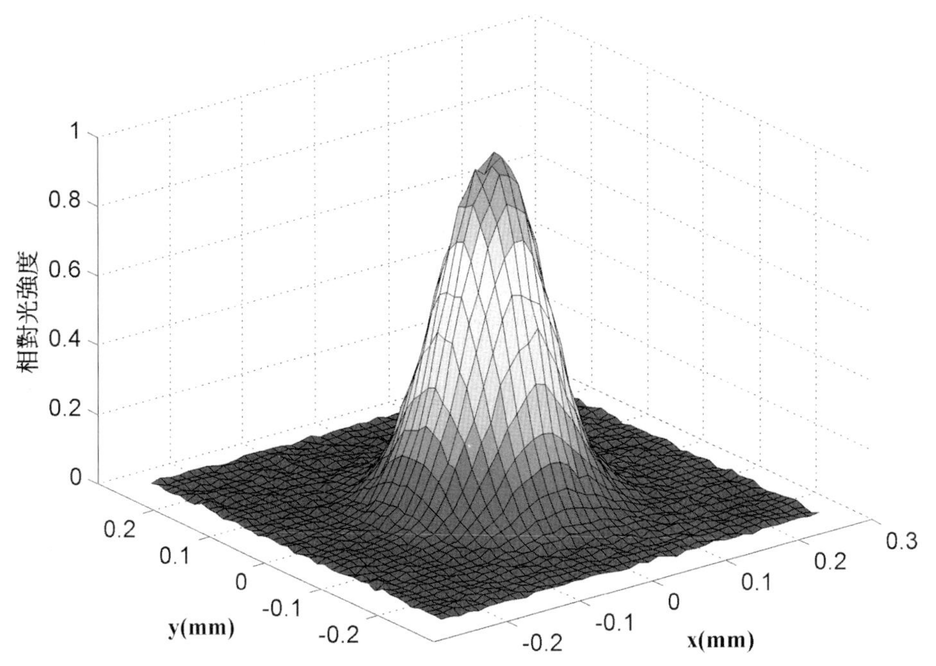

■圖 4-11　使用 CCD 量到的截面光度分布

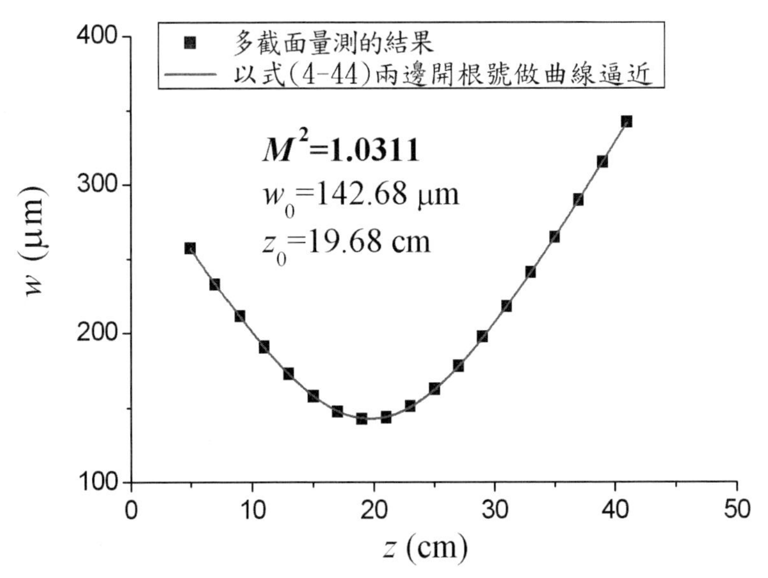

■圖 4-12　利用曲線逼近決定光束品質

Exercise ★ ●● 習題

1. 請證明 $A(\bar{r}) = \frac{A_1}{z}\exp(-ik\frac{r^2}{2z})$ 為方程式

$$\frac{\partial^2 A}{\partial r^2} + \frac{1}{r}\frac{\partial A}{\partial r} - i2k\frac{\partial A}{\partial z} = 0$$ 的一個解。

2. 考慮一個波長為 λ 的雷射光束，入射光光腰半徑為 w_0（在透鏡前方 l 處），若用一透鏡聚焦使得聚焦後光腰落在透鏡後方距離 L 處的樣品表面上方（如下圖所示）。則透鏡焦距 f 的值需為何？聚焦後的光腰半徑 w_1 為何？

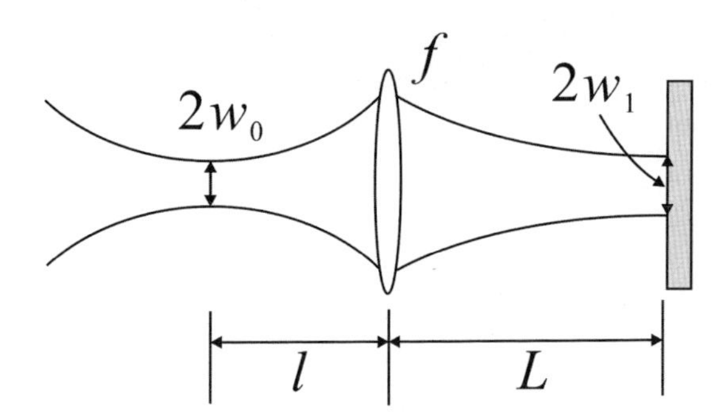

3. 考慮一個如下圖所示的半導體雷射光激發固態雷射，波長為 1.06 μm，其使用一個 V 字型共振腔，其中 M2 為曲率半徑為 50 cm 的凹面鏡，試求共振腔內部 M1 鏡面（平面鏡）與在 M3 鏡面（平面鏡）上雷射光點半徑為何？（假設可以忽略晶體折射率對光程影響與 V 型夾角造成的像散現象）

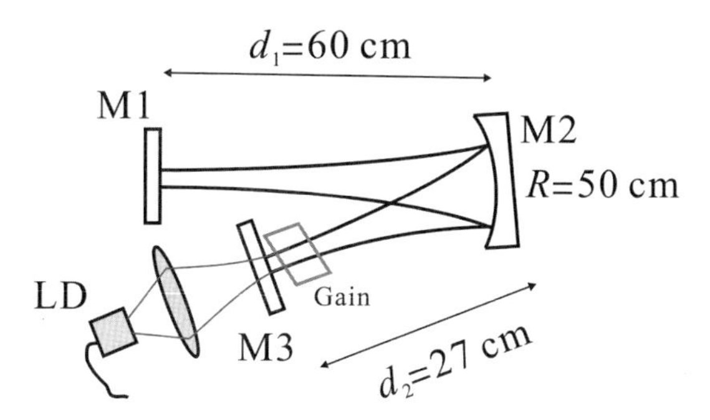

MEMO

光在增益介質中的放大過程

本章大綱

前一章我們討論共振腔穩定條件分析，共振腔主要提供回授條件，讓光可以穩定多次穿過增益介質將能量放大到足夠大的能量輸出。本章節主要討論光在增益介質中的放大過程。

5-1 ★ Laser Engineering

Einstein AB 係數

在第 2 章中我們提到三種光與物質交互作用，分別為自發性輻射、吸收與受激輻射。考慮光子產生與消失時，單位體積中電子在兩能階間躍遷率（transition rate：單位時間躍遷次數）為：

$$W_{2\to1} = N_2\rho(\nu)B_{21} + N_2A_{21} \tag{5-1}$$

$$W_{1\to2} = N_1\rho(\nu)B_{12} \tag{5-2}$$

其中 $W_{2\to1}$ 代表由 E_2 到 E_1 的躍遷率，N_2A_{21} 為自發性輻射的貢獻，第 2 章中我們提過自發性輻射發生機率與 N_2 成正比，所以 A_{21} 代表正比係數。$N_2\rho(\nu)B_{21}$ 為受激輻射的貢獻，其中 $\rho(\nu)$ 的定義比較特殊，稱為光譜能量密度，定義為單位體積中單位寬頻的光能量，$\rho(\nu)d\nu$ 代表單位體積中頻率落在 ν 到 $\nu+d\nu$ 之間的光能量，B_{21} 代表正比係數。$W_{1\to2}$ 代表由 E_1 到 E_2 的躍遷速率，全部來自吸收過程所貢獻，B_{12} 代表正比係數。當系統達熱平衡(thermal equilibrium)時，$W_{2\to1} = W_{1\to2}$，因此可推導出：

$$N_2\rho(\nu)B_{21}+N_2A_{21}=N_1\rho(\nu)B_{12}$$
$$\Leftrightarrow \rho(\nu)=\frac{A_{21}/B_{21}}{\dfrac{B_{12}}{B_{21}}\dfrac{N_1}{N_2}-1} \tag{5-3}$$

從統計熱力學我們知道當系統達熱平衡時，粒子處於能量為 E_i 能態的相對機率正比於 $\exp\left(-\frac{E_i}{kT}\right)$，其中 $k=1.38\times10^{-23}\ \mathrm{J\cdot K^{-1}}$，稱為 Boltzmann 常數。$\exp\left(-\frac{E_i}{kT}\right)$ 稱為 Boltzmann 因子，代表能態對應的能量越高，粒子出現的機率越低，所以

$$\frac{N_1}{N_2}=\exp\left(\frac{E_2-E_1}{kT}\right)=\exp(h\nu/kT) \tag{5-4}$$

另外根據 Planck 黑體輻射公式：

$$\rho(\nu)=\frac{8\pi\ hn^3\nu^3}{c^3}\frac{1}{\exp(h\nu/kT)-1} \tag{5-5}$$

值得注意的是，當雷射介質受激發時並不是處於上面所提的熱平衡狀態，因為雷射需達居量反置的條件，居量反置不滿足式(5-4)的條件，所以我們這裡指的情形可以想成是將雷射增益介質放入一恆溫爐子，待介質各部分溫度達到與爐子環境溫度一樣時，介質中的輻射分布會滿足式(5-5)。將式(5-4)帶入式(5-3)，比較式(5-3)與式(5-5)，得

$$B_{12}=B_{21} \tag{5-6}$$

$$\frac{A_{21}}{B_{21}}=\frac{8\pi\ hn^3\nu^3}{c^3} \tag{5-7}$$

式(5-6)與式(5-7)說明前面所提 A_{21} 、 B_{21} 與 B_{12} 三個係數，只有一個是獨立的。分析中只須知道其中一個，其他兩個可藉由式(5-6)與式(5-7)求出。式(5-6)與式(5-7)是由 Einstein 首先由熱平衡條件出發推導出來，所以 A_{21} 、 B_{21} 與 B_{12} 這三個係數就稱為 Einstein AB 係數。

5-2 ★ Laser Engineering

小訊號增益

雷射系統一開始時，雷射光為零，此時僅有自發性輻射。由於雷射光的光能量密度很高，使得在雷射光產生後，自發性輻射發生機率將遠小於受激輻射與吸收過程，故分析時可將其忽略。

$$\frac{dN_{ph}}{dt}=W_{2-1}-W_{1-2}=(N_2-N_1)\rho(\nu)B_{21} \tag{5-8}$$

定義光強度為：$I=N_{ph}\cdot h\nu\frac{c}{n}A$，又 $\rho(\nu)=N_{ph}\cdot h\nu$，$dz=\frac{c}{n}dt$，帶入式(5-8)得

$$\frac{dI(z)}{dz}=(N_2-N_1)B_{21}\frac{h\nu\ n}{c}I(z) \tag{5-9}$$

假設光訊號不大，(N_2-N_1) 維持一定值，稱為小訊號近似，則方程式(5-9)的解為

$$I(z)=I_0\exp(\gamma_0\ z) \tag{5-10}$$

其中 $\gamma_0=(N_2-N_1)B_{21}\frac{h\nu\ n}{c}$ 稱為小訊號增益係數(small signal gain coefficient)。有一點要注意的是我們所談的光不僅在實際空間中分散，在頻率分布上也是分散的，所以這裡所用的 I 與 N_{ph} 與 $\rho(\nu)$ 一樣都是頻率的函數，定義上都要除以頻率分布寬度，變成單位頻率寬度的物理量。

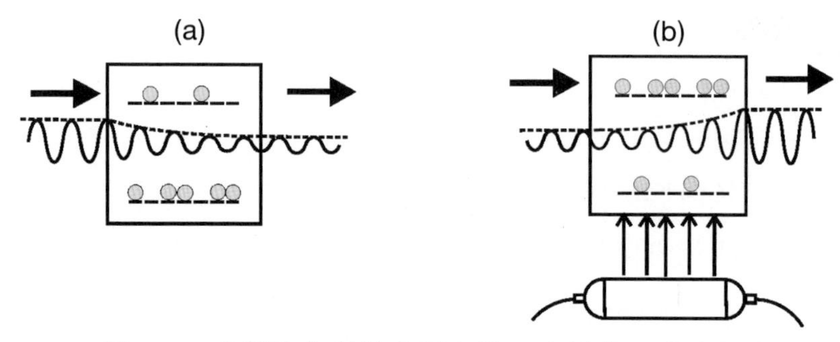

■圖 5-1　光訊號在增益介質中的(a)衰減與(b)放大過程

當 $N_2 - N_1 < 0$ 時，$I(z)$ 指數遞減（圖 5-1(a)），代表指數衰減；當 $N_2 - N_1 > 0$ 時，$I(z)$ 指數增加（圖 5-1(b)），代表放大。上面假設頻率正好 $\nu = \frac{E_2 - E_1}{h}$ 的雷射光，才會被放大，然而實際上因為電子在高能階所處時間有限、不同原子發出的光頻率因為原子運動或環境差異導致輻射產生差異等因素，$E_2 - E_1$ 值並非固定某一個值，而是一有限分布。考慮電子躍遷的光譜線寬有限效應，小訊號增益係數應進一步寫成頻率的函數：

$$\gamma_0(\nu) = (N_2 - N_1)B_{21}\frac{h\nu\, n}{c}g(\nu) = (N_2 - N_1)\frac{\lambda^2}{8\pi\, n^2 t_{spont}}g(\nu) \quad (5\text{-}11)$$

其中 $t_{spont} = \frac{1}{A_{21}}$，$t_{spont}$ 代表電子由 1→2 後，在 2 所停留的平均時間，時間越短，單位時間中自發性輻射發生次數越多。$g(\nu)$ 稱為歸一化線寬函數(normalized lineshape function)，滿足 $\int g(\nu)d\nu = 1$。

5-3 ★ Laser Engineering
雷射啓動閥值

雷射要具備有光放大功能，則光在共振腔中來回走一趟所獲得的能量必須大於所損失的能量，當兩個一樣時，雷射激發能量達閥值(threshold)，此時只要激發能量再增加一點，即達放大條件，雷射光就產生，共振腔損失越大，激發閥值越大。Threshold 這個字的意思可視為門口的門檻，腳要提高到超過門檻高度，人才可以進得去。假設雷射系統中兩鏡子的反射率為 r_1 與 r_2，α 為考慮雷射晶體中雜質散射所對應的吸收係數，則光在共振腔中來回走一趟剩下比例為：

$$r_1 r_2 \exp[-2\alpha L] \tag{5-12}$$

考慮晶體放大效應，則光晶體中來回走一趟放大倍率為：

$$\exp(2\gamma_0 L) \tag{5-13}$$

將共振腔損失與晶體放大一併考慮得總增益值為：

$$G_{net} = r_1 r_2 \exp[2(\gamma_0 - \alpha)L)] \tag{5-14}$$

當 $G_{net} < 1$ 時，光在共振腔中走一趟時，所損失能量大於所獲得能量，無雷射光輸出；當 $G_{net} > 1$ 時，光在共振腔中走一趟時，所獲得能量大於所損失能量，才有雷射光輸出。當 $G_{net} = 1$ 時，即達所謂閥值，所以閥值條件為：

$$G_{net} = r_1 r_2 \exp[2(\gamma_0 - \alpha)L)] = 1 \tag{5-15}$$

閥值增益係數(threshold gain coefficient)為：

$$\gamma_0^{th} = \alpha + \frac{1}{2L}\ln(\frac{1}{r_1 r_2}) \tag{5-16}$$

因此雷射閥值現象是因為共振腔的損耗所造成，對於一具有損耗的共振腔，當 $N_2 - N_1 > 0$ 時雷射光還無法產生，而是還必須超過某閥值($N_2 - N_1 > N_t$)，雷射光才會產生。圖 5-2 中的左圖代表無閥值裝置的輸出對激發能量的關係圖，當激發能量輸入時，馬上就有能量輸出。右圖為有閥值的情形，輸入的激發能量必須超過某個閥值才會有能量輸出，用於一般雷射系統。LED 就是一個無閥值的裝置，一通電流，就可看見亮光產生，電流越大，LED 越亮，而 LD（Laser Diode，稱為半導體雷射）則如右圖屬於有閥值的裝置，所通電流必須超過某一閥值電流(threshold current)，才會有雷射光輸出。

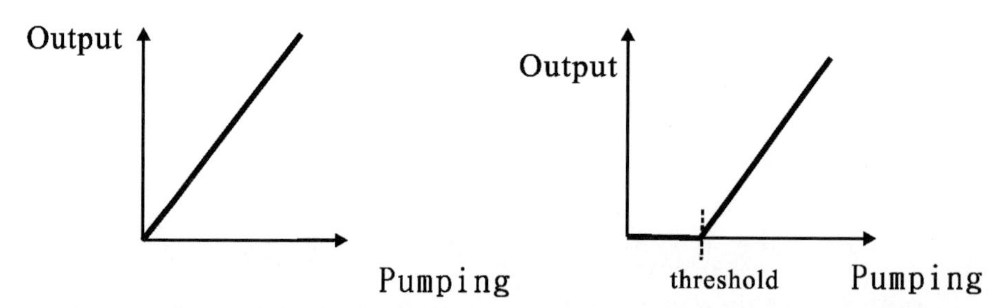

■圖 5-2　左圖代表無閥值，用於 LED；右圖為有閥值情形，用於雷射系統

考慮一紅寶石雷射晶體（$t_{spont}=3\times10^{-3}\text{s}$，$\lambda=694.3\text{ nm}$，$n=1.775$），若已知在某一激發強度下，$N_2-N_1=5\times10^{17}/\text{cm}^3$，$\Delta\nu\cong\frac{1}{g(\nu_0)}=2\times10^{11}\text{Hz}$ @ 300K，(a)請估計線寬中心處的小訊號增益係數；(b)若晶體長度為 1 cm，則光穿過晶體的放大倍率為何？(c)將 1cm 紅寶石晶體置於兩反射鏡組成的穩定共振腔中，若反射率 $r_1=100\%$，$r_2=95\%$，忽略吸收係數 α，求 N_2-N_1 需為何值雷射光才會產生？

解 (a)

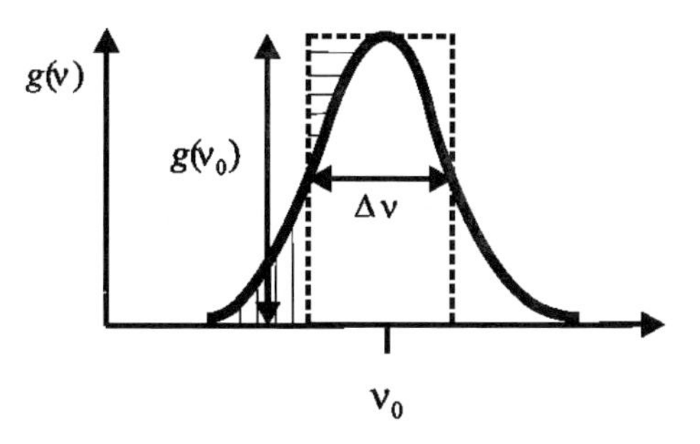

上圖代表雷射的線寬函數，曲線下方面積為 $\int g(\nu)d\nu=1$

我們可以用虛線所表示的矩形面積近似線寬函數曲線下方面積

得 $g(\nu_0)\cdot\Delta\nu\cong\int g(\nu)d\nu=1$

所以 $\Delta\nu\cong\frac{1}{g(\nu_0)}=2\times10^{11}\text{Hz}$，所以 $g(\nu_0)=0.5\times10^{-11}\text{s}$

又 $\nu = 4.326\times10^{14}\,\text{Hz}$ ， $\dfrac{c}{n} = 1.69\times10^{10}\,\text{cm/s}$

$$\gamma_0(\nu_0) = (N_2 - N_1)\frac{\lambda^2}{8\pi\, n^2 t_{spont}} g(\nu_0)$$

$$= (N_2 - N_1)\frac{c^2}{8\pi\, n^2 \nu^2 t_{spont}} g(\nu_0) = 5\times10^{-2}\,\text{cm}^{-1}$$

(b) 對於長度為 1 cm 的晶體，放大倍率為 $G = e^{\gamma_0(\nu_0)L} = e^{5\times10^{-2}\times1} = 1.05$

也就是光穿過晶體一趟能量僅增加 5%

(c) $\gamma_0^{th} = \alpha + \dfrac{1}{2L}\ln(\dfrac{1}{r_1 r_2}) = 0 + \dfrac{1}{2\times1}\ln\left(\dfrac{1}{1\times0.95}\right) = 0.026\text{cm}^{-1}$

由(a)已知　$N_2 - N_1 = 5\times10^{17}\,/\,\text{cm}^3$時， $\gamma_0 = 0.05\text{cm}^{-1}$

因為 $\gamma_0 \propto N_2 - N_1$

故 $N_2 - N_1 = \dfrac{0.026}{0.05}\times5\times10^{17} = 2.6\times10^{17}\,/\,\text{cm}^3$時達 threshold

第 2 章中我們提過雷射依照能階系統區分為三能階與四能階系統。對於二能階系統，若採用光激發，激發光與雷射光頻率一樣。由於 $B_{12} = B_{21}$ ，一開始 $N_1 > N_2$ ，吸收發生機率大於受激輻射， N_2 會逐漸增加，最後達狀態 $N_1 = N_2$ ，因此二能階系統最多僅能達到 $N_1 = N_2$ ，無法達到居量反置，所以沒有二能階雷射。對於三能階系統，假設： $E_2 - E_1 \geq kT$ ，則達雷射閥值時

$$N_2 = \frac{N_0}{2} + \frac{N_t}{2} \tag{5-17}$$

$$N_1 = \frac{N_0}{2} - \frac{N_t}{2} \tag{5-18}$$

這裡 $N_t \equiv (N_2 - N_1)_{th}$，$N_0$ 代表可參與發光原子密度，在多數系統中 $N_0 >> N_t$。

$$N_2 \cong \frac{N_0}{2} \tag{5-19}$$

所以對於三能階系統至少必須將一半原本處基態原子的電子激發至 E_2 能階才可輸出雷射光。對於四能階系統，假設 E_1 與基態能量差異比起 kT 大很多，則 $N_1 \cong 0$，達雷射閥值時

$$N_2 \cong N_t \tag{5-20}$$

因此三能階系統產生雷射光所需激發功率比起四能階系統大很多：

$$\frac{(N_2)_{3-\text{level}}}{(N_2)_{4-\text{level}}} \cong \frac{N_0}{2N_t} \tag{5-21}$$

以紅寶石雷射為例，此比例值約為 100。

5-4 ★ Laser Engineering

增益飽和

當共振腔中光強度逐漸增加，$N_2 - N_1$的差距會縮小使得增益係數變小，雷射增益介質的增益會隨共振腔中光強度增加而減少稱為增益飽和(gain saturation)。我們以圖 5-3 說明增益飽和現象，圖中P_{in}代表進入雷射晶體的光功率，經過晶體放大後變成$P_{out} = G \times P_{in}$，因為$P_{out} > P_{in}$，多出來的能量是由$P_{pump}$所提供，所以$P_{out} - P_{in} = (G-1)P_i \le P_{pump}$。所以當$P_{pump}$固定，且$P_{in}$越來越大時，$G$必須變小才能維持$P_{out} - P_{in} = (G-1)P_i \le P_{pump}$成立，所以增益會隨共振腔中光強度增加而減少。

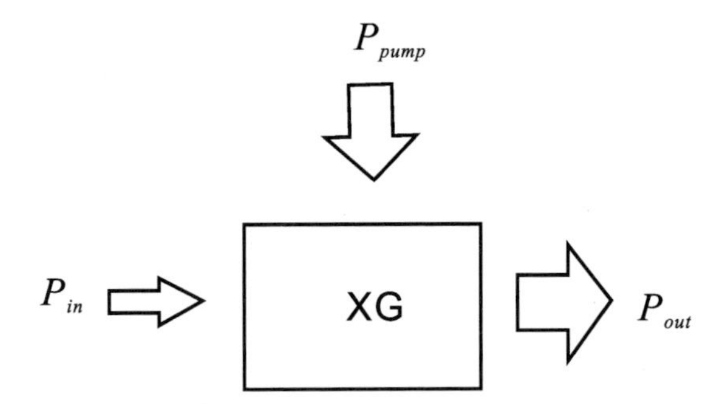

■圖 5-3　在光穿過晶體放大過程中，輸出功率必須不能大於輸入功率與激發功率的和

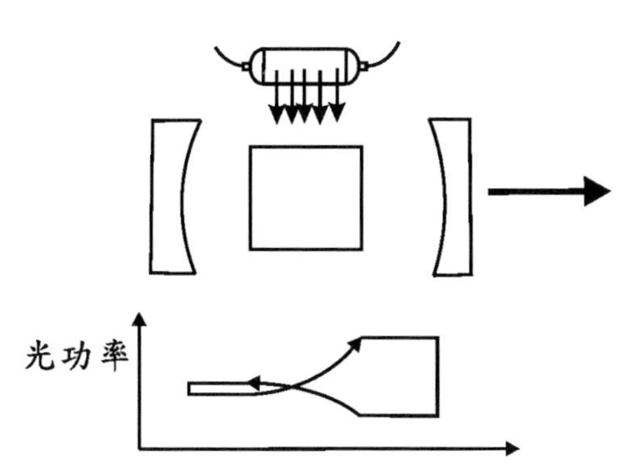

■ 圖 5-4 增益飽和達穩定時光功率在共振腔中來回走一趟中光功率的變化

當雷射發生增益飽和導致增益值下降時，增益值並不會一直下降至零，而是最後停在 $G_{net}=1$ 的條件達穩定輸出，這時光在共振腔中來回走一趟所獲得能量正好等於所損失能量，在這種條件下，共振腔內光功率的變化如圖 5-4 所示。

增益係數會隨光強度變化的關係與雷射頻譜變寬機制有關，頻譜變寬機制分為均勻變寬(homogeneous broadening)與非均勻變寬(inhomogeneous broadening)機制兩類。我們所接觸的雷射光皆來自龐大數量原子一起發光的結果，所謂均勻變寬機制如圖 5-5 所示，不同原子所發出的光的光譜分布都一樣，集體所發出光的光譜寬度與個別原子的譜線寬度有關，主要來自於電子在高能階停留時間有限所造成的自然頻寬(natural bandwidth)，也有可能來自氣體原子間碰撞導致原子在發光時相位產生不連續(dephasing)或來自於雷射晶體中晶格振盪對所摻入雜質（發光離子，如在 YAG 中摻入的 Nd^{3+}）的影響。注意這裡「均勻」代表上面所提的這些影響對所有參與發光的原子都一樣。所謂非均勻變寬機制如圖 5-6 所示，不同原子所發出的光的光譜中心位置有相對位移，集體所發出光的光譜寬度比個別原子的譜線寬度寬出許多，光譜的中心位置位移的原因有可能來自氣體雷射中原子或分子運動所產生的 Doppler 效應（接近觀測者運動的原子所發出的光頻率會增加；遠離觀測者運動的原子所發出的光頻率會減少），也有可能是在晶體中由於在不同位置環境不同（當地的電磁場不同）所導致，此效應在原子不規則排列的固體材料（如玻璃）中最為顯著。增益係數會隨光強度變化的關係與雷射頻譜變寬機制有關，須分成均勻與非均勻變寬兩類討論。

對於均勻變寬機制的介質：

$$\gamma_0(\nu, I_\nu) = \frac{\gamma_0(\nu, 0)}{1 + \dfrac{I_\nu}{I_s}} \tag{5-22}$$

其中 I_s 稱為飽和吸收強度(saturation intensity)，$\gamma_0(\nu,0)$ 即為小訊號增益係數，當腔內光強度達飽和吸收強度時，增益係數變成小訊號增益係數的一半。

對於非均勻變寬機制的介質：

$$\gamma_0(\nu, I_\nu) = \frac{\gamma_0(\nu, 0)}{\sqrt{1 + \dfrac{I_\nu}{I_s}}} \tag{5-23}$$

比較式(5-22)與式(5-23)，可發現當腔內光強度增強至飽和吸收強度時，均勻變寬材料的增益值減為小訊號增益值的一半，非均勻變寬的材料的增益值則減為小訊號增益值的 $\frac{1}{\sqrt{2}}$。所以對均勻變寬材料，增益值隨共振腔內光強度增加而下降的速度較快（參見圖 5-

7)。當雷射達穩定輸出時，光在共振腔中來回一趟所獲得的能量會正好等於損失的能量，在圖 5-7 中也顯示，若小訊號增益係數一樣且共振腔損失相同時，非均勻變寬材料會比均勻變寬材料產生較大的腔內光強度。我們將常見雷射材料計算增益值所用的參數列於表 5-1。

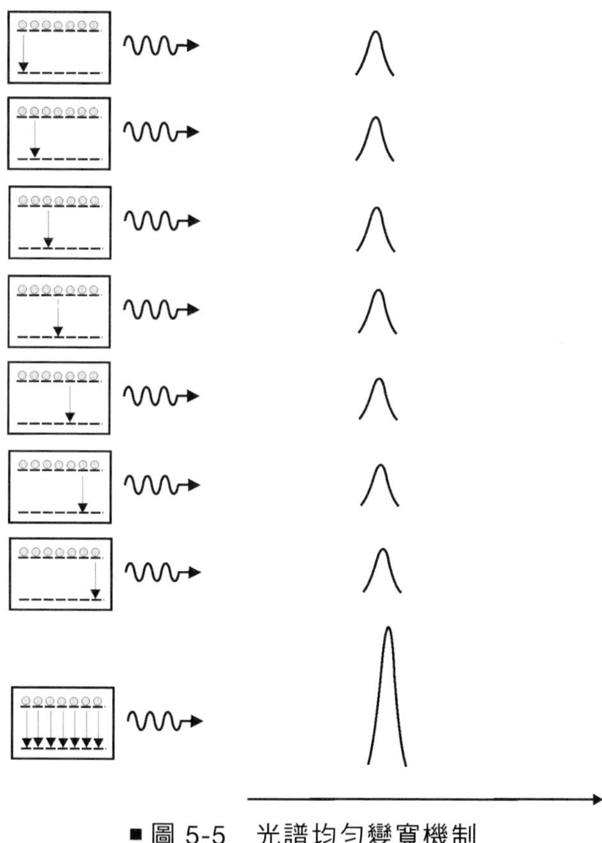

■圖 5-5　光譜均勻變寬機制

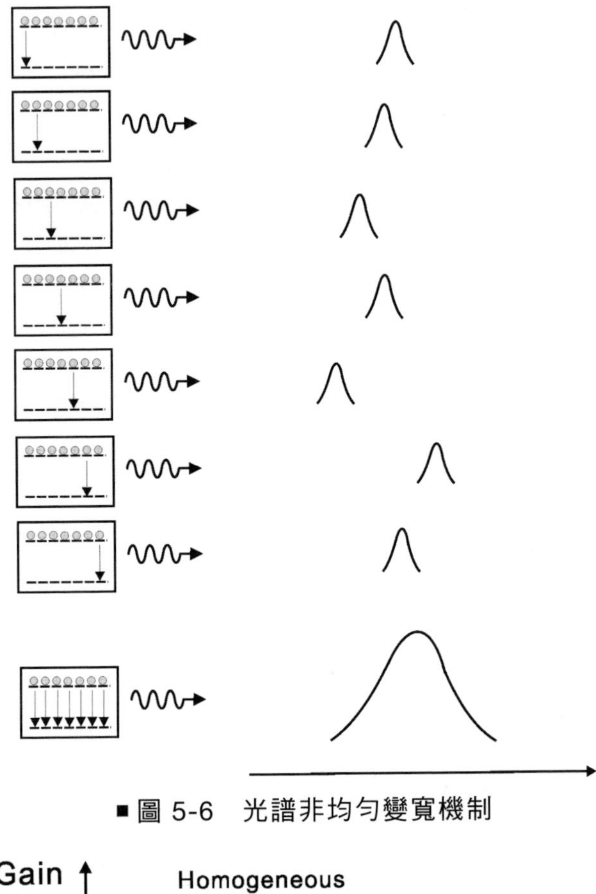

■圖 5-6　光譜非均勻變寬機制

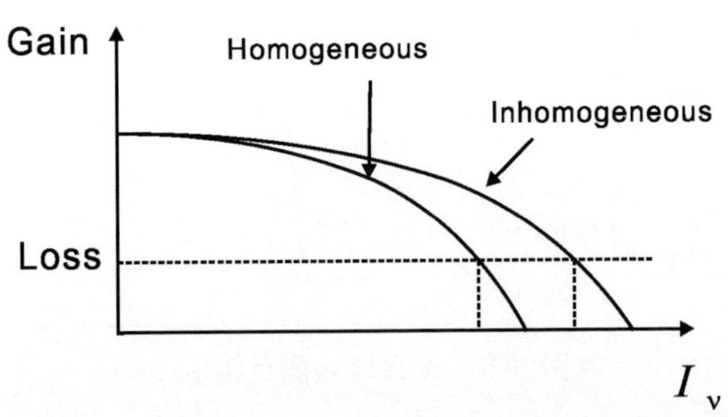

■圖 5-7　光譜均勻變寬與非均勻變寬機制的增益值隨光強度增加而減少的比較

＊表 5-1　常見雷射材料計算增益值所用參數比較

雷射種類	波長(nm)	光譜變寬機制	頻寬 $\Delta\nu$ (Hz)	自發性輻射特徵時間 t_{spont}	折射率	飽和吸收強度 (W/cm^2)
HeNe	632.8	不均勻	1.5×10^9	0.7 μs	1	6.2
CO_2	10600	不均勻	6×10^7	2.9 s	1	1.6×10^{-2}
Ruby	694.3	均勻	6×10^{10}	3.0 ms	1.76	3.8×10^7
Nd:YAG	1064	均勻	1.2×10^{11}	1.2 ms	1.82	1.2×10^7
Dye(Rh6-G)	560~640	不均勻／均勻	5×10^{12}	3.3 ns	1.33	3.4×10^9
Ti:sapphire	660~1180	均勻	1×10^{14}	3.2 μs	1.76	2.0×10^9

Exercise ★ •• 習題

1. Einstein AB 係數共有幾個？有多少個是獨立的？從實驗角度，量測 A 或 B 係數比較容易？
2. 請說明何謂雷射啟動閥值(laser threshold)？閥值的大小與共振腔的何種性質有關？
3. 請說明何謂增益飽和(gain saturation)現象？
4. 請指出下面光譜變寬機制屬於均勻變寬或不均勻變寬機制。
   (a) 氣體雷射中原子 Doppler 頻移。
   (b) 半導體晶體中的雜質原子（假設不規則散布於晶體中，彼此間距離不固定）。
   (c) 增益介質中有兩個區域溫度不同。
5. 若一根 15 cm 長紅寶石晶體的小訊號增益值為 10，則 20 cm 長紅寶石晶體的小訊號增益值為何？（提示：小訊號增益值: $e^{\gamma_0 L}$ ）
6. 有一根 10 cm 長 Nd:YAG 晶體，已知受激發時其中心波長（ $\lambda_0 = 1.06\ \mu m$ ）處小訊號增益值為 10，試算可以達到這個增益值所需的 $N_2 - N_1$ ？已知 Nd:YAG 晶體材料參數： $t_{spont} = 1.2\times10^{-3}\text{s}$ ， $\Delta\nu = 1.2\times10^{11}\text{Hz}$ ， $n = 1.82$ 。

產生脈波輸出的方法

本章大綱 

第 2 章中提到雷射依輸出隨時間變化分為連續波與脈波雷射，脈波雷射在時間軸上將光能量進一步集中，所以在脈波出現瞬間，具有相當高的電磁場強度，可用來研究物質在強光照射時的非線性效應，這個領域稱為非線性光學(Nonlinear Optics)，主要研究光頻率轉換（如倍頻、和頻、差頻等）與如何用光來控制另一道光，本書附錄 B 有一篇文章介紹這個領域，有興趣的人可以參閱。另外雷射脈波寬度可小到飛秒(1 fs=10^{-15} s)等級，可用於探索快速變化的材料特性，此時析能力目前無其他工具能及，這個領域稱為超快光學(Ultrafast Optics)。因此脈波雷射常見於許多先進實驗室中做為探測工具，本章將討論目前常見產生脈波雷射的四種方法：增益開關(Gain switching)、Q 開關(Q-switching)、腔倒(Cavity dumping)與鎖模(Mode-locking)。將連續波雷射轉成脈波雷射最直接的方式是在雷射輸出處裝置一調變開關，最簡單的調變開關就是如電風扇一般的旋轉扇葉，在實驗室中稱為截光器(chopper)，當扇葉轉至葉片間縫隙時，光可輸出，但此種方法不輸出時，光能量被扇葉擋住，無法達到能量集中效果，稱為外部調變(external modulation)，如圖 6-1 左圖所示。另一種方法是將調變開關置於雷射系統中，不輸出時先將能量儲存於他處，等輸出時再將先前儲存能量一起釋出，達到瞬間能量變大效果，稱為內部調變(internal modulation)，如圖 6-1 右圖所示，本章所討論的四種方法皆屬內部調變法。

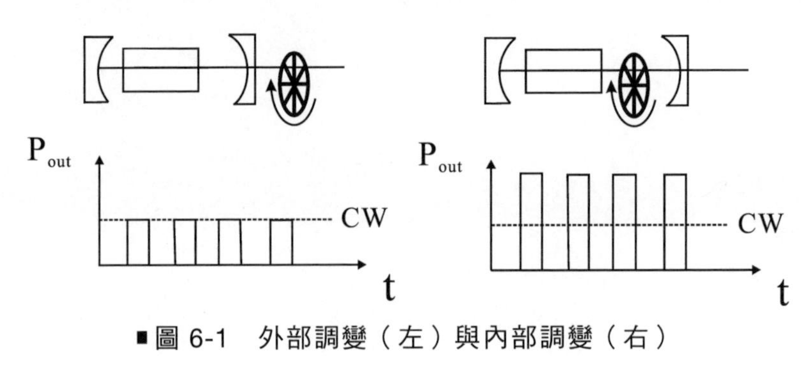

■圖 6-1　外部調變（左）與內部調變（右）

增益開關

增益開關主要利用控制激發能量來控制增益大小，使其在一瞬間產生很大增益輸出很強脈波。最常見為閃光燈激發雷射，能量先儲存在閃光燈的電源中（有點像照相機閃光燈充電），開關轉至輸出時（像照相機按下快門），能量瞬間釋出。增益開關最常用於半導體雷射，因為半導體雷射是利用注入電流的方式來達到居量反置，利用脈波驅動電流控制增益隨時間變化，輸出所需脈波訊號。增益開關的增益、損失與輸出隨時間關係如圖 6-2 所示。

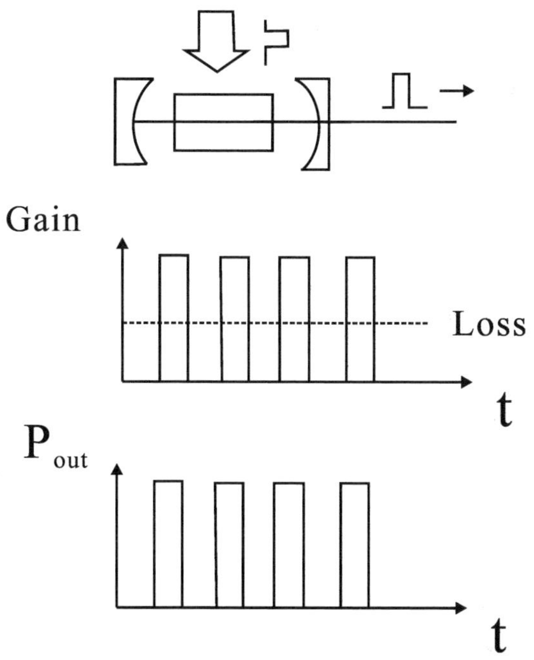

■圖 6-2　增益開關中增益、損失與輸出隨時間的變化關係

6-2 ★ Laser Engineering

Q 開關

Q 開關主要利用控制共振腔的損耗來控制損失大小，當共振腔處於高損耗時（例如在共振腔中放入一片擋板），光無法藉由兩鏡面回授，雷射光不輸出。有趣的是很多人以為擋板放入時會被強光打穿，實際上只是雷射停止輸出。此時能量以居量反置儲存於高能階的電子中，也就是 $N_2 - N_1$ 的值比擋板未插入時大。當擋板抽出時，鏡面回授機制恢復，較大的 $N_2 - N_1$ 導致瞬間強光輸出。Q 開關的增益、損失與輸出隨時間關係如圖 6-3 所示。增益開關操控增益，Q 開關操控損失，所以 Q 開關也可以稱為「損失開關」，實際上 Q 開關的「Q」代表共振腔的品質因子(quality factor)，與共振腔的損失確實有關，品質因子越大，代表損失越小。由於 Q 開關能量事先儲存於高能階的電子中，為了防止電子在開關啟動輸出前躍遷至低能階造成能量損失，一般 Q 開關採用電子處於 E_2 壽命較長的雷射介質效果較佳。Q 開關輸出脈波寬度與從居量反置與共振腔中將能量釋出的時間長短有關，所需時間越短，所產生脈波寬度越小，一般 Q 開關雷射輸出的脈波寬度為 1~100 ns。

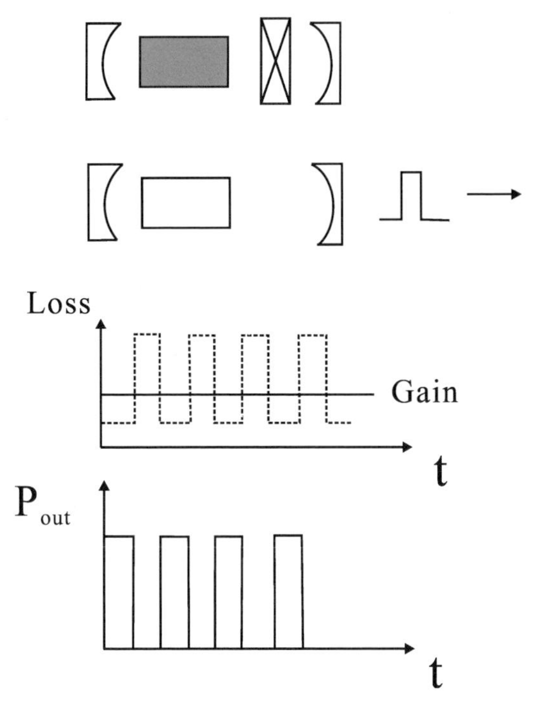

■圖 6-3 Q 開關的增益、損失與輸出隨時間關係

為了進一步說明 Q 開關的原理，我們以圖 6-4 中水盆做比喻說明，圖中水盆下方有一洞孔，當塞子沒裝上時，注入的水很快就由下方洞孔流出，當輸出水流穩定時，單位時間由上方水管輸入的水量與由下方洞孔輸出的水量一致，出水量在不同時間維持一個常數，如同雷射操作在連續波輸出模式。當塞子將底部洞孔塞住後，水開始在水盆中儲存，塞子突然拔掉時，水以瞬間很大的流量輸出，這裡塞子就是扮演開關的角色。

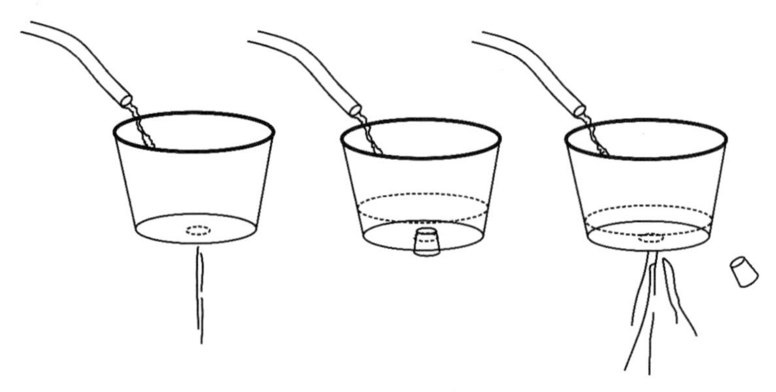

■圖 6-4　以可儲水的水盆比喻說明 Q 開關之動作原理

在共振腔中放入擋板，再將其抽出以達到脈波輸出的方法並不實際，因為動作太慢，脈波重複的頻率不穩定。目前實際用來達成 Q 開關的方法有下面四種方法：

(a) 機械式 Q 開關(Mechanical Q-switches)：如圖 6-5(a)所示，共振腔的另一面鏡子安裝於一旋轉六角柱的側面，假設六角柱的六個側面都有鏡子，當柱子轉一圈會有六次鏡面對齊發生回授，輸出六個脈波。這種方法雖比直接放入擋板再將其抽出的方法來得快又穩定，但比起後面三種方法在開關速度與穩定性還是差很多，所以目前不常用。

(b) 聲光調變 Q 開關(Acousto-Optic Q-switches)：當聲波在晶體表面行進時，聲波通過晶體時會產生膨脹與擠壓的現象，造成週期性折射率改變，產生像繞射光柵一樣的效果，使入射光在某個與入射光不同的方向產生強烈散射而減少光通過的比例。利用這種原理所製成的光開關稱為聲光調變開關，如圖 6-5(b)所示，聲波由晶體一端的壓電材料振動所產生，當晶體有聲波行進時，光產生嚴重散射，此時共振腔內處於高損失狀態，此時光在共振腔中來回走一趟的損失大於增益，雷射光不輸出。當產生聲波的振動停止時，光散射停止，此時共振腔內變成低損失狀態，有一脈波產生。聲光調變開關的開關速度可達數個奈秒(1 ns=10^{-9} s)，比一般機械式開關快很多。

(c) 電光調變 Q 開關(Electro-Optic Q-switches)：如圖 6-5(c)所示，利用一高電壓加於一晶體兩端，可使晶體的晶格變形，這會使偏振方向在兩個相互垂直方向的光所感受到的折射率產生變化，且兩個變化不相同。藉由此差異可使通過晶體的光偏振方向產生旋轉，加入一偏振片後，可做成一可控制光通過與不通過的開關。圖 6-6 說明電光效應造成光偏振方向旋轉的效應，假設入射光偏振向量在 X 方向的分量與在 Y 方向相同。由圖中可看出晶體加上一高電壓後會造成 Y 偏振方向光相位角在穿過晶體後超前 X 方向的光 180°，使得偏振方向產生 90°旋轉。電光調變開關的開關速度可達數十個皮秒(1 ps=10^{-12} s)，比聲光調變開關來得快。注意在圖 6-5(c)中，光在穿過施加電壓的晶體後兩個偏振方向垂直的分量所產生的相角差為 90°，經過共振腔鏡面反射後再穿過晶體又產生 90°差異，累計產生 180°相位角差使得偏振方向產生 90°旋轉。

(d) 飽和吸收體 Q 開關(Saturable absorber Q-switches)：多數染料會吸收可見光中某些波段，當照射光強度增強時，染料分子吸收逐漸飽和，使得吸收能力隨光強度增加而減少，這些染料就稱為飽和吸收體。如圖 6-5(d)所示，在共振腔中放如一飽和吸收體，一開始腔內光強度不高，飽和吸收體不透光，共振腔處於高損耗狀態。當材料因為外界激發，使得處於激態原子數目增加，導致螢光強度逐漸增強，飽和吸收體吸收能力下降，光變得可穿過飽和吸收體，共振腔內變成低損失狀態，產生雷射光輸出。跑到高階的電子，經過一段時間又會返回低能階，飽和吸收體又回到先前不透光的狀態，所以輸出雷射光只持續一段時間，形成脈波。前面所提的三種開關技術皆由外界訊號控制，屬於主動式 Q 開關

(active Q-switches)。飽和吸收體 Q 開關則是由腔內光強度決定光是否通過，不需要外界控制訊號誘導脈波產生，屬於被動式 Q 開關(passive Q-switches)。除了染料外也可以用半導體作為飽和吸收體，利用磊晶技術可以將量子井與反射鏡一起生長於基板上，量子井即扮演飽和吸收體的角色。

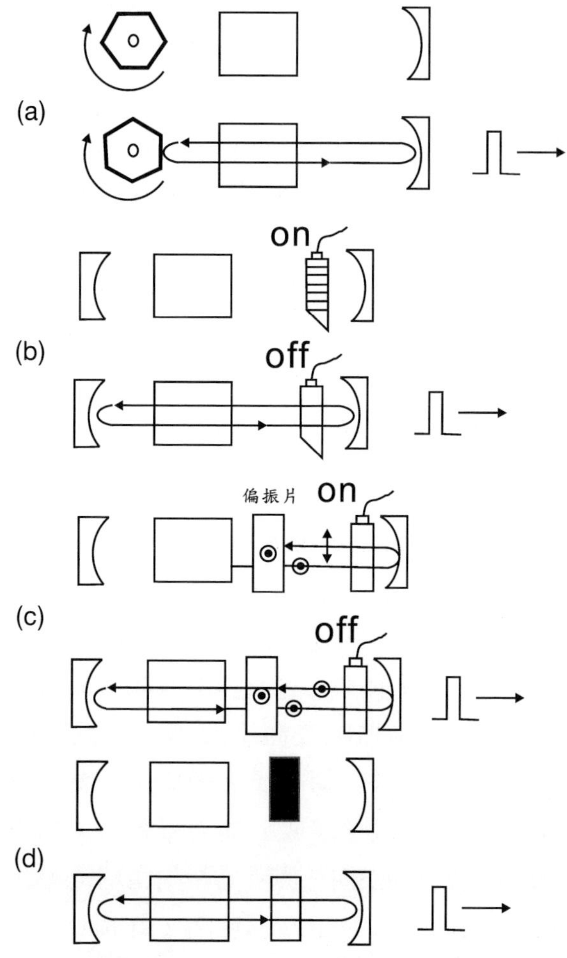

■圖 6-5　達成 Q 開關的四種方法：(a)機械式 Q 開關；(b)聲光調變 Q 開關；(c)電光調變 Q 開關；(d)飽和吸收體 Q 開關

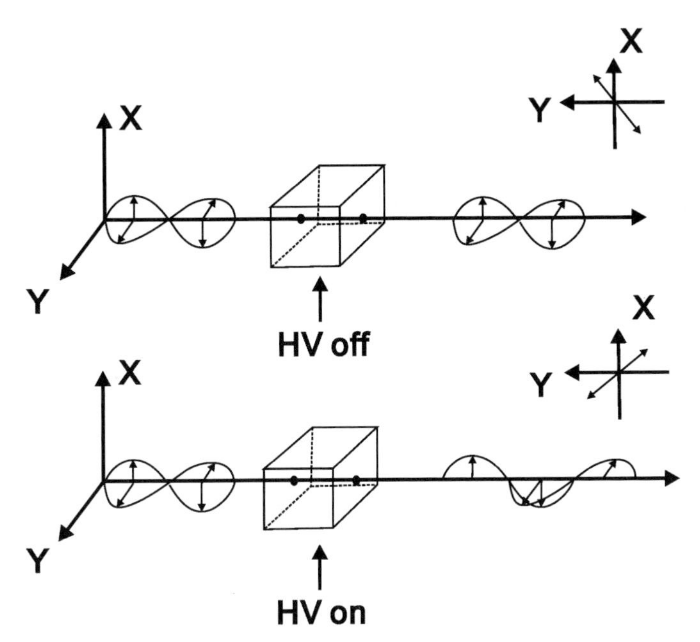

■圖 6-6　電光效應造成光偏振方向發生 90°旋轉

6-3 ★ Laser Engineering

腔倒

腔倒主要利用控制共振腔輸出耦合鏡穿透率的大小來控制雷射輸出。當輸出耦合鏡穿透率為零時，也就是在圖 6-7 中，共振腔的兩個反射鏡都存在且兩個反射鏡的反射率都接近 100%，所以穿透率為零，此時能量儲存在共振腔兩反射鏡間。當耦合鏡穿透率突然升高時（例如拿掉其中一個耦合鏡），雷射光瞬間輸出。在腔倒產生脈波過程中，增益、損失與輸出耦合鏡穿透率隨時間變化關係如圖 6-7 所示，輸出耦合鏡穿透率可以隨時間調制，也同時帶動共振腔損失的變化。輸出耦合鏡處於高穿透率時，共振腔對應高損失狀態。脈波寬度與光由雷射共振腔中釋放出來所需時間有關，一般值在 0.1~10 ns，共振腔越長，將光倒出來所需的時間越長，所射出脈波時間寬度越大。達到腔倒的方法不是真的像圖 6-7 將其中一個輸出耦合鏡抽掉，產生脈波後，再放回去蓄積能量。實驗室中真正實現腔倒的方法是如圖 6-8 中利用電光效應與偏振分光鏡(PBS=polarization beam splitter)將共振腔中的光倒出來，當晶體加上電壓，反射回來光的偏振旋轉 90°時，光即經由偏振分光鏡導向另一個方向輸出。

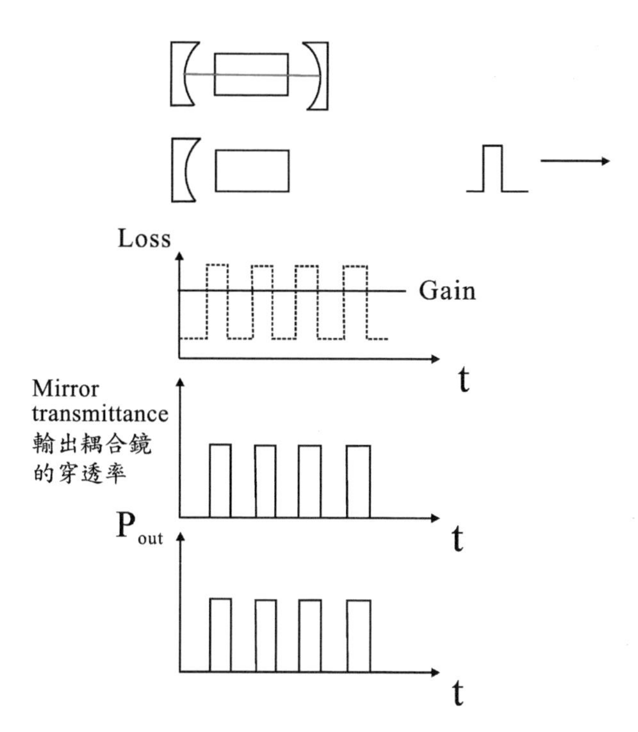

■圖 6-7　在腔倒中增益、損失、輸出耦合鏡的穿透率與輸出隨時間的關係

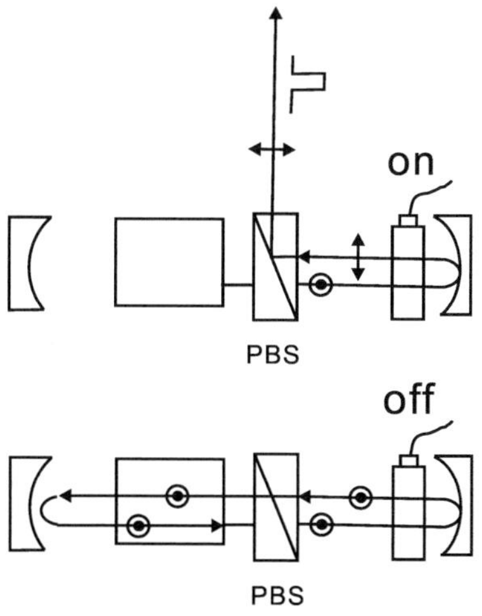

■圖 6-8　利用電光效應與偏振分光鏡(PBS)達到腔倒的示意圖

前面所提到的增益開關、Q 開關、腔倒三種產生脈波的方法屬於開關法，開關法是先將能量儲存於某一地方，然後在某一時間將儲存的能量一起傾倒出來而產生瞬間巨大光功率。這三種方法能量預先儲存的地方不同，控制的因素也不太一樣，我們利用表 6-1 將這三種方法作一比較。

＊表 6-1　增益開關、Q 開關、腔倒三種「開關法」的比較

產生脈波的方法	控制因素	能量先暫存在哪裡	何時輸出脈波
增益開關	控制增益大小 Gain	激發源的電源供應器（如閃光燈充電電容器） Power supply of pumping source	當光在共振腔走一趟的總增益增加到超過總損失時 Low gain to high gain
Q 開關	藉由控制腔內的損失，來控制回授機制 Cavity loss or feedback	以居量反置形式儲存於高能階電子 Population inversion	共振腔內原處於高損失，此時損失大於增益，無雷射輸出。當腔內損失忽然減少至小於增益，即有雷射脈波輸出 High loss to low loss
腔倒	控制耦合輸出鏡的穿透率 Output coupler	共振腔兩鏡面之間 Between two cavity mirrors	組成共振腔的兩鏡面反射率皆接近 100%，當其中一鏡面反射率忽然下降時，則有雷射脈波由此鏡面輸出 Low transmission to high transmission

增益開關、Q 開關、腔倒三種方法差異在於能量儲存位置不同。圖 6-9 標示在一個雷射系統中，增益開關、Q 開關、腔倒三種方法能量所儲存位置。增益開關先將能量儲存在激發源的電源供應器中（圖 6-9 標示 1 的位置）；Q 開關先將能量以居量反置形式儲存在雷射增益介質中（圖 6-9 標示 2 的位置）；腔倒能量則先將光圍堵在共振腔兩個鏡面間（圖 6-9 標示 3 的位置）。我們可以看成在一個溪流中設置攔水壩，增益開關、Q 開關、腔倒三種方法能量儲存位置依次正好位於上、中、下游三個位置，水壩打開時，瞬間會有很大的水量流出來。若以先前圖 6-4 儲水盆比喻來看，可以看成三個由上而下擺放的儲水盆，塞子可以選擇塞在三個不同的地方。

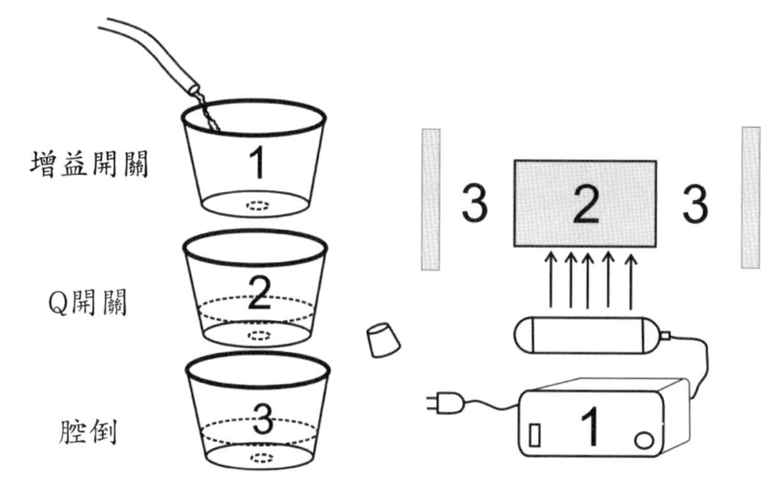

■圖 6-9　增益開關、Q 開關、腔倒三種方法能量儲存位置示意圖

6-4 鎖模

★ Laser Engineering

鎖模概念與前三種開關法不同，開關法是先將能量儲存於某一地方，然後在某一時間將儲存的能量一起傾倒出來而產生瞬間巨大光功率。鎖模則是利用光的干涉改變光在時間軸上的光分布（也就是某一時間共振腔內光分布），使其能量集中在某一時間輸出。典型的鎖模雷射可以輸出脈波寬度約為皮秒的光脈波，具有寬增益頻譜的鈦：藍寶石雷射更可輸出小到飛秒(1 fs=10^{-15} s)等級的光脈波。

至於如何讓光分布集中呢？我們先以圖 6-10 的多狹縫干涉來說明。鎖模概念有點像多狹縫干涉，來自不同狹縫的光在屏幕上不同横向位置形成明暗條紋，干涉條紋明處即為光集中的地方。這裡我們假設通過單狹縫與通過多狹縫的總光能量一樣，從圖 6-9 的結果發現狹縫數目增加時，光在某些位置所形成建設性干涉的強度增強（中間雙狹縫與右圖三狹縫中某些位置的光強度高於虛線），且三狹縫比雙狹縫的分布更為集中。在一個干涉實驗中，建設性干涉的亮紋必定伴隨破壞性干涉的暗紋同時出現，當某些區域能量增加，某些區域能量必會減少，但總能量不變，只是分布改變。多狹縫是利用光的干涉來改變光在屏幕上的空間分布的方法，而鎖模則是用光的干涉來改變光在時間軸上分布的一種技術。

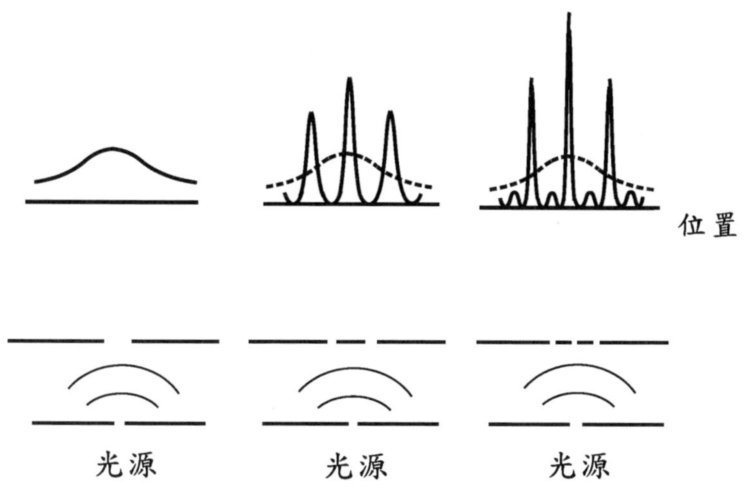

■圖 6-10　多狹縫干涉造成光在屏幕上某些位置強度增強

多狹縫是利用不同狹縫的光干涉使光集中，鎖模技術中扮演狹縫角色的東西稱為縱模(longitudinal mode)。我們先解釋一下什麼是縱模？光在共振腔兩鏡面間往返會形成駐波(standing wave)，滿足駐波條件的波長如圖 6-11 所示，若 d 代表兩鏡面的距離，則 $d = n\frac{\lambda}{2}$，其中 n 為正整數。因此頻率必須滿足

$$\nu_n = \frac{c}{\lambda} = \frac{c}{\frac{2d}{n}} = n\frac{c}{2d}$$

代表滿足駐波條件的頻率呈等間隔分布（像梳子一樣，如圖 6-12 上圖所示）。圖 6-12 顯示將增益介質置於共振腔中後，其所容許的輻射頻譜中僅有滿足駐波條件的頻率才能輸出，每一個容許的頻率就代表一個縱模。在鎖模技術中，共振腔中的縱模扮演多狹縫干涉中狹縫的角色，所謂鎖模就是鎖住不同縱模的相位，使它們產生穩定

的建設性干涉。在多狹縫干涉實驗中，狹縫數目越多，光越集中，鎖模也是一樣，縱模的數目越多，光就越集中。

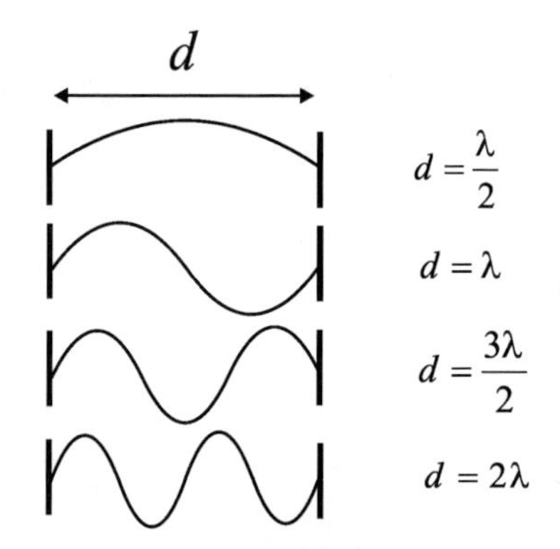

■圖 6-11　光在兩鏡面間往返所形成的駐波

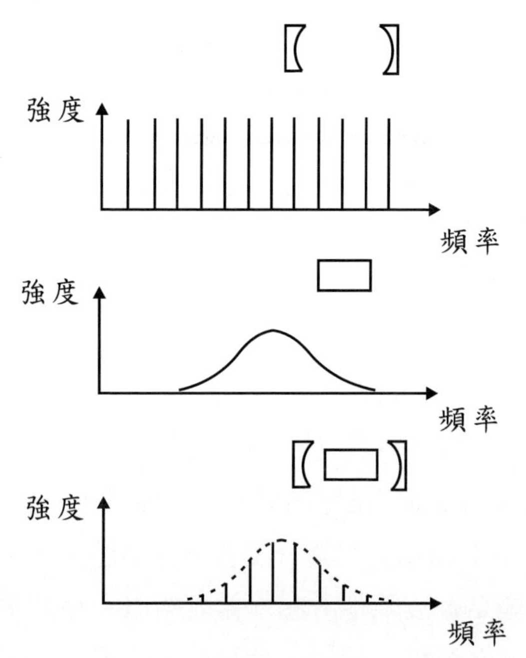

■圖 6-12　增益介質置於共振腔中的頻譜分布

為什麼相位鎖住就會產生光集中的效果？假設有 N 個縱模參與干涉，$\delta\omega$ 代表相鄰縱模的角頻率差，為了方便我們進一步假設所有的縱模振幅一樣，則 N 個縱模的干涉強度可寫成：

$$I(N,t) \propto \left| e^{i\omega_1 t+i\phi_1} + e^{i(\omega_1+\delta\omega)t+i\phi_2} + e^{i(\omega_1+2\delta\omega)t+i\phi_3} + \ldots\ldots + e^{i(\omega_1+(N-1)\delta\omega)t+i\phi_N} \right|^2 \cdot \frac{1}{N}$$

$$= \left| e^{i\omega_1 t} + e^{i(\omega_1+\delta\omega)t} + e^{i(\omega_1+2\delta\omega)t} + \ldots\ldots + e^{i(\omega_1+(N-1)\delta\omega)t} \right|^2 \cdot \frac{1}{N}$$

$$= \left| \frac{\sin(\frac{N\ \delta\omega\ t}{2})}{\sin(\frac{\delta\omega\ t}{2})} \right|^2 \cdot \frac{1}{N} = \left| \frac{\sin(\frac{N\pi\ t}{T})}{\sin(\frac{\pi\ t}{T})} \right|^2 \cdot \frac{1}{N}$$

這裡假設 $\phi_1 = \phi_2 = \cdots = \phi_N = 0$，就是代表所有縱模的初始相位都被鎖在一樣的值。式子中除以 N 是為了對不同 N 值時，光的總能量為一定值，T 代表光在共振腔中來回走一趟所花的時間($\delta\omega = \frac{2\pi}{T}$)。在圖 6-13 中，我們畫出 $N=2$，$N=3$，$N=4$ 與，$N=5$ 時的干涉強度分布圖，縱模數目越多（ N 越大），光集中程度越好，由圖 6-13 的結果還可粗略估計鎖模時所產生脈波的時間寬度約為 $\frac{T}{N}$ 。注意這裡我們是使用複數平面波做計算，所算出的強度分布結果正好是以弦波運算強度沿時間軸分布的包跡（請參見第 1 章相關說明）。

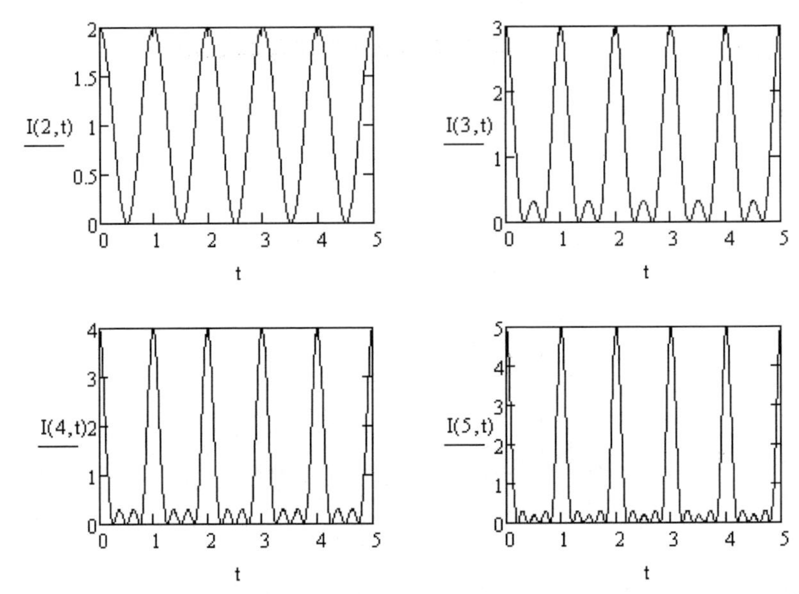

■ 圖 6-13　不同數目縱模干涉達到光在時間軸集中的效果，由圖可看出縱模數目越多，光集中程度越好，這裡假設 $T=1$

假設介質的增益頻寬為 $\Delta\omega$，則 $N=\dfrac{\Delta\omega}{\delta\omega}$，鎖模所產生的脈波時間寬度可進一步寫成寫成 $\Delta t=\dfrac{T}{N}=\dfrac{2\pi/\delta\omega}{\Delta\omega/\delta\omega}=\dfrac{2\pi}{\Delta\omega}=\dfrac{1}{\Delta\nu}$，所以增益頻寬越寬的介質所能產生的脈波越短。表 6-2 列舉不同常見雷射材料鎖模脈波寬度極限比較，實際雷射輸出脈波寬度會比表中所估算的極限值大。一般染料雷射具又較寬的頻寬，可輸出相當短的脈波，有時可達 100 fs。而 Nd:YAG 雷射頻寬較小，鎖模後輸出脈波寬度約在 30~60 ps。圖 6-14 上圖顯示對於均勻變寬的介質，不同縱模和同一群原子作用，當雷射達增益飽和後，整個增益頻譜會一起變小，最後僅有一個縱模存在；圖 6-14 下圖顯示對於非均勻變寬的介質，因為不同縱模是與不同群的原子作用，可個別達增益飽和，最後同時容許多個縱模存在。然而實驗卻發現對均勻變寬的雷射介質也可呈現多縱模輸出的結果，原因是不同縱模的縱向強度分布不同（駐波中光場為零的節點與光場最強的反節點對不同縱模不是出現相同位置），所以嚴格來說並不是和空間中同一群原子作用，這個效應稱為空間燒洞(spatial hole burning)。

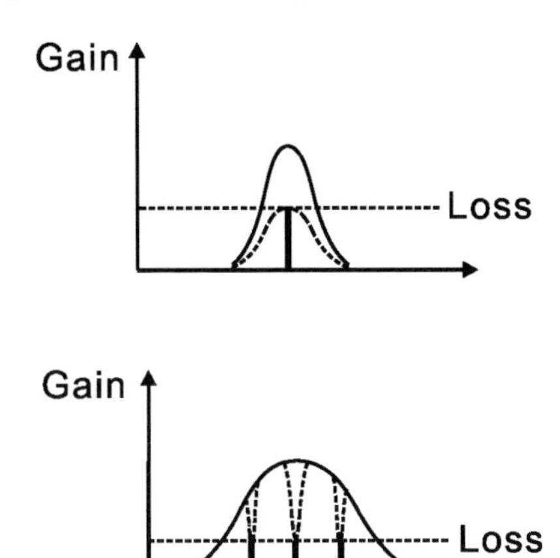

■圖 6-14　上圖：預期均勻變寬的介質雷射達增益飽和後，最後僅有一個縱模存在；下圖：對於非均勻變寬的介質，雷射達增益飽和後，可容許有多個縱模同時存在

＊表 6-2　不同材料雷射鎖模脈波寬度極限比較

雷射種類	波長(nm)	光譜變寬機制	頻寬 $\Delta\nu$ (Hz)	脈波寬度極限 $\Delta t = \frac{1}{\Delta\nu}$
HeNe	632.8	不均勻	1.5×10^{9}	667 ps
CO_2	10600	不均勻	6×10^{7}	16 ns
Ruby	694.3	均勻	6×10^{10}	16 ps
Nd:YAG	1064	均勻	1.2×10^{11}	8 ps
Dye(Rh6-G)	577	不均勻／均勻	5×10^{12}	200 fs
Ti:sapphire	760	均勻	1×10^{14}	10 fs

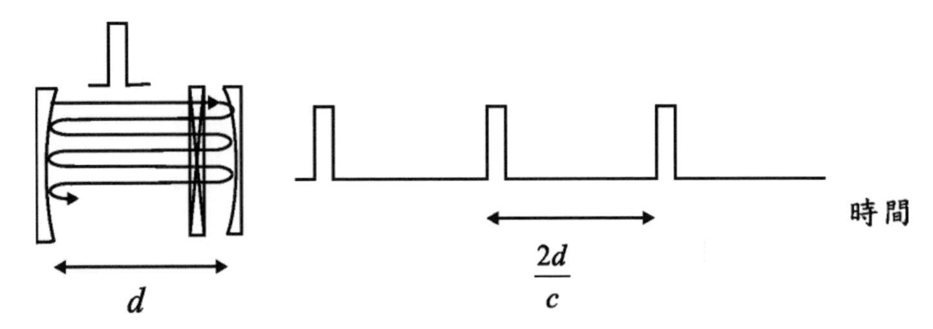

■圖 6-15　在共振腔中放置一個控制損失開關達到鎖模的結果

至於如何達成鎖模？鎖模的方法與 Q 開關一樣，也就是在共振腔中放入調整損耗的開關，只是調變頻率需與脈波重複頻率一樣 $\left(\nu_m = \frac{c}{2d}\right)$。如圖 6-15 中所示，在共振腔中放置一個控制損失開關，當脈波到達開關時，開關處於低損失狀態，讓光通過，當光通過後，開關回到高損失狀態，當光走一圈又回到開關位置時，因為調變頻率需與脈波重複頻率一樣所以此時開關又調到低損失狀態，正好又讓光通過。共振腔中脈波重複頻率很高，舉例而言，對於一腔長 d =30 cm 的共振腔，$\nu_m = \frac{c}{2d}$ =500 MHz，因為脈波重複頻率很高，所以機械式 Q 開關的方法並不適用於鎖模，僅有聲光調變、電光調變與飽和吸收體才適用於鎖模。其中飽和吸收體屬於被動式鎖模，其損失調變頻率自動與脈波重複頻率一致，不像主動式鎖模採用外界訊號調變，需調整共振腔長度使其脈波重複頻率與調變頻率一致才能達到鎖模。飽和吸收體代表一個吸收會隨光強度增加而減少的元件，除了使用染料、半導體材料外，還可結合非線性過程模仿飽和吸收體的效應，例如利用 Kerr 自聚焦效應(self-focusing)結合光闌(aperture)或利用倍頻晶體結合雙色反射鏡(dichroic mirror)形成所謂的非線性反射鏡（nonlinear mirror，一個反射率會隨光強度增強而增加的反射鏡）。以 Kerr 自聚焦效應 (self-focusing) 結合光闌 (aperture)鎖模方法稱為 Kerr 透鏡鎖模(Kerr-lens mode-locking)，常用於鈦：藍寶石雷射，當脈波形成（光強度增加）後，如果光闌擺在共振腔中適當的位置時，穿過光闌的光會增加（吸收減少），達到與飽和吸收體一樣的效果。所謂自聚焦效應就是指當照射光強度增強到某個程度時，材料折射率出現與光強度有關的項，一般光強度越強，折射率越大。所以當脈波形成時，光束中心處強度較強的光（圖 6-16 中以 1 標示）的折射率較大，所以走得較慢，外圍處強度較弱的光（以 2 標示）的折射率較小，所以走得較快，穿過材料後的光如圖 6-16 下圖所示，產生聚焦效應使得穿過光闌的光增加（在沒有自聚焦時，以 2 標示的光會被光闌擋住；當自聚焦發生時，以 2 標示的光可穿過光闌）。早期發現鈦：藍寶石雷射，在沒有引入光闌的情形下，但依然可以鎖模產生脈波。後來發現是因為鎖模後，自聚焦效應改變共振腔內光場分布，會使泵光光束與共振腔內雷射光束產生較佳的耦合（增益較大），所以系統偏好以鎖模型態輸出。這種效應稱為軟洞孔(soft aperture)鎖模。

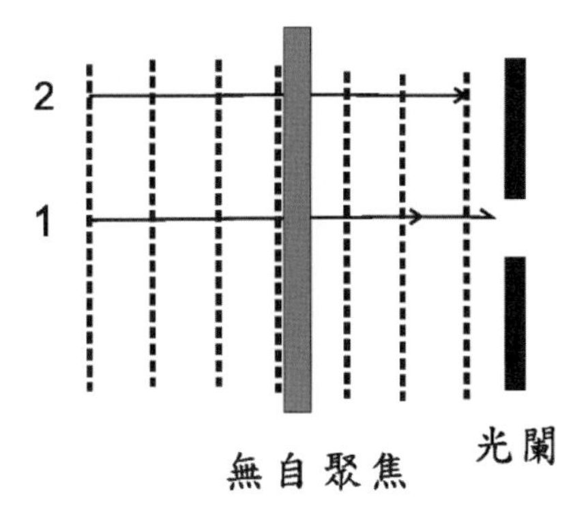

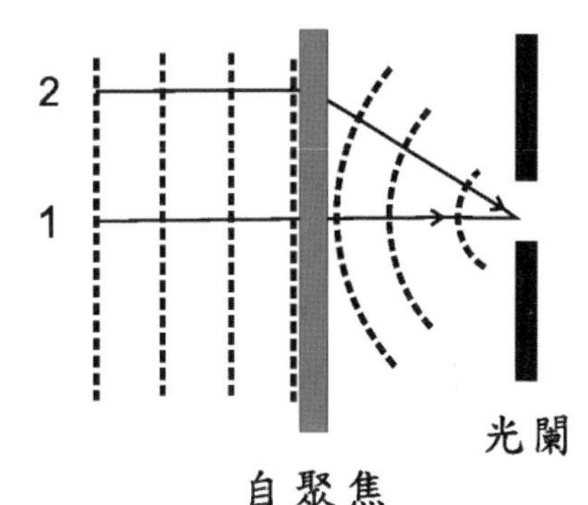

■圖 6-16　自聚焦效應會使得穿過光闌的光增加

利用倍頻晶體結合雙色反射鏡的非線性反射鏡如圖 6-17 所示，我們以 1064 nm 的雷射光為例，當光強度增強時，倍頻轉換增加，當倍頻光與基頻光間相位差調到某一值時，倍頻光返回倍頻晶體時會再度轉換回 1064 nm 的光，這可利用直接旋轉倍頻晶體或在倍頻晶體與雙色反射鏡間插入一玻璃旋轉其角度，當逆轉換達到時，由於雙色反射鏡對倍頻光(532 nm)的反射率較高，此裝置相當於一個反射率會隨光強度增強而增加的反射鏡，就好像一個飽和吸收體與反射鏡的組合。

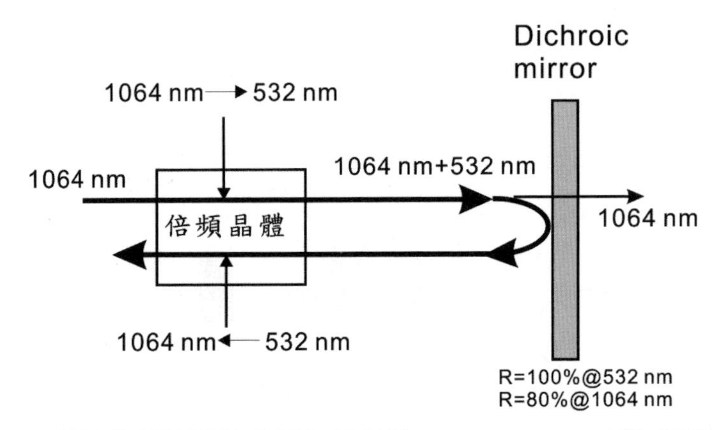

■ 圖 6-17 利用倍頻晶體結合雙色反射鏡(dichroic mirror)形成所謂的非線性反射鏡來模擬飽和吸收體的作用

利用生長半導體雷射的磊晶技術也可成長半導體飽和吸收體反射鏡（semiconductor saturable absorber mirror-SESAM，參見圖 6-18）作為雷射鎖模器。SESAM 將飽和吸收體與一雷射共振腔反射鏡結合為單一元件。因為半導體飽和吸收體的反應速度很快，可得到的較短且穩定穩定光脈衝。而且藉由控制吸收層離子布值(ion-implantation)量的多寡更可輕易調整脈波的寬度。在半導體飽和吸收體反射鏡設計一般採用反共振型(antiresonance)，也就是如圖 6-18 結構中包含量子井(QW=quantum well)的 GaAs 層的光程（折射率×厚度）為波長的二分之一。採用反共振型，是因為半導體飽和吸收體底部的 Bragg 反射鏡與表面（空氣與半導體介面）會形成一 Fabry-Perot 干涉儀，若設計在共振型式將使得 Fabry-Perot 干涉儀變成一帶通濾波器使得形成短脈衝所需的寬頻光受到抑制，阻礙鎖模的產生。此外半導體飽和吸收體反射鏡若設計成反共振型式時其群速度色散將達最小。基於這兩點目前半導體飽和吸收體反射鏡設計都採反共振型式。

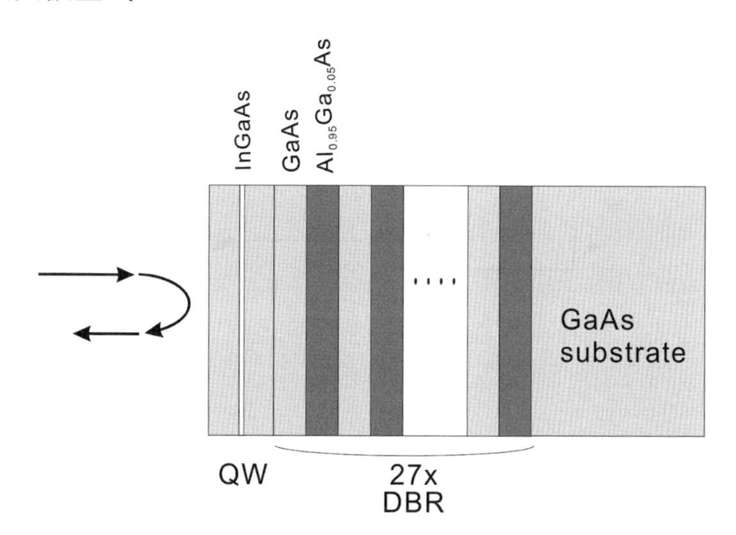

■圖 6-18　利用半導體飽和吸收體與與分散型 Bragg 反射鏡形成所謂的非線性反射鏡，此元件用於波長為 1.064 μm 的 Nd:YAG 雷射。QW=Quantum Well；DBR=Distributed Bragg Reflector

問 題 當你看到一台脈波雷射，已知它使用飽和吸收體產生脈波，你如何區別脈波產生機制是 Q 開關或鎖模？

最後我們來描述實驗室裡的研究人員是如何利用時間很短的鎖模脈波來做時間解析的動態研究，目前所使用的方法稱為激發－探測法(pump-probe method)，其實驗架構如圖 6-19 所示，鎖模雷射輸出的脈波先經由一個分光鏡分成兩個脈波，分別經過兩個不同路徑旅行後再穿過樣品，走其中一個脈波所走的路徑長度可由一延遲路徑(delay line)調控，先到達樣品的脈波稱為激發脈波，後到達樣品的脈波稱為探測脈波。首先我們將兩路徑長度調到一樣，則兩脈波同時到達樣品處，接下來將延遲路徑拉長，使得探測脈波變得比激發脈波晚到，當樣品受到激發脈波照射時，材料中電子吸收光子躍遷至較高能態，當脈波通過後，電子又回到較低能態，這個回復過程很快，不易觀測，可利用調整不同延遲時間到達的探測脈波量測材料特性（如穿透率、反射率等），由該特性隨兩脈波延遲時間的變化行為可以推測出材料中電子由激發態回復所需要的時間，利用激發－探測法可達到的時間解析度與所使用脈波的時間寬度相當，以飛秒級的鈦藍寶石雷射的鎖模脈波可輕易解出皮秒等級的動態變化。

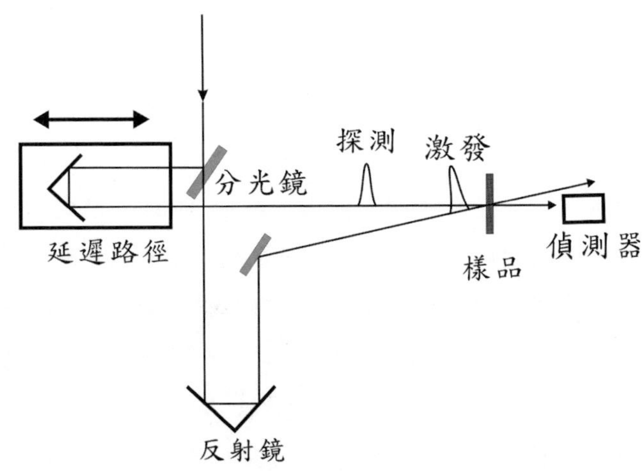

■圖 6-19　激發－探測法的實驗架構圖

Exercise ★ ●● 習題

1. 請從控制因素與能量儲存的位置比較增益開關、Q 開關與腔倒三種產生脈波技術的不同之處？
2. 有一鎖模雷射，量測發現其重複頻率為 200 MHz，脈波寬度為 20 ps，請估計共振腔中縱模數目為何？
3. 氦氖雷射增益頻寬約為 1.5 GHz（以 633 nm 為中心波長，光譜波長延伸範圍為 0.002 nm）；鈦：藍寶石雷射增益頻寬約為 128 THz（以 800 nm 為中心波長，光譜波長延伸範圍高達 300 nm），請估計這兩個雷射鎖模後所產生的脈波時間寬度極限分別為何？
4. 有一鎖模雷射，分析發現其重複頻率為 150 MHz，則其共振腔長度為何？
5. 請解釋何謂鎖模(mode-locking)？如何區分鎖模與 Q 開關雷射？
6. 請畫出函數 $I(t)=\left|\dfrac{\sin(\frac{6\pi t}{T})}{\sin(\frac{\pi t}{T})}\right|^2\dfrac{1}{6}$ 的圖形（至少兩個週期）。
7. 請使用能進行複數運算的繪圖軟體（如 Matlab 或 Mathcad）畫出函數 $I(N,t)=\left|e^{i\omega_1 t+i\phi_1}+e^{i(\omega_1+\delta\omega)t+i\phi_2}+e^{i(\omega_1+2\delta\omega)t+i\phi_3}+\cdots\cdots+e^{i(\omega_1+(N-1)\delta\omega)t+i\phi_N}\right|^2\cdot\dfrac{1}{N}$ 的分布圖。其中令 $\phi_1\neq\phi_2\neq\cdots\neq\phi_N$，也就是各縱模相位隨機設定，取 $N=6$，並與 $\phi_1=\phi_2=\cdots=\phi_N=0$ 結果比較。

MEMO

雷射在醫療的應用

本章大綱

前 6 章中我們介紹了許多雷射的基本原理，這一章就讓我們來談一些雷射的應用。雷射的應用非常廣泛，目前主要作為資訊的傳送（光纖通訊）、輸出（雷色印表機、雷射投影電視）與讀存(DVD)所使用的光源，此外還有用於量測距離與速度的雷射測速槍、IC 與藝品刻字的用雷射雕刻機、水平定位用的雷射水平儀、全像攝影術(holography) 等，這些應用在許多書已有詳細介紹，我們在這邊不打算一一詳述。所以在這一章與下一章中，我們僅著眼於雷射在醫療與遙測方面的應用，醫療部分是著眼於最近雷射在皮膚科、眼科、牙科的一些重要的進展，本章最後一節則簡單介紹用雷射光捕捉微小物體的光鉗技術。

7-1 雷射除斑、除痣與育髮

★ Laser Engineering

雷射除斑的原理是利用不同波長的雷射光，打入皮膚中不同的深度來破壞黑色素細胞，不同的雷射，波長各有不同，效果也不同。雷射治療需要先由有經驗的醫師根據診斷，選擇適合的雷射機器進行治療。特殊波長的雷射光，可以選擇性的破壞黑色素，而不會傷害正常皮膚組織。由於各種斑的濃度與深淺不同，雷射治療通常並非一次就可以成功。比較淺的如雀斑、老人斑和曬斑等，大部分可以一次解決，最多兩次。最深的太田氏母斑或顴骨性母斑則需要 3~6 次不等的療程。刺青則需視深淺也同樣需要 3~5 次左右，紋眉比較淺，不會超過兩次。

雷射除斑是以異常黑色素為標的，在不傷害正常皮膚組織的情況下，選擇性的破壞除去黑色素。雷射光被黑色素吸收最佳的波長範圍約在 500~700 nm 之間，吸收最強的波長正巧與紅寶石雷射波長 694 nm 一致。所謂最適宜並非黑色素本身在這個長吸收最強，而是其他組織在這個波長吸收相對黑色素細胞弱很多（圖 7-1），所以用此波長的光照射較不會破壞其他組織。以 Q 開關所產生的脈波能在一億分之一秒(10 ns)極短的時間破壞黑色素，使其分裂崩解，表層的斑經雷射破壞後會結痂脫落，而內層的斑經雷射破壞後所遺留的碎片需慢慢由人體吞噬細胞清除排泄，需要較長的時間（可達 2~3 個月）。

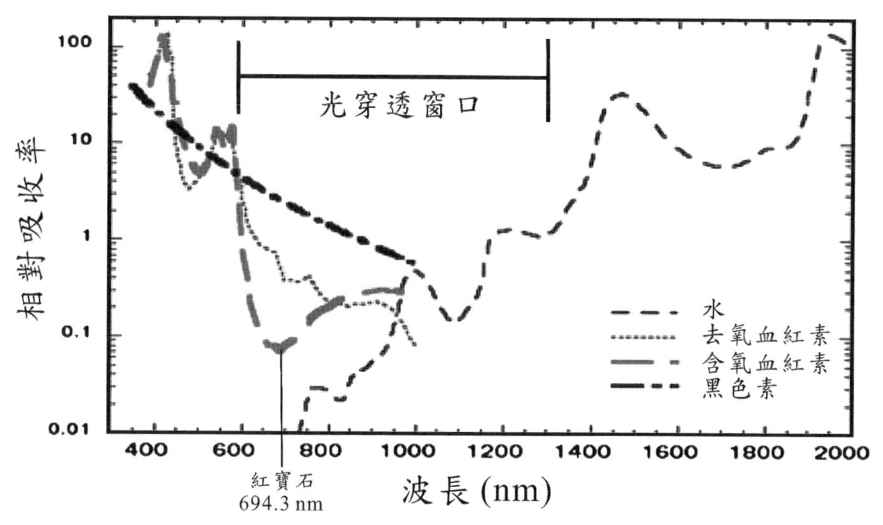

■圖 7-1　人體皮膚組織中各成分的吸收光譜

常用於除斑雷射包括紅寶石雷射、Nd:YAG 雷射、紫翠玉(Alexandrite)雷射等。Q 開關紅寶石雷射，脈波寬度為 25~40 ns，遠小於造成熱傷害時間（約千分之一秒），是目前除斑效果最佳的雷射，它可以治療最深層的斑，治療後不會出血，也不會留下疤痕，甚至連皮膚紋路也不會改變，是掃除黑斑的最佳工具，但缺點是機台購買與保養費用高。用於除斑的 Nd:YAG 雷射可輸出兩個波長：532 nm 與 1064 nm。1064 nm 的光比 532 nm 可穿透皮膚的深度較深，可用於治療深層的斑。532 nm 則用於治療淺層的斑（如雀斑），Nd:YAG 雷射比較便宜，對於治療刺青效果較好，缺點是會引起皮下出血。紫翠玉其組成為摻雜鉻金屬的金綠柱石(chromium doped chrysoberyl)，在日光下為綠色，但在室內則呈現紫紅色。紫翠玉雷射輸出波長在 755 nm 附近，與鈦：藍寶石雷射一樣是屬於可調波長雷射，可調波長範圍在 700~820 nm 之間，Q 開關紫翠玉雷射輸出脈波寬度約在 50 ns，在除斑的評價上介於紅寶石雷射與 Nd:YAG 雷射，所需費用也是介於兩者之間。

用於除斑的雷射也可用於除痣，中國人重視面相，臉上痣的位置若有不妥時，通常會想辦法除去，傳統民間使用溴化銀、燒鹼或用香燒灼，這些方法容易留下坑疤。使用雷射除痣比起用電燒或手術切除較不疼痛，也不易留下疤痕，不過雷射用於除痣有其限制，對於大型、突起或色素較深的痣，要想完全除去需要非常多次手術，而每次間隔需等 2~3 個月，此時用手術直接切除可能還比雷射治療理想。

相較於運用雷射破壞力除斑與除痣，利低能量雷射來刺激毛囊生長使頭髮再生的技術顯得溫和許多。雷射育髮是以 670nm 波長的低能量雷射光照射頭皮，可加速毛囊細胞分裂，增加毛囊的生命力，促進毛髮生長。雷射照射後，會使頭皮的血管擴張，促進毛囊養分供給中心之血液循環。供給毛囊細胞分裂所需的養分，使毛囊長出更粗更健康的毛髮。目前雷射育髮相較口服藥物或生髮水較副作用，對有落髮問題或初期雄性禿患者是可以一試的新方法。

7-2 ★ Laser Engineering

雷射治療靜脈曲張

人體的血液經由心臟壓出經由動脈送到各組織後怎麼由靜脈回流到心臟，尤其腿部的血液要流回到心臟還需克服重力。答案在於我們的靜脈血管中有許多活瓣，僅能允許血液單向（往心臟方向）流動（參見圖 7-2）。所謂靜脈曲張(vein varicose)是因腿部靜脈活瓣逐漸萎縮退化，使得靜脈中血液難以保持在單向移動，反而倒流到外層靜脈血管而造成蜘蛛網型靜脈曲張；或者因靜脈血管壁薄弱，承受不住血管由上而下的壓力，使得靜脈血管漲大，而形成蚯蚓型靜脈曲張（俗稱浮腳筋）。據報導估計 20~25%的女性與 10~15%的男性有下肢靜脈曲張的情形。臨床發現靜脈曲張的發生，70%是因年長或家族遺傳性因素，有些與從事工作有關，常發生在懷孕婦女與工作須久站者（如老師、護士、專櫃小姐、作業員等）的身上。

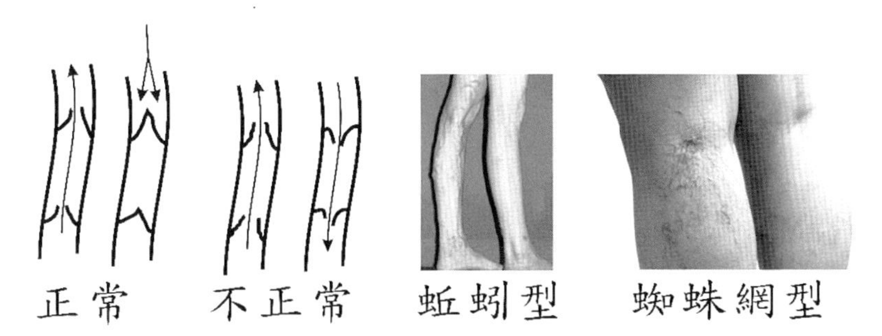

■圖 7-2　靜脈中活瓣正常運作時，可使血液單向移動；靜脈活瓣退化無法阻擋血液回流，將導致靜脈曲張。分蚯蚓型與蜘蛛網型兩種

傳統的靜脈曲張治療，包括傳統手術或注射硬化劑。傳統手術方法為在腿部開一個約 5 cm 大的傷口，利用鐵絲，順著延伸到腹股溝大隱靜脈迴流匯處，固定後把整條大隱靜脈扯下來。這種手術方式往往病人必須全身或半身麻醉；病人術後 5~7 日無法下床且必需住院。因易破壞血管附近組織；常有病人手術後會有雙腿無力、無法行走的後遺症。最大缺點為往往好的血管去除了，而壞的血管卻依然留著而沒有處理掉；而且傷口好似蜈蚣一般爬滿整雙腿。注射硬化劑的方法是以侵蝕性化學藥劑注射入曲張血管，具有無傷口與免開刀的優點，但可能會造成色素過度沉澱、過敏、疼痛異常、皮膚潰瘍，效果不佳，要再度治療是非常困難。而且靜脈曲張病患，其靜脈瓣膜往往皆有破損，其侵蝕性化學藥劑進入血管後，往往隨著血液流至全身。在國外有因此發生血栓致死的案例，因此過去很多用來做靜脈曲張硬化治療的硬化劑已被美國食品藥物管理局(FDA)禁用且下令停止生產。

對於嚴重的蚯蚓型靜脈曲張，目前可採用靜脈腔內雷射治療法(EVLT=EndoVenous Laser Therapy)，手術前，先用超音波血流探測器，確定靜脈瓣膜損壞位置之後，再將雷射光導管伸入靜脈血管中，當光導管到達病變靜脈後，開啟雷射光，此時將光導管慢慢抽出，光導管在移動時，所釋放雷射光能量會引起移動路徑中的血管內膜產生熱損傷以使靜脈萎縮閉合（如圖 7-3 所示）。靜脈腔內雷射治療所使用的雷射波段在近紅外光區，目前常使用的光源為波長 810 nm 的半導體雷射光，該波長易被血管內的血紅蛋白吸收使靜脈萎縮閉合。由於傷口約只有一個針頭大小，病人也只需要局部麻醉，不用冒著全身或半身麻醉的危險，以快速且安全方便的過程，成為靜脈曲張患者的最佳選擇。在手術過後，病人可以自行行走，這與以往靜脈手術後，必須躺個十天半個月，相對改善很多。雷射針對蜘蛛絲型靜脈曲張治療效果也備受肯定，利用適當波長的雷射光或脈衝光照射，當雷射的能量遇到含氧的血紅素會使其產生凝集的效果，進而使擴張的微血管收縮及萎縮，被血管周圍組織吸收而消失不見，這就是雷射治療蜘蛛網型靜脈曲張的原理。一般來說，940 nm 波長雷射，對治療表淺微血管曲張最具療效。

預防或減緩靜脈曲張的方法可穿著具有彈性的長筒襪，減少長時間站立，站立時應適度反覆收縮與放鬆腿部肌肉（如嘗試活動腳指頭、左右腳交替站立、來回走動等），休息或睡覺時可將腳抬起，減少血液回流壓力。

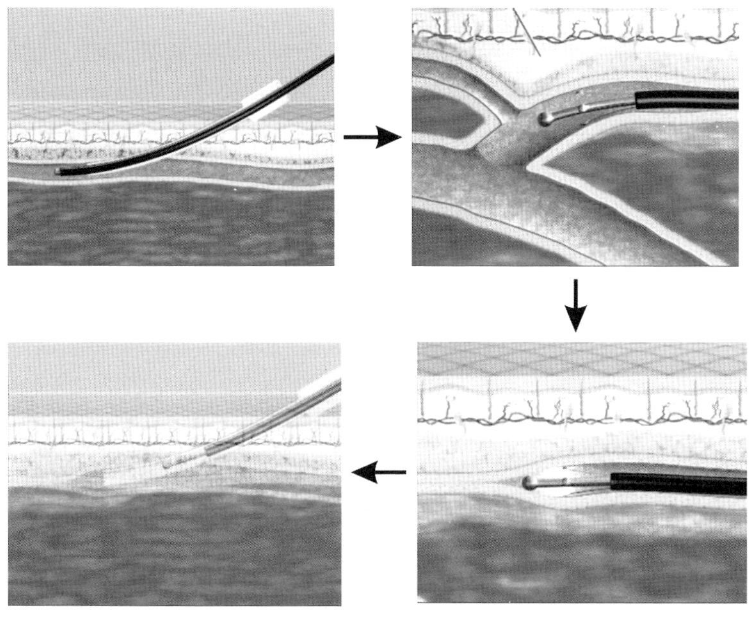

■圖 7-3　靜脈腔內雷射治療法

7-3 ★ Laser Engineering
雷射近視手術

眼睛的構造與攝影用的相機類似，相機利用透鏡成像，一個透鏡的屈光度（Diopter，以符號 D 表示）定義為其焦距（以公尺為單位）的倒數，焦距越短的透鏡對離開光軸的光所產生的偏折角越大，屈光度越大。例如屈光度為-2.0 D 的透鏡其焦距約為-0.5 m=-50 cm，以度數來說為 200 度的近視眼鏡（1 個 D 即為 100 度）。人眼的眼角膜的曲面與水晶體扮演成像用聚焦透鏡的角色，在放鬆狀態時，其屈光力 58.64 D，水晶體的屈光度可由周圍的睫狀肌(ciliary muscle)進一步調節，達最大調節時所對應的屈光度為 70.57 D（是指眼角膜與水晶體的總和效應）。所以眼睛所用的成像透鏡可以看成一固定焦距透鏡（眼角膜的曲面）與一可變焦焦距透鏡（睫狀肌控制的水晶體）所組成的複合透鏡。近視眼（myopia，或稱 short-sightedness）是因為眼軸較長，使得物體成像在視網膜前而看不清楚。造成的原因可能是因為學童讀書做功課、看電視、打電腦、電玩等近距離閱覽活動頻繁，或發育期間身體器官受生長激素分泌刺激生長之特性（與飲食或遺傳有關），眼軸容易變長而患近視，此稱為軸性近視，也就是一般所謂的真性近視，與其對應的稱為假性近視。假性近視是指眼軸長度正常，但睫狀肌對水晶體擠壓過頭，導致影像聚焦在視網膜前所造成的近視，可利用度量眼軸的儀器或利用麻醉睫狀肌的散瞳劑來分辨到底是假性或真性近視，假性近視經過適當治療可以恢復。近視度數的升高，意味著其眼軸加長，可配戴凹透鏡校正（見圖 7-4）。

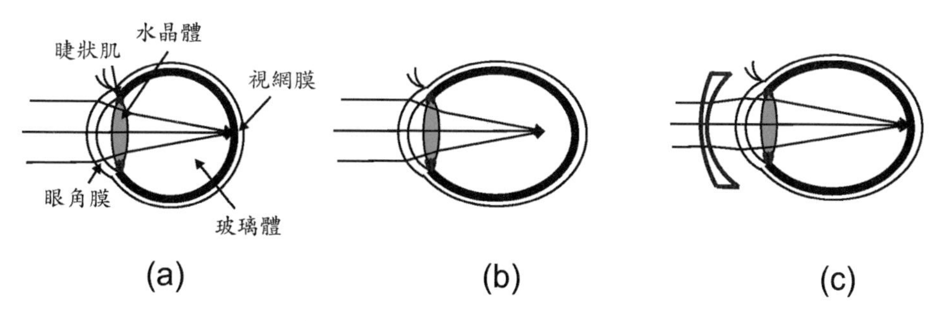

■圖 7-4 (a)正常眼睛(b)近視眼(c)利用凹透鏡校正近視

目前用來校正近視所使用的鏡片為中央薄邊緣厚的凹透鏡，近視眼鏡所用的凹透鏡由兩個曲率半徑為 r_1 與 r_2 的球面構成（如圖 7-5 所示），焦距可由造鏡者公式(lens-maker formula)：

$$\frac{1}{f}=(\frac{n}{n_a}-1)(\frac{1}{R_1}-\frac{1}{R_2}) \tag{7-1}$$

算出，其中 n 為鏡片折射率，n_a 為鏡片周圍介質的折射率，一般周遭介質為空氣時，$n_a=1$（若將鏡片浸入水中，讀者可以想一想焦距會如何變化？），R_1 為光入射時所碰到第一個球面的曲率半徑（注意：此半徑有正負之分，球面之球心與入射光在透鏡不同側時為正，球面之球心與入射光在透鏡同側時為負），R_2 為光出射時所碰到第二個球面的曲率半徑，其符號法則與 R_1 相同。以圖 7-5 中間圖所示情形為例，光線由左方進來，所碰到的第一個球面之曲率半徑為 r_1，且球心與入射光在透鏡不同側，所以 $R_1=r_1$。另外光碰到的第二個球面之曲率半徑為 r_2，且球心與入射光在透鏡不同側，所以 $R_2=r_2$，帶入造鏡者公式得 $\frac{1}{f}=\left(\frac{n}{n_a}-1\right)\left(\frac{1}{r_1}-\frac{1}{r_2}\right)$。若將鏡面翻轉（如圖 7-5 下圖所示），此時兩個球面的球心與入射光在同一側，所以

$R_1=-r_2$ 且 $R_2=-r_1$，得 $\frac{1}{f}=\left(\frac{n}{n_a}-1\right)\left(-\frac{1}{r_2}+\frac{1}{r_1}\right)$，與前面所算出的焦距一樣。所以如果我們將配戴的眼鏡翻轉過來，所看的東西還是一樣清楚，這是很多戴眼鏡的人都有過的經驗。一般具有近視度數的游泳用蛙鏡在水中與在空氣中配戴時的度數會有不同，一般所配戴的鏡面內外兩球面皆為外凸形狀（如圖 7-5 中間圖所示），光穿過第一個介面會產生聚焦作用，穿過第二個介面時會產生散焦作用，因為第二介面的曲率半徑較小，所產生的散焦作用大於第一個介面所產生的聚焦作用，所以整體作用還是散焦的。若配戴蛙鏡潛入水中，會削弱第一個介面的聚焦功能（因為兩邊折射率拉近），使得整體的散焦功能增加，造成有效度數上升。一般度數 500 度的人建議配戴 400 度或 450 度的蛙鏡即可，這也是因為環境折射率改變對鏡片屈光能力產生影響的例子。

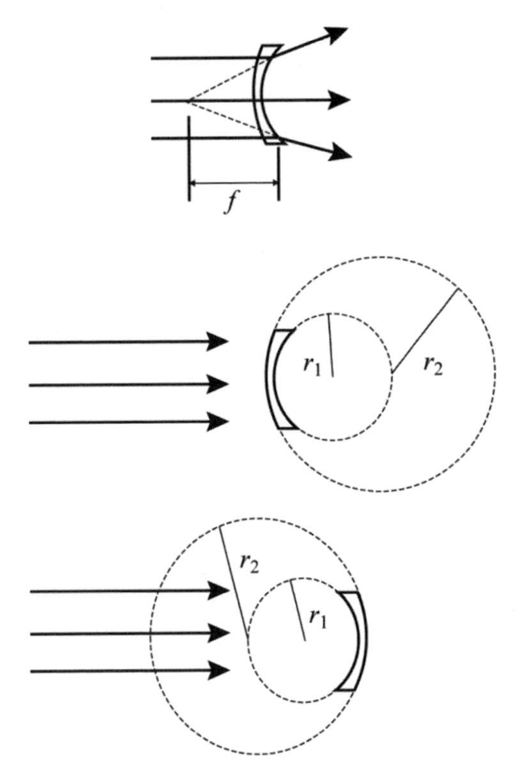

■圖 7-5　利用兩曲率半徑不同的球面所構成之凹透鏡，有趣的是若將鏡面翻轉過來，焦距仍維持不變

許多有近視的人都伴隨著有散光(astigmatism)，散光是指橫向排列的光與垂直縱向排列的光聚焦在前後不同位置，這會使得看到的影像出現重影。校正散光採圓柱透鏡，配合觀看放射狀線條圖案進行校正（如圖 7-6 所示）。選擇適當焦距的圓柱透鏡，旋轉圓柱透鏡角度，直到各方向放射狀線條顏色濃但程度皆相同，及完成散光校正。所以散光鏡片的安裝是要注意角度的。

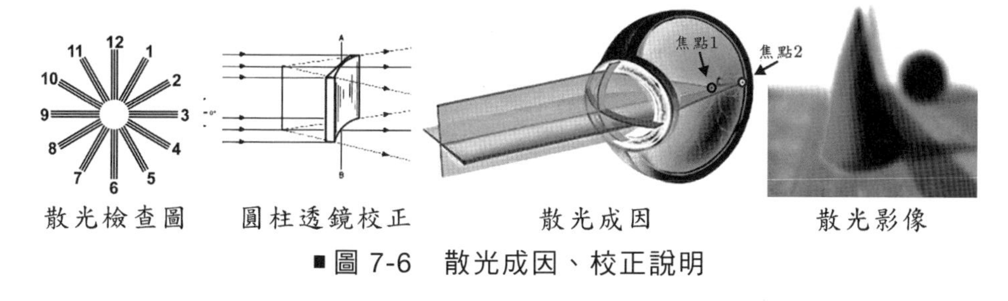

■圖 7-6　散光成因、校正說明

近視手術矯正手術又稱為屈光手術(refractive surgery)，是利用手術的方式，來改變眼角膜的表面弧度，使眼球的屈光狀態改變，以達到矯治屈光不正的效果。1983 年 Stephen Trokel 醫生首先提出將準分子雷射用於屈光手術，經過長時間臨床評估及美國 FDA 核准（2002 年 10 月），目前雷射屈光手術已變成國際上公認最有效治療近視、遠視、散光等屈光不正的手術方法。準分子雷射可被角膜吸收，藉著打斷分子中的碳－碳鍵以氣化角膜基質。但不傷及周圍角膜組織，以改變角膜弧度，達到矯正目的，目前常使用的雷射為波長為 193nm 的氟化氬雷射。一般近視是因為眼軸過長導致物體成像在視網膜前，治療近視需配戴凹透鏡（中央薄，邊緣厚），使物體成像在視網膜上。利用準分子雷射氣化角膜基質，達到中央薄，邊緣厚的形狀（像盆地一樣），可產生凹透鏡將光發散的效果，用以校正近視。使用遠紫外光的原因是因為遠紫外光眼才可為眼角膜吸收，若使用可見光雷射則會穿過眼角膜直達視網膜，對視網膜造成破壞。眼角膜為透明的組織厚度約 520 μm，共分五層（圖 7-7），由外而內分別為上皮層(Epithelium)、波曼氏層(Bowman's layer)、基質層(Stroma)、戴氏層(Descemet's membrane)、內皮層(Endothelium)。各層厚度與特性如表 7-1 所示。

＊表 7-1　眼角膜各層厚度與特性

名稱	厚度	特性
上皮層	50~100 μm	神經纖維豐富，任何損傷可致劇烈疼痛，6~12 小時可再生一次
波曼氏層	10 μm	損傷易形成疤痕、混濁
基質層	450 μm	占角膜厚度約 90%，細胞呈平行排列，LASIK 手術中雷射光照射在此層，不會形成疤痕、混濁
戴氏層	出生厚 2~3 μm，成年人約 10 μm	內皮細胞的基底層，角膜內皮細胞即附著在戴氏膜之上
內皮層	5 μm	不具再生能力，為角膜構造中最重要的部分。內皮細胞對於維持角膜的含水量至為重要。當內皮細胞數量不足或功能喪失，會使得角膜水腫、變得不透明，進而嚴重妨害視力

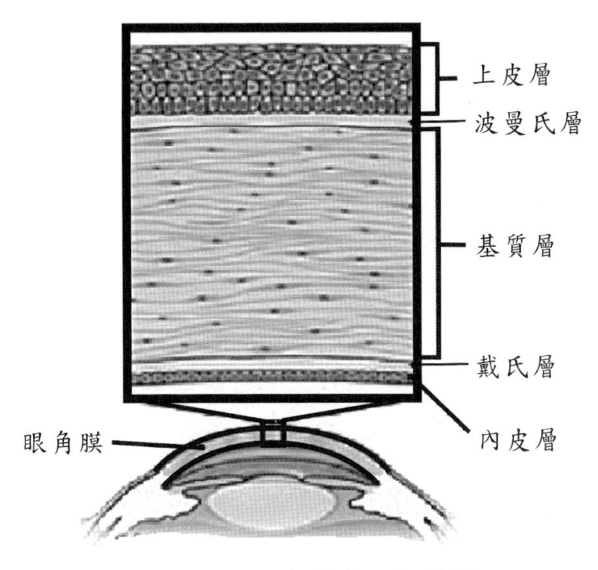

■圖 7-7　眼角膜的五層結構

由表 7-1 中眼角膜各層厚度與特性可看出：在上皮層進行手術會導致疼痛，在波曼氏層進行手術易形成疤痕、混濁。基質層應是最適合進行屈光手術的地方，所以目前先進的屈光手術都會先將上面兩層（上皮層與波曼氏層）掀開，再以手術刀或雷射對基質層進行塑形，產生凹面鏡的形狀矯正近視。按歷史演進，屈光手術分成下面四種，其中 ALK 與 LASIK 就有用到將上面兩層先掀開的技術。

第 1 種：放射狀角膜切開術（簡稱 RK=Radial Keratotomy）

適用度數：適用中低度近視的矯正，以四、五百度的患者效果較好。

方法：在角膜中央留下瞳孔對應的透光區不動刀，周邊部位以鑽石刀對稱切割四分、八刀或十六刀，深度要達到角膜厚度的 90%，才有效果（如圖 7-8 所示）。術後可使中央透光區域變得更扁平，使外界的影像落的更接近網膜，而使度數減輕。由於對角膜做深度切割，眼球對外力衝擊之耐受度較差，目前趨向將切割刀數減少，切割長度縮短，用於矯正 400 度以下之近視。術後怕光、眩光、視力不穩定，可能持續 3~6 個月，甚至更久（因為有刀痕靠近中央透光區）。無法矯正高度近視（約 400 度以內較好）。

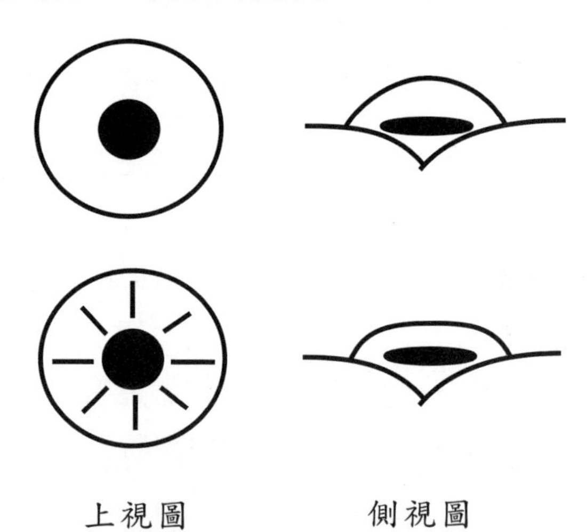

■圖 7-8　RK 利用放射狀切割眼角膜使眼角膜中心處曲率變平坦來達到矯正近視的目的（圖中切割八刀）

第 2 種：自動層狀角膜整型術（簡稱 ALK=Automated Lamellar Keratoplasty）

適用度數：600 度以上高度近視，甚至達近視 2,000 度。

方法：在真空提高眼壓下，使用精密的自動層狀角膜切割器將角膜表層切開約五分之一厚度，形成一直徑約 7.5 mm 的圓盤狀角膜瓣，並加以掀開（為了避開上皮層與波曼氏層）；再用同樣器械切削基質層（其厚度依患者度數決定）；隨之將表層角膜瓣覆蓋回原位乾燥固定即可。恢復期短、穩定性高，術後一個月內視力即呈穩定，以後度數不會因早晚或時間而改變。舒適性高，傷口較不疼痛（因為有角膜瓣蓋住傷口）。後遺症少，較不會產生怕光、眩光、夜視力不良等現象。但器械較複雜、技巧較難。眼睛太小者不能使用。

第 3 種：準分子雷射近視矯正術（簡稱 PRK=Photorefractive Keratectomy）

適用度數：近視 600 度以內較為準確，使用於高近視度數時較不準確。

方法：先將角膜上皮刮除，再以準分子雷射，移除中心部位角膜組織，中央較深，周邊較淺，直徑約 6.5 mm。可改變角膜弧度，減低度數。

第 4 種：自動層狀角膜整型術合併準分子雷射角膜切除術（簡稱 LASIK=Laser In-Situ Keratomileusis）

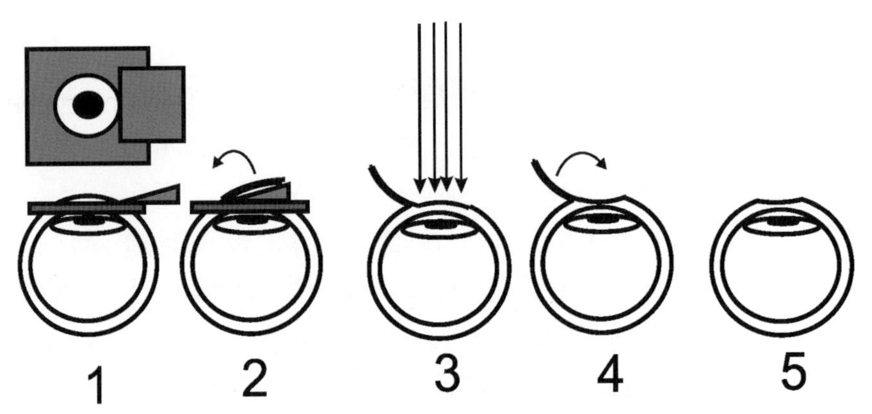

■圖 7-9　LASIK 雷射近視手術的實施步驟示意圖

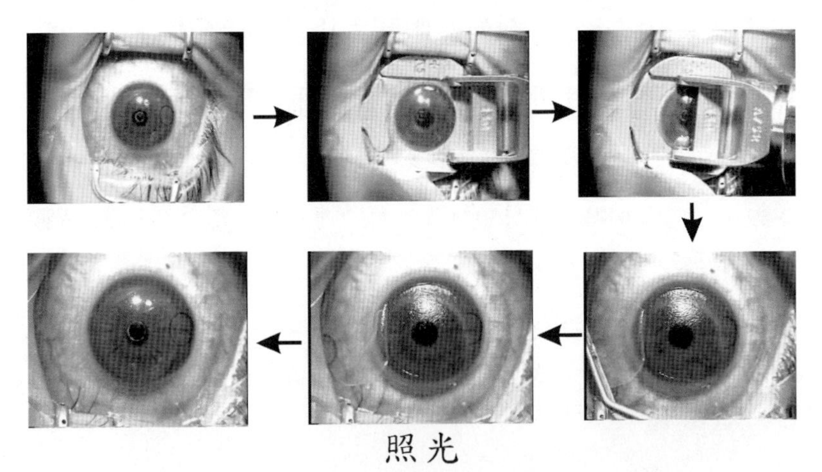

■圖 7-10　LASIK 雷射近視手術實際過程照片

LASIK 是目前眼科診所中最常採用的雷射近視手術。LASIK 可視為 ALK 與 PRK 兩種技術的結合，LASIK 是利用準分子雷射，準確的電腦定量照射角膜組織，使得角膜組織氣化，達到切削角膜，重新塑造角膜弧度，這樣可以精確的治療近視、散光以及遠視。以往的手術如 RK 或 PRK 都是直接在角膜上作切割，因此會傷害上皮層及波曼氏層，引起術後疤痕、疼痛及角膜混濁，而影響手術安全性。另外，RK 也無法精確的定量，更無法作術後的調整。LASIK 的手術主要由兩個步驟組成，第一步：先利用角膜環刀，將角膜掀起厚約 160 μm、直徑 8.5~9.5 mm 的角膜瓣。因此可以成功避開角膜上皮及波曼氏層，而不會有 PRK 手術後疼痛及角膜混濁的問題。第二步：利用準分子雷射準確定量，消除角膜基質層的組織，以達到改變角膜弧度來治療屈光異常。以電腦準確量化，可重複施行，詳細 LASIK 步驟示意圖如圖 7-9 所示，實際過程如圖 7-10 所示。近視、遠視與散光眼角膜的修正情形如圖 7-11 所示。近視挖除中央部位較多，形成凹面；遠視則挖除視區邊緣部位較多，中間形成小丘狀的凸面；散光與近視雷同，只是挖出的凹面不具軸對稱，有長、短軸之分。LASIK 單眼手術時間約 4~8 分鐘，雙眼共約 10~15 分鐘，手術費用為一顆眼睛約 3~4 萬元，20~40 歲是手術最佳的黃金時間。

■ 圖 7-11 LASIK 治療近視、遠視與散光時眼角膜照光的情形比較

目前 LASIK 已成為近視手術的主流，LASIK 手術雖然非常安全，但仍然有某些風險存在，LASIK 手術所發生的意外大多出現在角膜瓣製作這個步驟。在用角膜環刀切出角膜瓣時可能發生角膜瓣穿孔、角膜瓣不完整、角膜瓣游離、角膜瓣表皮剝離等意外，一旦發生這些意外，必定會影響手術的結果。

LASIK 的優點：

(1) 安全－合乎生理性的改變角膜弧度。

(2) 準確度高－單次治療滿意度高達 95~98%。

(3) 手術時間短－雷射照射時間約 1 分鐘，單眼手術過程只需 5~10 分鐘。

(4) 視力恢復快－一般第二天手術後視力已相當良好。

(5) 舒適性高－不傷及角膜上皮，術後疼痛、不適症狀極少見。

自 2001 年起，美國加州 Abbott Medical Optics 公司推出第一代用於製作角膜瓣的 IntraLase 飛秒雷射，臺灣目前已經有醫院引進使用。飛秒雷射利用雷射光焦點的高能量破壞組織，把無數個微小的光點（約 1 μm）打在角膜深約 100 μm 的位置，由於飛秒雷射光點移動速度很快，所以角膜瓣製作動作可在 10 秒鐘左右完成，這些連成一個面的雷射光點會將角膜切出一層角膜瓣，因為不必使用刀片，所以又稱之為「無刀雷射」。由於沒有使用角膜環刀，所以上述角膜環刀會產生的一些意外和併發症都不會發生，提高了手術的安全。飛秒雷射的切割面較使用刀具切出的面為平滑，角膜瓣的切面越平滑，視力的恢復速度越快。

除了利用飛秒雷射製作角膜瓣外，還有一種新型全飛秒 SMILE 微創屈光手術，SMILE 英文全名為 SMall Incision Lenticule

Extraction，意思是代表「微創角膜透鏡萃取」。SMILE 全程使用飛秒雷射製作角膜透鏡，經由 4 mm 大小傷口取出角膜透鏡（如圖 7-12 所示），具有角膜不位移、降低感染率與減少乾澀感等優點。但若角膜透鏡取出過程不當，會造成破片留在裡面，術後若不滿意，二修過程也較複雜。

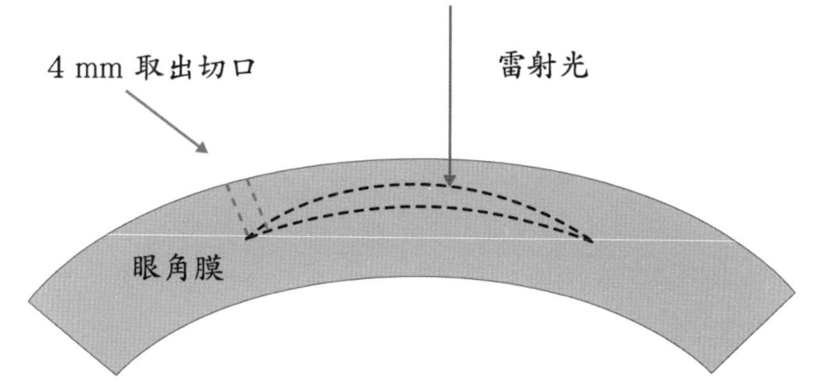

■圖 7-12 全飛秒微創屈光手術，以飛秒雷射製作角膜透鏡後，經由微小傷口取出

2018 年法國 Gérard Mourou 和加拿大 Donna Strickland 因「創造產生高強度、超短脈衝雷射的方法」而獲當年諾貝爾物理獎一半的獎項。其中就有提到超短脈衝雷射近年來在眼睛手術的應用，每年造福百萬人。

近視手術是一種選擇性手術(elective surgery)，也就是非必要性手術（雙眼皮與手汗症手術也是屬於選擇性手術），並不是每一個近視的人都需要去接受這種手術，只有在日常生活或是工作中無法適應眼鏡的負擔或是配戴隱形眼鏡易造成發炎感染的近視族才有需要去考慮接受近視手術。只要是手術就會有危險性及後遺症，只有在熟練的醫術、精良的儀器及合作的病人三者配合之下才能將其發生率降至最低。以目前世界眼科界一致認為較準確及安全的 LASIK 手術而言，其安全性、穩定度及準確度和病患的滿意度皆可達到九成以上，但是還是有些病患手術後仍可能有角膜輕微混濁及不規則散光的現象，所以如果有日常生活或實際工作上的需要，不要草率下決心接受手術。至於雷射近視手術有沒有後遺症，我們可以看一則刊載於自由時報的新聞內容：

擔任空姐的方姓女子到美容店做蒸氣太空艙美容，太空艙右上方的排氣管突然掉落砸到她的右眼，水晶體彈出，緊急就醫後右眼視力只剩 0.01，近乎失明。美容店長及助理辯稱是空姐美容前接受雷射近視手術造成傷害，但板橋地院法官認定兩人業務過失傷害，判店長及助理三月及兩月徒刑、可易科罰金。

這起美容儀器砸掉顧客眼球水晶體的罕見糾紛，發生在 3 月 7 日，方女是該家美容店會員，當天前往做美容護膚，進行一小時半身油壓後，即依余姓店員指示到二樓「紅外線儀蒸氣太空艙」做排除體內毒素療程。

方女指出，進太空艙美容前，有告知眼睛曾接受近視手術，但店員未喊停，仍指示她進入太空艙，全身僅剩頭部在艙體外，設定好療程後即離開，沒多久太空艙上方右邊排風口有零件掉下來，砸中她的額頭，她覺得眼睛刺痛、有熱熱流眼淚的感覺，驚叫後店員跑來處理，在她的枕旁看到一個小東西，用衛生紙撿起來送醫才知道是她的眼球水晶體。

經長庚醫院緊急手術縫合，但她的視力僅剩 0.01，她認為美容店有疏失向消保官申訴、索賠一千萬元，業者堅認是方女動過近視手術及長期飛行致眼壓過高而發生水晶體脫落，調解無共識方女提告。

法官根據病歷診斷，認定目前並無搭機造成眼壓過高致水晶體脫落案例，且美容太空艙使用注意事項已說明三個月內曾接受手術尚未痊癒者不應使用，店長及店員未遵守使用規定及善盡儀器保管責任。

由報導可以看出，該名女子是因為曾接受雷射近視手術，又因為排風口有零件掉下來，砸中她的額頭，才導致水晶體彈出。接受雷射近視手術的人，眼角膜會有一處變的比較薄，這就好像氣球表面有一處比較薄時，當受到突如其來的外力撞擊擠壓時，氣球就會比較容易由此處破裂，因此接受雷射近視手術的人必須避免眼球被撞擊。

7-4 光動力療法治療視網膜黃斑區病變與口腔癌

光動力療法（PhotoDynamic Therapy，簡稱為 PDT）是目前一種治療癌症的新方法，它的原理是先以感光劑(photosenstizer)塗抹患部，癌組織細胞會慢慢吸收感光劑，腫瘤細胞即被感光劑標定之後，再以特定波長的光照射癌組織，當光與感光劑發生光化學作用，使感光劑產生細胞毒性，精準的殺死癌細胞，卻不會傷及正常的組織，達至標靶治療的效果。光動力療法主要的限制是殺死腫瘤的深度，因為 630 nm 波長的光線只能穿透組織大約 0.6 cm，所以最適用於治療表淺的皮膚癌及前期癌。

光動力療法的實施步驟如下：

(1) 將感光劑打入生物體內
(2) 以藍紫光照射腫瘤，腫瘤會發出螢光（用以標示腫瘤）
(3) 再以紅光雷射照射腫瘤，啟動感光劑的毒性，藉此達到選擇性殺滅癌細胞的效果

臨床實驗發現，腫瘤細胞可能因為代謝機能異常，或是因為細胞核比正常細胞核大，會比正常細胞累積較多的感光劑，在光的照射下，如雷射光照射，感光劑會發生光化學反應，產生一種有毒物質，造成細胞毒性，讓癌細胞機能發生變化甚至壞死，因而達到殺死癌症細胞的目的。

很多重要的發展都來自於意外的發現，光動力療法也是如此。1897 年德國慕尼黑 Ludwig-Maximilians 大學的一位醫學院學生 Oscar Rabb 與他的指導老師 Hermann von Tappeiner 教授，在進行抗

瘧疾藥物相關實驗時，利用吖啶(acridine)染劑對草履蟲進行毒性作用研究。他們發現其中一組實驗，雖然染劑濃度相同，但草履蟲存活的時間卻從原來的 15 小時降到只剩一個半小時。這位觀察入微的學生從研究紀錄中發現該組實驗進行時天候不佳，有強烈的閃電，因而懷疑光線可能扮演了重要的角色，後來證實確實是因為照光加強了染劑的毒性，使得草履蟲存活的時間縮短。Tappeiner 教授後來就將這種作用命名為「光動力作用」(photodynamic action)，後來依據此效應所開發出的治療方法就稱為光動力療法。

早期使用紫質作為光動力療法的感光藥劑。有一種罕見的先天性血液病稱為紫質症(porphyria)，porphyria 源自於希臘字 porphyra，意味著紫色，患者由於在血紅素代謝過程中，紫質相關物質堆積在身體各組織，導致患者的尿液呈微紅色。由於紫質是一種感光物質，感光範圍在可見光波長，因此患者皮膚對光線非常敏感，暴露在光線下，皮膚便會壞死。在反覆的破壞癒合過程中，顏面、四肢會醜陋變形，因此患者必須躲在陰暗處。又因為這種病與血液有關，所以有人懷疑，傳說中的吸血鬼可能是嚴重的紫質症患者。皮膚科醫師比較可能接觸到各種嚴重的紫質症患者，利用紫質做為感光劑來治病，靈感可能來自這種疾病。皮膚科醫師從事光動力作用的研究始於 1905 年，當時 Jesionek 醫師與 Tappeiner 教授合作，以 5%的嗜伊紅染料塗在皮膚腫瘤上，再給予燈光或陽光的照射，以達到一定的療效。在皮膚科應用上的理想感光劑，必須具備的條件包括純度高、能釋出大量的單價氧、在長波長範圍能吸收足夠的光能、組織的專一性高，以及能夠塗抹使用。早期的紫質類感光劑，在人體內需 6~8 週才能排出體外，在這期間病人必須避免陽光照射，十分不便，因而應用並不廣泛。

直到 1984 年，美國 Roswell Park 癌症研究中心的 Thomas J. Dougherty 教授純化了血紫質的成分，製造成新藥，命名為 Photofrin（國內譯為福得靈），才克服這個難題，光動力療法因而得以蓬勃發展。1993 年 4 月 19 日加拿大健康保護局通過用 Photofrin 治療復發表淺性膀胱癌，成為世界上第一個由政府批准的光動力療法，揭開了光動力療法的新里程碑。但是這種藥物進入人體後，仍需 4~6 週才能完全代謝排出體外，在這期間都有皮膚光毒性的副作用，因此遂有第二代感光劑的研發。目前應用最廣的是胺基果糖酸(5-aminolevulinic acid)，簡稱 ALA。ALA 本身並不是感光劑，而是一種前驅藥物(prodrug)，它在人體細胞的粒腺體內會轉換成原紫環 IX (protoporphyrin IX)，簡稱為 PPIX，才成為真正的感光劑。在正常細胞內，PPIX 會與亞鐵離子再進一步合成血質(heme)。但腫瘤細胞對 PPIX 的代謝較差，或對鐵元素的輸送、調節異常，因此腫瘤細胞內的 PPIX 會堆積，可達 10 倍之高。在給予適當的光刺激後，便可選擇性地破壞腫瘤細胞。另一方面，由於人體細胞本身就具有 ALA、PPIX 的代謝途徑，一般給藥後 24 小時內就已排除，並無長期皮膚光毒性的疑慮。

當人眼正視前方，中心處景物成像在視網膜中心處稱為中心凹(fovea)的地方，在眼底檢查時可見到反光小點，直徑為 0.2 mm，該區視網膜很薄，只由錐狀細胞組成，因此是中心視力最敏銳的部分。黃斑區(macula)是視網膜上以中心凹為中心，直徑約為 1~3 mm 的區域。黃斑區在視網膜中所占的面積雖小，但由於它的位置重要，決定了人的視敏度，是眼底檢查中最重要的部分。一個人中心視力的好壞，除屈光間質（眼角膜、水晶體、玻璃體）以外，還與黃斑的狀態密切相關，黃斑區只要有微小的改變，就會影響到中心視力，給人們的工作、生活和學習帶來不便。黃斑病變是造成病人失明的常見眼病之一，視網膜黃斑區病變主要包含因老年視力退化所造成的老年性黃斑區病變(AMD=Age related Macular Degeneration)以及深度近視所引起的病理性近視(PM=Pathological Myopia)兩種，目前光動力療法在治療這種病變已有了十分確定的治療成效。視網膜黃斑區病變，是因為不正常出血的血管所滲出的血液，堆積在眼球後方，導致視網膜黃斑區結疤，最終導致視力無法正常發揮，在臺灣發生機率為 1.2‰。視網膜黃斑病變分為乾式與濕式兩種，乾式占 90%，通常影響視力不大，濕式占 10%，因有新生血管的發生，新生脈絡膜新生血管就如同隨時爆發的活火山，會造成視力嚴重減退，看東西時會產生扭曲（一般檢測是讓受測者看一個像圍棋棋盤一樣的方格圖案，看看方格邊線是否有扭曲現象）。目前治療的新方法是應用光動力療法以低能量雷射光針對視網膜黃斑區的滲漏微血管進行封閉，以防止不斷滲漏出的血液堆積在眼球內，使用的感光藥物為瑞士諾華製藥公司所生產的 Visudyne(Verteporfin)。Visudyne 為一種對人體無害的苯基紫質的單酸衍生物(Benzoporphyrin Derivative Monoacid, BPD-MA)，具有高度的光敏感特性。它的可見光吸收光譜內有數個吸收高峰，其中在 680~695 nm 波長範圍（屬於紅光區內）有一個獨特的強吸收波段，此波長不太會被帶氧血紅素及其他組織所吸收，因此可以使用 689 nm 的紅光（可使用一種非產熱性，低能量的半導體雷射）來穿透薄層的出血層及纖維組織，而為 Verteporfin 所吸收。治療前先以靜脈注射投予 Visudyne，再以雷射連續照射活化此藥物，藥物在經雷射照射活化後，便會將周圍組織中之氧氣轉成單氧及自由基，這會對細胞及組織造成毒性，使脈絡膜新生血管閉合、萎縮。此療法可限制視網膜遭受破壞範圍，又不影響黃斑區中心正常感光細胞，因此可減緩視力的減退。台北榮總於 2001 年 12 月引進光動力療法，目前已納入健保給付。平日避免紫外線照射，多攝取維生素 C 及 E，有助於預防及延緩老年性黃斑部病變的發生。

接受光動力療法的患者在治療後的兩天內應注意：

(1) 避免暴露在直射的陽光下，但對正常的室內光線不會有傷害，反能幫助您的身體排除藥物。
(2) 避免沙龍內的太陽燈或美容燈。
(3) 避免在家和辦公室使用鹵素燈，包括強烈的鹵素閱讀燈。
(4) 避免在牙科診所和外科手術房裡用的燈光，若需接受緊急手術時，應先告知醫師您正接受 Visudyne 光動力療法。
(5) 避免有陽光直射的室內，如天窗及沒有裝窗簾或遮蔽物的窗戶。
(6) 若必須白天外出，請別忘了穿戴寬緣的帽子、手套、長袖、長褲，盡量走騎樓、走道等陽光沒有直射的地方。
(7) 日常生活、飲食無限制。

光動力療法的優點：

(1) 只對患部進行作用，避免全身傷害。
(2) 選擇性殺使病變細胞，對正常細胞沒影響。
(3) 可解決複雜及大範圍擴散腫瘤。
(4) 相對其他治療法，便宜很多。
(5) 可持續對同一患部重複治療，直到腫瘤根除，這是其他療法無法做到的。

目前光動力療法也用於治療口腔癌，臺灣口腔癌的死亡率在男性占第 4 位，於全人口則占第 6 位，臺灣口腔癌之主要病因為嚼檳榔、吸菸和喝酒。雖然口腔癌可用手術切除、化學治療和放射線治療，或合併上述三種方法中任二者或三者加以治療。在臺灣，口腔癌患者的 5 年存活率仍然約只有 50%。口腔白斑症、口腔紅白斑症和口腔疣狀增生，是臺灣三大最主要的口腔癌前病變，此三種病變皆可能進一步轉變成口腔鱗狀細胞癌或口腔疣狀癌。雖然口腔白斑症、紅白斑症和疣狀增生，可用一般手術或雷射手術切除，但過去的研究結果顯示，口腔白斑症和口腔疣狀增生，也可以使用局部塗抹 ALA 之光動力療法，加以有效的治療。根據最近光動力療法治療的經驗，對於口腔疣狀增生病變，若以局部塗抹 ALA 之光動力療法，每星期治療 1 次，通常只須經過少於 7 次的療程，就可以使病變完全消失治癒。至於口腔白斑症病例，每星期治療 2 次的光動力療法，比每星期治療 1 次的光動力療法，其療效明顯較佳。利用以 ALA 為感光藥劑治療口腔白斑症之病例，每星期治療 2 次，約三分之一病變可得到完全反應，約三分之二病變可得到部分反應。另外口腔紅白斑症病例，當以局部塗抹 ALA 之光動力療法，每星期治療 1 次時，其療效比以相同方法治療之口腔白斑症病例之療效，明顯較佳。

在各種惡性腫瘤中，口腔癌是最可能最容易經早期發現，早期治療而獲得痊癒的癌症。因為口腔鱗狀細胞癌與各種長期性的刺激有明顯的關係，所以為了預防口腔癌，平常時應保持口腔的清潔衛生、戒除吸菸、嚼檳榔等不良的習性，並將口內可能有的不良的補綴物或破裂的牙齒修復恢復正常。而口腔內如發現任何的顏色改變，腫塊形成，潰瘍傷口經兩星期仍未好轉，皆應盡速尋求口腔外科醫師的檢查。還有日常生活應避免熱度太高或太辛辣的食物。最好是每半年上牙科診所做口腔健康檢查，以期早日發現疾病，早日治療，早日恢復健康。

7-5 ★ Laser Engineering

雷射在牙齒美白的應用

每個人出生後，牙齒絕大多數是潔白的，但後來牙齒變黑、變黃、成為一口黃板牙，其變色原因約可分為：1.外源性原因：如吃檳榔、吸菸、茶、咖啡、及牙齒填補物邊緣滲漏、氟斑牙及年齡增長等所造成。2.內源性因素：如死髓牙、四環素牙等。由於四環黴素一類抗生素，在人體代謝過程中，易殘留在牙齒上，所以很多自幼服用的人，會在牙齒上殘留一條條深色帶狀紋路，稱之為四環素牙。預防牙齒變色，應就上述外源性及內源性因素加以預防。而直接改善的方法就是漂白。運用現代生物科技特殊醫療器材及技術對上述外源性著色牙，能於一週內恢復牙齒的潔白亮麗。FDA 在 1996 年核准使用雷射漂白，經多年臨床使用，已證實漂白的效果非常成功。

雷射漂白的原理是將 35%高濃度的過氧化氫(H_2O_2, hydrogen peroxide)搭配波長為 810 nm，能量可達 10 W 的半導體雷射（美國 Biolase 公司產的 Lasersmile 系統，屬第四類雷射），這個波長正巧與目前常用來激發 Nd:YAG 晶體用的半導體雷射波長(808 nm)接近，用特別弧形專利設計的手機導引雷射光能，催化特殊觸媒加強過氧化氫的漂白作用。使用時能在 15 分鐘內，同時將 5 顆牙齒的有機色素，由碳環結構漂白成親水性無色結構，經過此轉機，達到安全又快速的漂白。

牙齒雷射美白實施步驟：

(1) 洗牙，量出美白前的色階。

(2) 使用張口器將上、下脣撐開使牙齒能明顯外露，以利美白手術操作。

(3) 醫師與病人戴上護目鏡。

(4) 將流動樹脂液體防護(liquid dam)塗布在牙齦與牙齒交界處，並進行鹵素燈照射以保護牙齦與牙根。

(5) 嘴脣塗上凡士林。

(6) 新鮮美白膠 2~3 mm 塗在牙齒表面。

(7) 雷射美白照射 8 分鐘。

(8) 清除美白膠，量出美白後的色階。

(9) 可重複 6~8 的步驟，直到病人滿意。

(10) 若病人有不適感，立刻將雷射光束移至下一顆牙，並降低雷射光功率。

(11) 美白後的牙齒施以氟治療，可降低治療後的敏感。

(12) 48 小時內，不要接觸對牙齒有色素的東西，例如咖啡，香菸等。因為過氧化氫的自由基還在，因此牙齒在 48 小時內，還會再白一階。

牙齒雷射美白注意事項：

(1) 雷射操作者，病患與助手，應佩戴專用護目鏡。

(2) 美白膠不可碰觸牙齦與嘴脣軟組織。

(3) 醫師與患者應在手術前後均應依據照片色澤表，仔細記錄美白前後的色階。

(4) 醫師應告知病患有術後酸痛的可能，手術前應仔細評估牙齒狀況，如牙周是否健康、蛀牙是否已修補、裂縫是否已填補等，以免類射光對牙齒可能造成的酸痛與傷害。漂白前醫師應先瞭解病患是否有藥物過敏、心肺疾病或免疫系統病變等，以評估其是否適合漂白。

(5) 孕婦及對藥物過敏者均應避免雷射漂白。

雷射牙齒美白的有效期限：

美白後平均每 3、4 個月會降一個色階，因此有效期限約為 2 年，可使用居家美白組及美白牙膏、漱口水來延長美白效果。但喝咖啡、茶、吸菸和吃檳榔等都會縮短有效期限。

7-6 Laser Engineering

水雷射在根管治療的應用

什麼是根管治療(endodontic therapy)？許多人常把根管治療跟「抽神經」劃上等號，實際上兩者並不完全相同，因為牙髓中不單是只有神經而已，還有血管及其他組織，而完整的根管治療不只是把神經抽掉而已，還包括根管的清創、擴大、充填等複雜的步驟。當牙髓腔遭到細菌侵犯時，如最易見的蛀牙，當嚴重時細菌侵犯至牙髓組織發炎；或是外力傷害，牙齒斷裂，導致侵犯至牙髓；而其他化學性、物理性刺激，也會造成牙髓組織的發炎真壞死，這時牙齒就必須接受根管治療。牙髓炎可分為急性及慢性；急性牙髓炎時，牙齒會有自發性的抽痛及持續性的陣痛，患者大多會受不了，而找牙醫師就診。慢性牙髓炎時，症狀比較輕微或甚至沒有症狀，病人因而忽略了或是不自知。牙髓發炎，漸漸地會產生毒素導致牙髓壞死，進而造成牙根尖周圍的病變，如牙根尖周膜炎、牙根尖膿腫，或甚至造成臉部蜂窩組織炎以及牙根尖的囊腫。這些疾病是由牙髓壞死所引起的，唯有接受完整的根管治療才能解決。根管治療流程如下：

開孔 → 清除牙髓 → 擴大通道 → 回填

根管治療一般使用高壓噴射水柱，使用時有令人恐懼的噪音，當開孔時碰觸神經組織時會有明顯疼痛感。最近在牙科診所內多了一項新選擇－水雷射（美國 Biolase 公司產的 Waterlase 系統，屬第四類雷射），水雷射是利用由一以摻鉺(erbium)與鉻(chromium)之 YSGG

(Yttrium Scadium Gallium Garnet)晶體為增益介質的雷射所發出波長為的 2.78 μm 雷射光（脈波能量可達 300 mJ）照射水氣中的微小水珠，2.78 μm 的光會被小水珠強烈吸收使其爆破衝擊牙齒組織達到切削與破壞的目的，所以真正在切割牙齒的是水而不是光。水雷射可藉由調整噴出水氣量、氣流與雷射光強度控制水的切削能力（如圖 7-13 所示）。水雷射操作時的聲音像爆米花時的聲音，無刺耳噪音，無鑽頭，無疼痛感。水雷射可同時用於牙齒硬組織與軟組織，大部分的治療過程，不需要麻醉處理，並具有止血作用，用於根管治療可大幅減低疼痛度。水雷射早在 1998 年就已經得到美國 FDA 的核可，可說是相當安全且普遍受到全球先進國家牙醫師肯定與使用的雷射儀器。

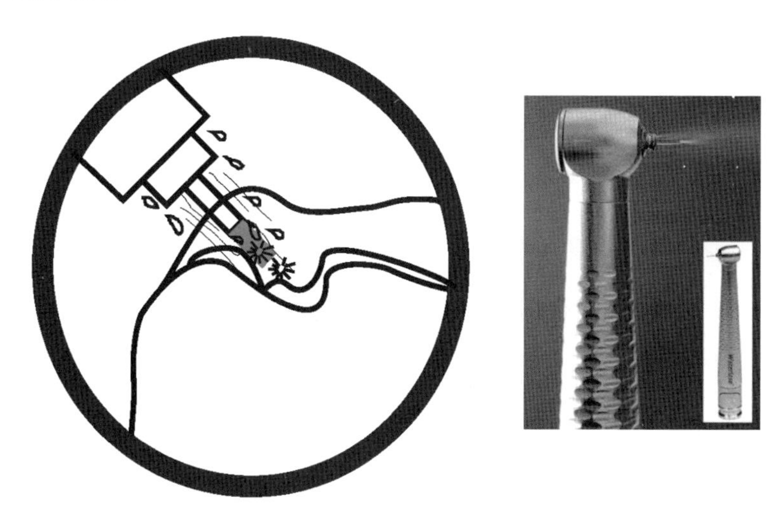

■ 圖 7-13　水雷射利用雷射光爆破微小水滴達到無痛切削牙齒組織

水雷射也可用牙齦整形手術。一般人總是把口腔的整理著重在硬組織的整理而已。事實上牙齒周圍軟組織也在整體外觀上扮演了非常重要的角色。若牙齦覆蓋比例過大，可以整形手術修正，適當的牙齒與牙齦的比例會使我們的笑容更加的完美。傳統手術刀牙齦整形，須翻開牙肉，並在術後用線縫合，不但手術時間長，出血量多，連帶術後需要以止痛藥抑制疼痛的時間也需多天。使用最新的「水雷射軟組織微整形」不但幾乎無痛，而且過程快速舒適。另外出血量極少，更讓醫師可以在視覺清楚的情況下做更精細的雕塑。牙齦經過水雷射整形改變牙齦覆蓋牙齒面積後，可使笑容更加美觀（如圖 7-14 所示）。

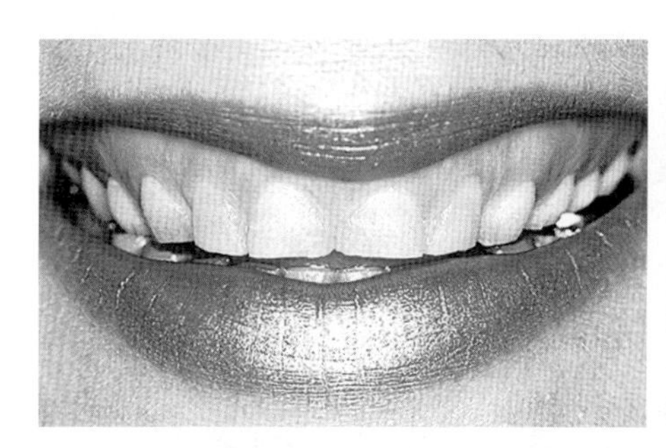

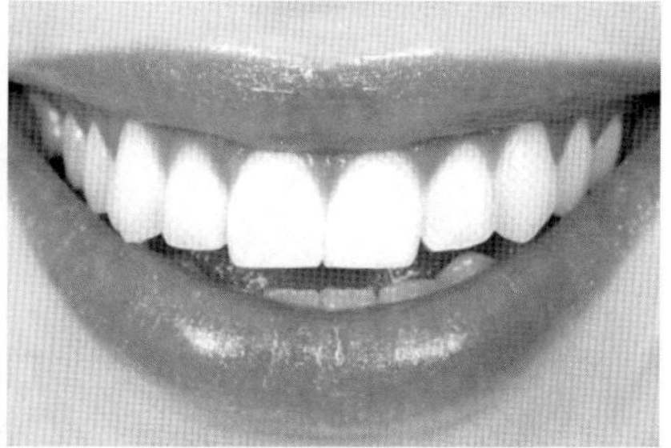

■ 圖 7-14　左圖：整形前；右圖：整形後。牙齦經過水雷射整形後，笑容顯得更加美觀

7-7 ★ Laser Engineering

光鉗技術

光鉗(optical tweezers)發明於 1980 年代末期，是一種通過雷射光束移動微小透明物體的裝置。其中把持物體的區域也稱為光陷阱(optical trap)，相應的技術稱作光學捕捉(optical trapping)。這種技術可以用於移動細胞或病毒顆粒，把細胞捏成各種形狀，或者冷卻原子。基於光鉗的特性，其應用的範圍不僅可以抓取微生物或細胞，也可以透過細胞膜捉取並移動生物體內的胞器，並限制他們的移動。除了操弄粒子的位置以外，參與生物過程的作用力也可以藉由光鉗測量出來。早期的方法通常是先校正光鉗的最大抓取力(trapping force)，再調整雷射的功率，使其恰達成力平衡，如此計算出力的大小，其中包括計算 DNA 的彈性係數，以及在施力的狀況下做轉錄(transcription)的實驗。當然，除了這些方面以外，還有許多可能的應用，等待我們去開發，包括阻止細胞分裂(cytokinesis)時染色體(chromosome)的分離，彎曲某些長鏈狀生物分子等。

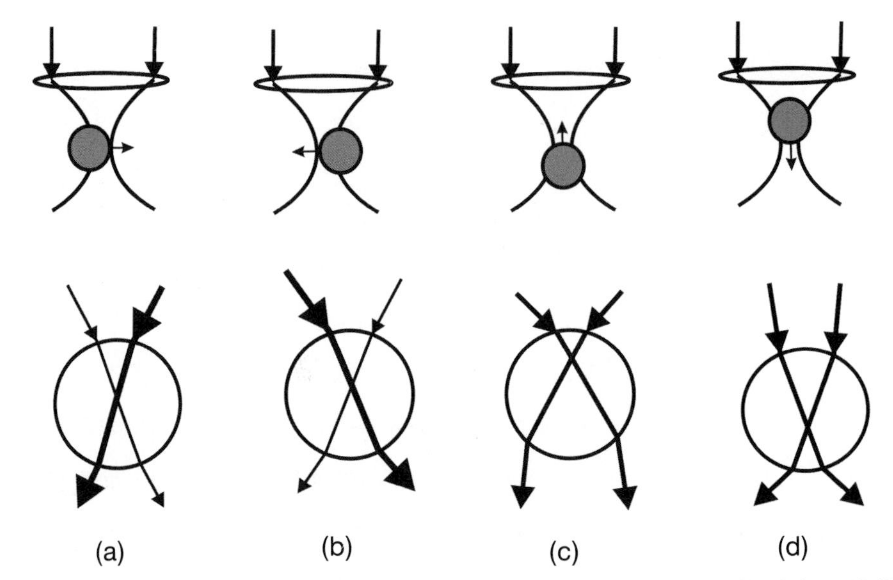

■圖 7-15　一道聚焦的雷射光束可以將透明球形微粒限制在焦點處，當微粒離開焦點時，會出現一個回復力將它拉回來

光鉗的原理可用圖 7-15 說明，一道聚焦的雷射光束可以將透明球形微粒限制在焦點處，當微粒偏離焦點時，會出現一個像彈簧一樣的回復力(restoring force)將它拉回來。因為光束中心光強度較強，如圖 7-15(a)所示，當微粒往焦點左側移動時，右邊進入微粒的光變得比由左邊進入的光還要大，動量向左偏折的分量變得比向右偏折的分量大，光會出現一個向左的淨動量變化，代表有一個向左的力作用在光束上，根據 Newton 第三運動定律，會有一個相反（向右）的力作用在微粒上，將它拉回焦點處。同理，當微粒往焦點右側移動時，如圖 7-15(b)所示，會有一個向左的力作用在微粒上，將它拉回焦點處。對於上下的移動也會出現回復力，如圖 7-15(c)所示，當微粒往焦點下方移動時，光穿過微粒後往下的動量分量增加，代表有一個向下的力作用在光束上，根據 Newton 第三運

動定律，會有一個相反（向上）的力作用在微粒上，將它拉回焦點處。同理，當微粒往焦點上方移動時，如圖 7-15(d)所示，會有一個向下的力作用在微粒上，將它拉回焦點處。

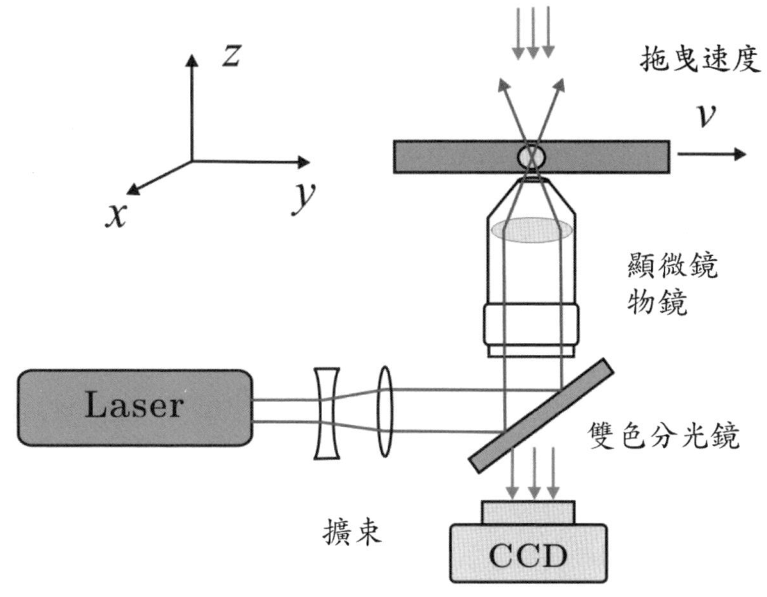

■圖 7-16　簡單光鉗系統示意圖

圖 7-16 顯示一個簡單的光鉗系統，雷射光擴束後，經由雙色分光鏡(dichroic mirror)反射，再由一個顯微鏡物鏡聚焦在待捕捉物體上。要捉住微米大小的東西，不是一件很容易的事情，若使用傳統機械，除了尺寸過大，還有施加的力太大，會損傷待夾的物體。一般光鉗施加作用力的大小為 pN(10^{-12}N)等級，剛好可以用來捉住微米大小的東西。這麼小的力是怎麼由實驗決定的？首先光鉗抓力與雷射功率成正比，一旦正比關係決定後，即可由功率讀出施力的大小，正比關係是根據流體力學中的 Stoke's law 決定。根據 Stoke's law，當一個球體在流體中以速度 v 移動時，會受到一個與運動相反的黏滯力作用，該黏滯力大小與流體速度成正比，大小為：

$$F_D = 6\pi\eta Rv \tag{7-2}$$

其中 η 是流體的黏滯係數，R 是微粒的半徑，此時之速度 v 即為流體速度，也就是圖 7-16 中樣本的拖曳速度。例如高空跳傘者所受空氣阻力與其下降速度成正比，所以他不會一直加速，而是最後會達一個終端速度。當樣本的拖曳速度增加到某個速度時，物體會脫離樣品掌控。此時光鉗的抓力與黏滯力相等。因 π、η、R 均為定值，我們可以由物體發生脫逃時的拖曳速度用式(7-2)決定光鉗的抓力。

現代的光鉗系統可以補捉住微米以下尺度的物體，包含奈米顆粒與原子。光鉗的應用變得日益重要，有兩次諾貝爾物理獎頒給了這個領域的開拓者。美國 Steven Chu（朱棣文，美國華裔科學家）、Claude Cohen-Tannoudji 與 William D. Phillips 三位科學家因「雷射冷卻與原子類粒子之捕捉技術」獲頒 1997 年諾貝爾物理獎（當年得獎有三人）。2018 年美國 Arthur Ashkin 教授因「用於光學鑷子及其在生物系統中的應用」獲頒諾貝爾物理獎（分得一半獎金，獲獎時已高齡 96 歲，是諾貝爾獎得獎者中最年長的人）。

雷射在遙測的應用

本章大綱 

雷射脈波可用鎖模技術壓縮到飛秒等級，開啟了超快光學的研究，這種時間解析力至今無其他儀器可超越。除了超短時間解析力外，較寬的雷射脈波也常用於遙測(remote sensing)時作為探測波。這一章我們就來談一下雷射在遙測方面一些有趣的應用。

8-1 ★ Laser Engineering
雷射測微小振動與位移

雷射竊聽器(laser snooper)是一個有趣的裝置，當我們講話所產生的聲波碰撞到物體時，會讓物體產生微小振動。而這種振動是人類的肉眼看不見的，所以平時人們都忽略了這種訊號。如果我們可以用一道雷射光打在某房間玻璃上，則利用 Michelson 干涉儀，將窗戶作為干涉儀其中一個反射鏡，我們可以由偵測到的干涉強度變化，解出玻璃位置隨時間變化，進而解讀出房內人的講話聲音。這樣裝置不用潛入屋內安裝，不易被發現。這個裝置的架構圖如圖 8-1 所示，由於干涉強度與窗戶位移的關係並不是完美線性。使用時必須先將工作點調整（微調距離 d）至右下方所示的線性工作點。也可以用聲音訊號直接對雷射光強度進行調變，這樣也可以將音訊隨著雷射光傳送至遠方，這部分所涉及的電路可以參考附錄 C。

Einstein 於 1916 年提出廣義相對論(general theory of relativity)以新的觀念解釋重力，這個理論有一個重要基礎:稱為等效原理(principle of equivalence)，另外這裡論有一個重要預測:就是重力波(gravitational wave)的產生。等效原理說明重力質量與慣性質量相等，這使得 Einstein 得以引進幾何觀念解釋重力。他將重力的解釋成：質量先使時空的彎曲，這會使在彎曲時空中的物體軌跡產生改變。在他的理論中，有質量的物體加速就會產生重力波；這如同電磁學中，帶電粒子加速會產生電磁波。然而一般生活中的物體質量太小，其加速所產生的重力波無法量到。黑洞、中子星等天體在碰撞過程中可能產生可偵測的重力波，然而一般遠處星系中重力波產生後傳至地球，由於距離遙遠，訊號也會弱到變得難以偵測。加上地球雜訊很多，好像在吵雜環境中，辨別一個微弱的講話聲。重力波的發現最後是仰賴雷射干涉技術。

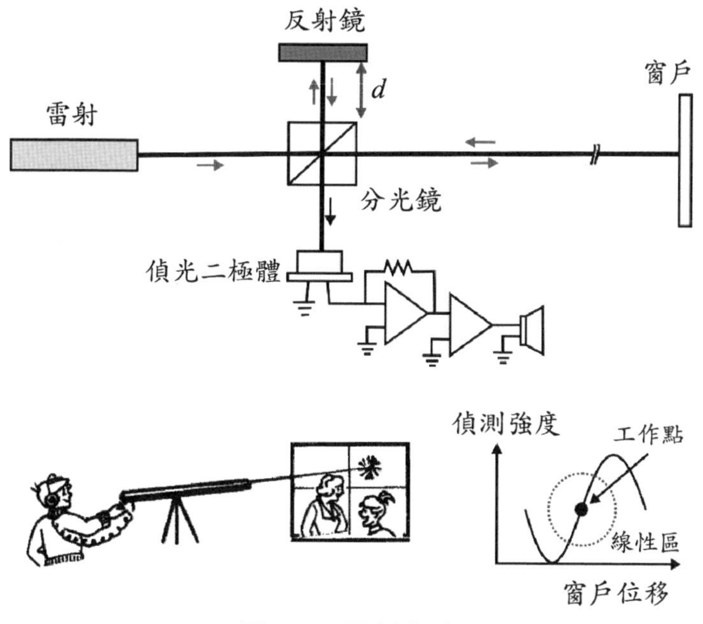

■圖 8-1　雷射竊聽器

偵測重力波的雷射干涉儀是利用雷射光的相位干涉來測量微小距離變化（如圖 8-2），雷射所發出穩定同調光經由分光鏡分為兩道光束，並分別射入由兩反射鏡所形成的光學共振腔（稱為光儲存臂）。光在共振腔裡來回多次後，再沿原路回到分光鏡合併，產生干涉強度。裝置中的共振腔可使光程增加數百倍並提高偵測靈敏度。當重力波經過時，會造成干涉儀兩臂的長度產生差異，導致光偵測器所測得的干涉強度發生變化。在 70 年代末期，科學家先從數十公尺的小型干涉儀測試所需的技術著手研究；從 90 年代起，才開始規劃公里等級的地面大型偵測重力波的雷射干涉儀。

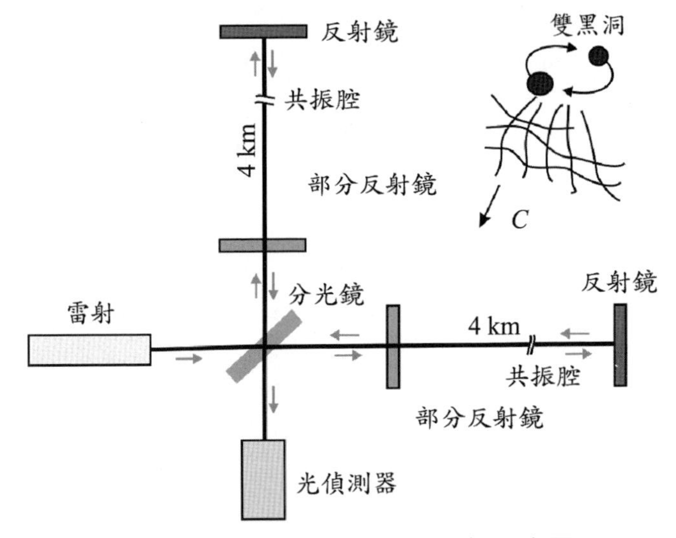

■圖 8-2　偵測重力波的干涉儀示意圖

設置在美國的雷射干涉儀重力波觀測站（The Laser Interferometer Gravitational-wave Observatory，簡稱 LIGO）於 2015 年 9 月 14 日首次觀測到重力波。經過數個月的分析與確認才於 2016 年（正好是廣義相對論提出一百週年）正式發表。研究人員宣布所觀察到的訊號是來自 13 億年前兩個黑洞於碰撞結合所產生的重力波。結合傳送出巨大時空擾動的兩個龐大質量體，其中一個黑洞是太陽質量的 29 倍，另一個是 36 倍。二者在融合過程中，有相當於三個太陽質量的能量，以重力波的形式釋放，以光速穿越太空，在 2015 年 9 月 14 日抵達地球，被地球上的精密儀器偵測到。訊號首先由美國 Louisana 州的 Livingston 觀測站先偵側到，7.1 ms 之後，接著設在 Washington 州的 Hanford 站也偵測到，兩站相隔 3,000 公里（如圖 8-3）。當時重力波的偵測是以聲音的形式（將光干涉強度變化轉換成音訊，並以喇叭輸出）捕捉到，就像是天文學家可以聽到宇宙的原聲交響曲。LIGO 計畫團隊代表在華府的記者會上說：「這是宇宙第一次透過重力波對我們說話，在此之前，我們都是聾子。」大型雷射干涉儀無論建置或運作都涉及龐大團隊，這次是 16 個國家（包括臺灣）約千名科學家共同努力幾十年的成果。除了美國 LIGO 的兩座偵測站，目前運作中的重力波干涉儀網路還包括義大利的 Virgo、德國的 GEO600 以及日本的 TAMA300。

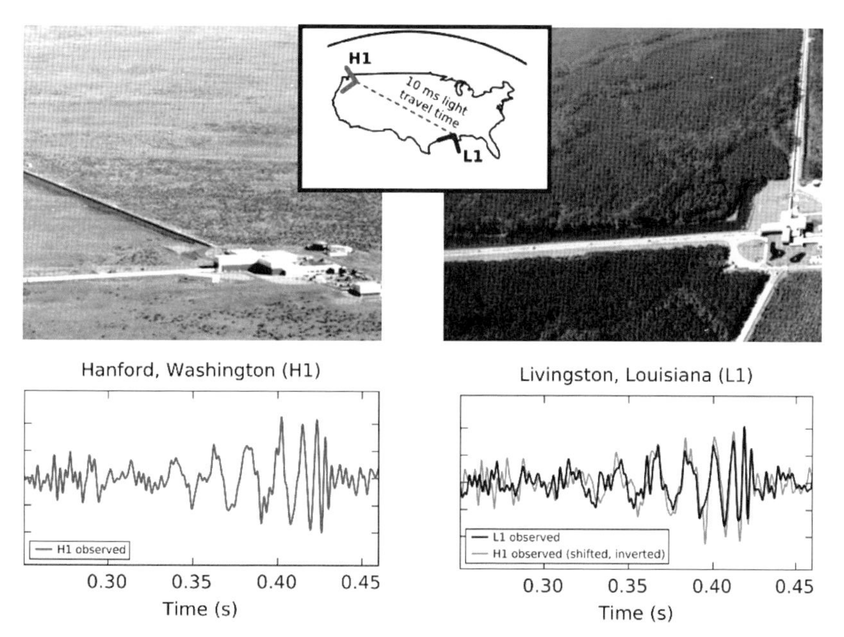

■圖 8-3　兩個觀測點在 7.1 ms 時間差偵測到雷同度很高的訊號

8-2 雷射測距與測速

目前交通警察使用的測速儀分為與微波雷達與雷射雷達(LIDAR: LIght Detection And Ranging) 測速兩種。微波雷達測速利用 Doppler 效應，先發射探測波照射在移動車輛，再由回波頻率改變量測量車速。車輛遠離會造成回波頻率變小，車輛接近會造成回波頻率變大，頻率改變量與車速成正比。然而，當兩輛車同時經過時，會偵測到兩個頻率移動的訊號，但無法判斷哪個訊號是對應哪輛車子，所以微波雷達測速儀不具車輛鑑別率，一般固定安裝在車輛較少路段的道路旁。雷射雷達測速槍（造型像槍枝）訊號在近紅外光，由於紅外光波長比微波波長短很多，再加上雷射光的指向性，這使得雷射測速槍具有很高車輛鑑別率，特別可在交通擁擠時段，鑑別相鄰車輛速度。雷射雷達是利用雷射脈波時間很短與傳播速度快的特性。雷射先送出探測波，再接收反射回波(echo)，由送出探測波到接收到反射回波的時間差，可以算出量測者與反射體之間的距離（參見圖 8-4）。這時間雖然很短，但以目前電子偵測速度可以很精準量到。

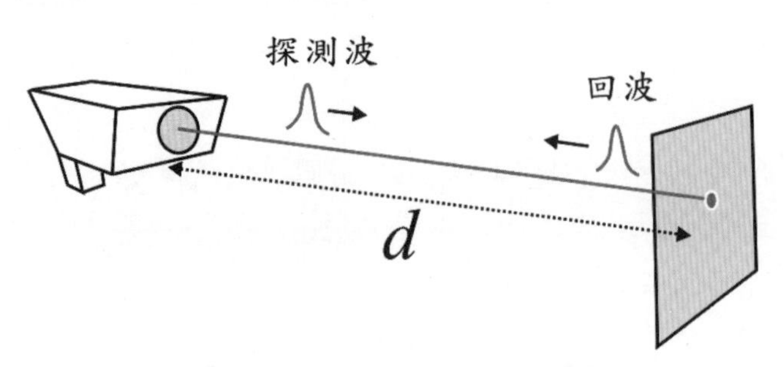

■圖 8-4　脈波雷射測距示意圖

若發出探測波後，於時間 Δt 後接收到回波訊號，則物體與雷射雷達距離為

$$d = \frac{c \cdot \Delta t}{2} \tag{8-1}$$

對於一個移動中的反射體，如果可以在兩個相距很短的時間點，測量這兩個時間點所對應的距離，則可推算出在這段時間中物體移動速度。

我們舉實例說明一下：若雷射測速槍以 15 Hz 的頻率運作（每秒可以量 15 次距離），第一次雷射光發射出去後，經過 0.000001333 秒後再反射回來，所以第一次雷射光脈波經待測物反彈來回所走的距離為

$$3 \times 10^8 (\mathrm{m/s}) \times 0.000001333(\mathrm{s}) = 399(\mathrm{m}) \tag{8-2}$$

實際與車子的距離應該要除以 2，得 399/2=199.5 m。經過 1/15 秒後，第二次雷射再發出探測光脈波偵測距離，經過 0.000001325 秒後再被車輛反射回來，所以雷射光來回走的距離為

$$3 \times 10^8 (\mathrm{m/s}) \times 0.000001325(\mathrm{s}) = 397.5(\mathrm{m}) \tag{8-3}$$

再除以 2 得 198.75 m。也就是說經過 1/15 秒後，車子前進了 $199.5 - 198.75 = 0.75$ m，又速率=距離／時間，所以可以得到車速為 0.75/(1/15)=11.25 m/s，換算成時速公里的話就是 11.25×3.6=40.5 km/hr。由計算可以看出，如果時間量測精準度達奈秒(ns)，則距離精準度可達 0.15 m。

雷射測距也可以測很遠的距離，例如月球與地球的距離。因為月球自轉與公轉週期一樣，天文學上稱為軌道共振(orbital resonance)現象。所以月球都以同一個面看我們，這個現象將導致一個有趣的結論：如果月球表面有水，因為共振，將不會有潮汐現象。因為月球都以同一個面面向地球，這使得我們可以在月球上放置反射鏡，對月球距離做精密量測。1969 年 7 月 11 日乘坐 Apollo 11 登陸月球的太空人首先在月球表面安裝反射鏡（圖 8-5 中間圖右下角 A11 所標示的位置），後來登陸月球的太空人又陸續在其他四個位置放了反射鏡（圖 8-5 中間月球表面照片所標示的五個位置）。之後科學家開始以脈波雷射監控月球距離，結果發現月球軌道呈現橢圓狀。最近距離為 36.4400 萬公里，最遠距離為 40.6730 萬公里，兩者平值為 38.5565 萬公里，量測誤差僅 3 cm。所以月亮看起來的大小確實是會隨時間改變的。若是氣象報告說今晚月球最大，則代表月球當天位於距離地球最近的位置。

月球距離監測

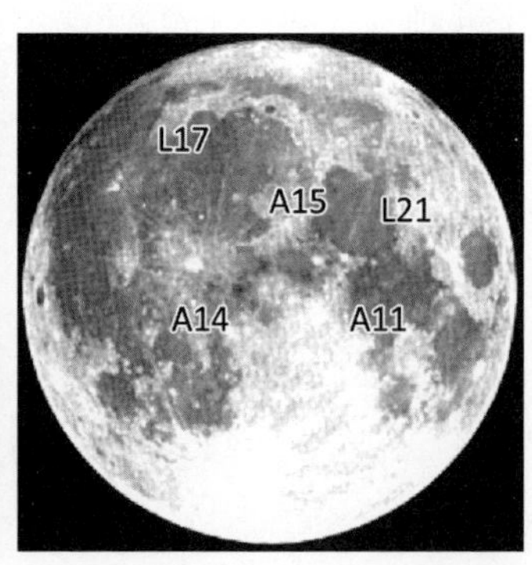

反射鏡放置位置

月球繞地球軌道

■圖 8-5　雷射測月球距離

8-3 ★ Laser Engineering

雷射雷達測大氣汙染物

地球表面的大氣層可以吸收來自太陽與宇宙中對人類有害的輻射並且維持地表溫度在一個人類可生存的範圍。然而大氣其實是維持在一個微妙的平衡狀態，一點些微的改變，可能就會導致劇烈天候的變化，最近地球暖化(global warming)議題就在防堵這樣的改變。早期研究大氣層使用高空氣球進行探測，最近興起使用雷射雷達進行探測。雷射雷達（與雷射雷達測速槍一樣也叫 LIDA）是將能量較集中的光脈波射向天空，再利用望遠鏡接收由大氣層散射回來的訊號，用來瞭解大氣粒子分布狀況。因為不同高度訊號會在不同時間收到，若儀器具有擷取不同時間到達訊號能力，那將可得到不同高度大氣散射強度，進而解出大氣相關分布情形。使用具有擷取隨時間演化光譜能力的光譜分析儀，可取得不同高度大氣分子成分與密度（如圖 8-6）。以 532 nm 的雷射光射到氧氣，會散射出光波長 607 nm 的光，而對氮氣是 671 nm，對水氣是 777 nm。這些波長的移動與分子振動能階轉換有關，稱為 Raman 散射。偵測 Raman 散射光譜時，由於散射訊號很弱，必須先以 Notch 濾光片阻擋反射回來探測光(532 nm)，再以靈敏的光譜儀量測 Raman 散射光譜。除了分子辨識能力外，還可由光譜中得到溫度的訊息。

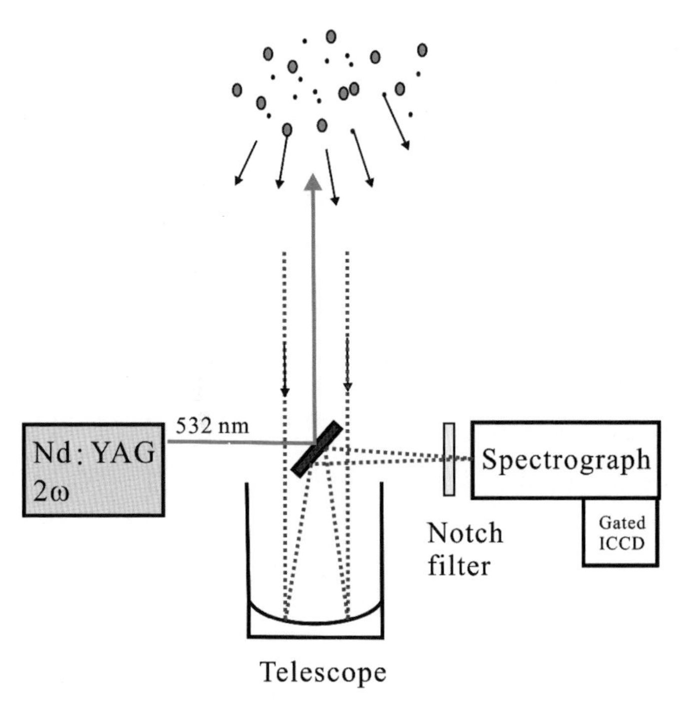

■圖 8-6　雷射雷達監測大氣汙染物

雷射雷達主要應用在探測空氣中的懸浮微粒或水氣。將塵埃揚起至大氣中，過一段時間大顆的灰塵會沉降至地面，但有些微粒無法自然沉降就長時間懸浮在空中。大氣中的懸浮微粒以各種型態存在，它們來自大自然（火山噴發、海浪激盪）或人為汙染物（例如汽車排放的碳氫化合物），目前一概都以氣膠(aerosol)來稱呼。氣膠粒子存在於從地表到離地 30 公里的大氣中，氣膠會對大氣造成極大的干擾，例如造成地面溫度降低、高空變暖和臭氧減少等效應。所以大氣中的懸浮微粒對氣候、地表溫度及大氣化學有重要的影響。雷射雷達目前已經成為最普遍的一種研究利器。

8-4 ★ Laser Engineering

測流體移動速度

光波頻率會因為觀測者與光源的相對運動而發生改變，兩者接近時，頻率升高，兩者遠離時，頻率降低，稱為 Doppler 效應。若流體為半透明狀，我們可用兩道在空間中交會且行進方向相反的雷射光束照射流體，經由遠端偵測器觀察流體粒子通過雷射光交會處明暗干涉強度分布時所產生的閃爍頻率大小，流速與閃爍頻率成正比($v=d\cdot f$)，可以得出流體速度，此種技術稱為雷射 Doppler 流速儀（Laser Doppler Velocimetry，簡稱 LDV）（如圖 8-7 所示）。這和 Doppler 效應有何關聯呢？從流體中移動粒子的觀點，當移動速度為零時，兩個相反方向分量的光波頻率一樣，所以形成不動的駐波。當粒子開始移動時，由於 Doppler 效應，其中一個方向光頻率增加一些，另一個方向頻率減少一些。兩個相反方向，但頻率不完全一樣的光波不會形成空間不移動的駐波，而是一個有強度調變移動的波，這會使得照射在粒子上的光隨時間產生明暗變化，產生光閃爍現象。

產生干涉的光需具同調性，所以雷射 Doppler 流速儀中兩道交叉的光是來自同一台雷射，使用波長落在可見光區雷射，例如氦氖雷射、氬離子或半導體雷射。若是用於偵測管子中的流體速度，管子上需有一個透光的窗戶。雷射 Doppler 流速儀目前有很多廣泛的應用，可量測火箭引擎噴出高達 1000 m/s 的氣流速度、風洞氣體流速、水流與洋流、也可量測接近皮膚表層動脈中血液流速。除了直線移動外，還可量測流體的往返運動的頻率與振幅（振動）。

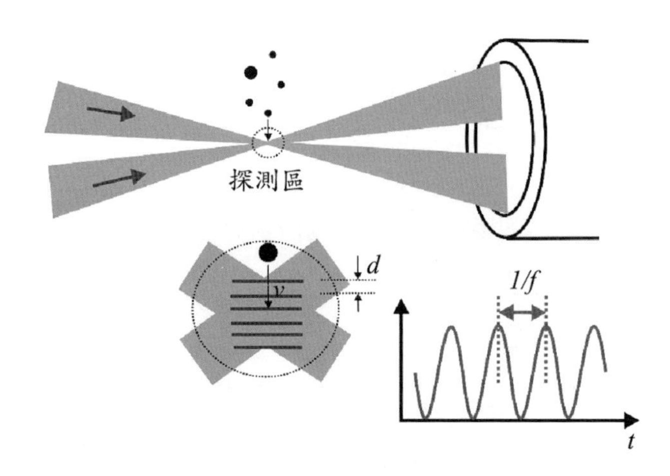

■圖 8-7　雷射測流體速度，粒子通過探測區，會以某頻率閃爍

當物體移動速度不快時，Doppler 效應所產生的回波頻率改變量與物體移動速度成正比。對於一個振動的表面，其表面移動速度也會隨時間呈現振盪，若能偵測表面移動速度的變化，也可解出微小振動，這樣裝置稱為雷射 Doppler 振動儀(Laser Doppler Vibrometer)。這樣裝置與前面雷射竊聽器有點不同，雷射竊聽器是量測位移，而雷射 Doppler 振動儀是量速度的改變。雷射 Doppler 振動儀偵測架構如圖 8-8 所示，先用分光鏡將雷射光分成參考光與測試光。測試光先經由移頻器（常用 Bragg cell 或 AO 調變器）將頻率由 f_0 移至 f_0+f_b。測試光照射在測試物體表面產生反射波，由於表面移動速度，造成反射波頻率移至 $f_0+f_b+f_d$。最後將反射波與參考光混合，得到頻率為 f_b+f_d 的訊號。事先移頻的原因是為了能區別表面接近(f_b+f_d)與遠離(f_b-f_d)。由此訊號可解出振動大小與頻率。這種振動量測裝置可以用於很多地方，例如：機械運轉振動監控、汽車噪音降低、喇叭設計、昆蟲翅膀振動觀測、耳膜功能檢查等。

雷射 Doppler 振動儀甚至可用於地雷探測用，使用喇叭發出適當頻率聲波可以激發埋雷土穴使其產生共振，再以雷射 Doppler 振動儀探測，可以發現埋雷點上方土壤振動較其他地方大。

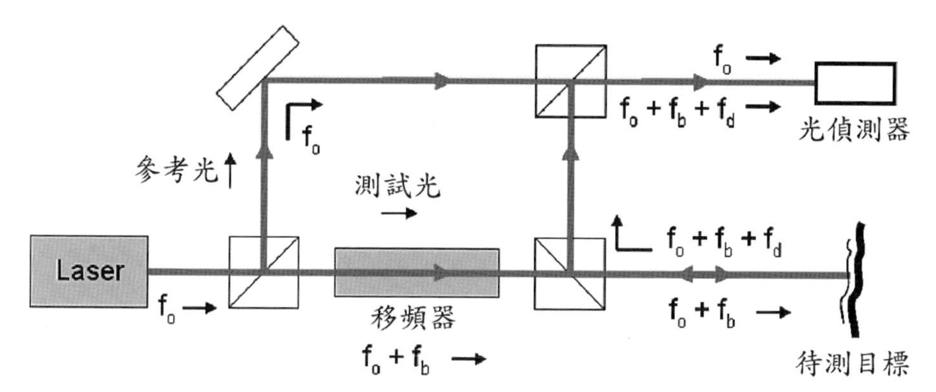

■ 圖 8-8　雷射 Doppler 振動儀測量物體表面振動

References 參考資料

1. B. E. A. Saleh and M. C. Teich, “Fundamentals of Photonics” (New York: Wiley, 1991)
2. H. C. Breck, J. J. Ewing, J. Hecht, “Introduction to Laser Technology”(New York: IEEE Press, 2001)
3. 呂助增，雷射原理與應用（滄海，2001）
4. 林三寶，雷射原理與應用，第二版（全華，2009）
5. G. R. Fowles, “Introduction to Modern Optics” (New York: Dover Publications, 1989)
6. A. Yariv, “Optical Electronics,” 4th ed.(Philadelphia: Saunders College Pub, 1991)
7. H. A. Haus, “Waves and Fields in Optoelectronics”(Englewood Cliffs, N. J.: Prentice Hall, 1984)
8. J. T. Verdeyen, “Laser Electronics,” 3rd ed.(Englewood Cliffs, N. J.: Prentice Hall, 2003)
9. A. R. Henderson, “A Guide to Laser Safety”(London ; New York: Chapman & Hall, 1997)
10. T. Y. Fan and R. L. Byer, “ Diode Laser-pumped Solid-State Laser” IEEE J. Quantum Electron. 24, pp. 895-912 (1988)
11. P. K. Yang, and J. Y. Liu, “Assessment on the deviation from an ideal Gaussian beam for a real laser beam by Fresnel-Huygens phase-retrieval method.” Appl. Phys. B.124,150 (2018)
12. D. E. Spence, P. N. Kean, W. Sibbett, “60-fsec pulse generation from a self-mode-locked Ti:sapphire laser”, Opt. Lett. 16, pp.42-44 (1991)
13. K. A. Stankov, “A mirror with an intensity-dependent reflection coefficient”, Applied Physics B 45, pp.191-195 (1988)

14. M. Dantus, M. J. Rosker, and A. H. Zewail, "Real-time femtosecond probing of transition-states in chemical-reactions", J. of Chem. Phys. 87, pp.2395-2397 (1987)

15. A. Ashkin, "Acceleration and trapping of particles by radiation pressure", Phys. Rev. Lett. 24, pp.156-159 (1970)

16. A. Ashkin, J. M. Dziedzic, J. E. Bjorkholm and S. Chu, "Observation of a single-beam gradient force optical trap for dielectric particles", Opt. Lett. 11, pp.288–290 (1986)

17. B. W. Yang, Y. H. Mu, K. T. Huang, Z. Li, J. L. Wu, Y. A. Lin, "The evaluation of interaction between red blood cells in blood coagulation by optical tweezers", Blood Coagulation & Fibrinolysis 21, pp. 505-510 (2010)

18. B. W. Yang and Z. Li, "Measuring micro-interactions between coagulating red blood cells using optical tweezers", Biomed. Opt. Express 1, pp. 1217-1224 (2010)

19. https://www.ligo.caltech.edu/雷射干涉儀重力波觀測站網址

20. B. P. Abbott et al., "Observation of Gravitational Waves from a Binary Black Hole Merger", Phys. Rev. Lett. 116, 061102 (2016)

21. Discovery Channel-Super Laser（超級雷射）DVD (2004)
本片記錄美國空軍研發雷射攻擊武器的歷程。科學家努力研究由地面攻擊雷射發展至飛機可攜式雷射武器。其中提到體積巨大雷射裝置在飛機上的困難度、瞄準問題與大氣擾動對雷射射程影響，以及如何運用鏡面可彎曲反射鏡進行大氣扭曲相位補償。1980 年代中期，美國政府因太空雷射攔截導彈的潛力甚至投資逾四百五十億美元進行星戰計畫（雷根總統任內），這個計畫雖未成功，卻迫使蘇聯跟進競爭，導致蘇聯國內經濟被拖垮而解體。

★ Appendix

A 半導體雷射

Laser Engineering

半導體雷射（laser diode，簡稱 LD）是固態雷射中特殊的雷射，有時會獨立出來討論，主要是因為半導體中電子能階會形成能帶結構(band structure)，所以分析時要用到一些能帶理論的知識。在一個原子中，電子僅能穩定存在於某些特定能量的能階中。當兩個原子靠近，外圍電子開始共用時，根據 Pauli 不相容原理，兩個電子不能處於相同的能態，這時能階會分為兩個能量靠得很近的能階（如圖 A-1 右上角圖所示）。當很多個原子週期排列時（晶體），這些靠得很近的能階會形成如能量可連續變化的能帶（如圖 A-1 下圖所示）。

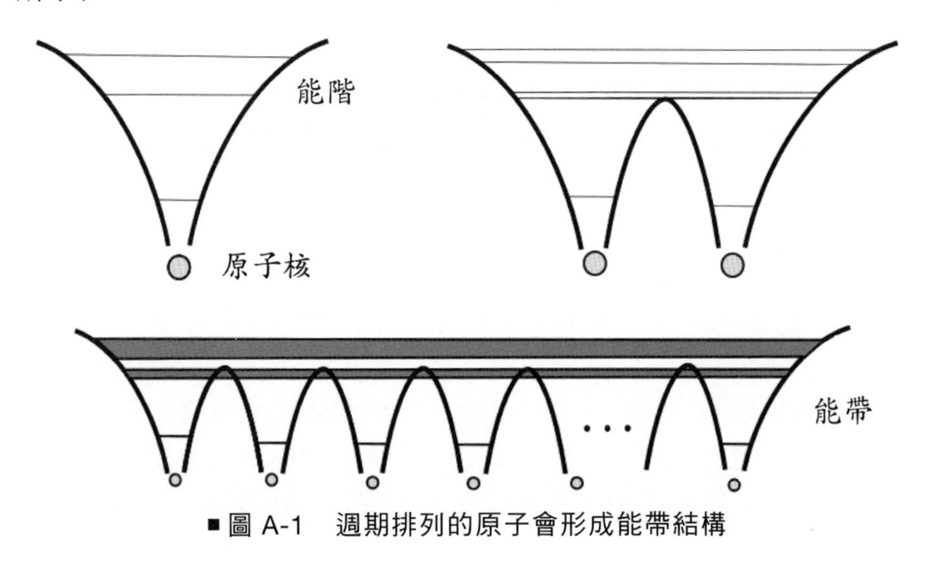

■ 圖 A-1 週期排列的原子會形成能帶結構

　　當原子週期排列形成能帶後，電子依序由低至高填入能帶中的能階，以矽晶體為例，電子正好將某能帶填滿後就用完了，這個最後填滿的能帶稱為價帶(valence band)，所以在此能帶以上所有的能帶都是空的。在價帶正上方的能帶稱為導帶(conduction band)，如圖 A-2 所示，半導體的能帶理論，就是用這兩個能帶來解釋半導體的光電特性。想像一個有上下兩層觀眾席的音樂廳，上層的座位全為空座，下層則坐滿了人，由於下層客滿，沒有任何空位，下層的觀眾無法移動，假設有一人走樓梯到上層觀眾席，他忽然發現好多位置，他可以移動到任何座位（像導帶中的電子－electron）。此外他在下面所遺留的空位，旁邊的人變得可移到他的位置，你可以看成旁邊的人在動，另一種看法是：也可以看成是空位向旁邊移動（像價帶中的電洞-hole），如圖 A-2 右圖所示。因此在半導體中，只有導帶中的電子與價帶中的電洞具有可移動性（導電性），稱為載子(carrier)。當一個觀眾由下層轉到上層，則上層多了一位觀眾的同時下層也同時多出一個空位，所以電子電洞會成對產生；當一個觀眾由上層下樓至下層坐時，則上層少了一位觀眾的同時下層也同時少掉一個空位，所以電子電洞會成對消失。所以半導體中所談參與導電的電子電洞是居住在能帶中不同樓層，導電的電子是在上層，電洞則是在下層。

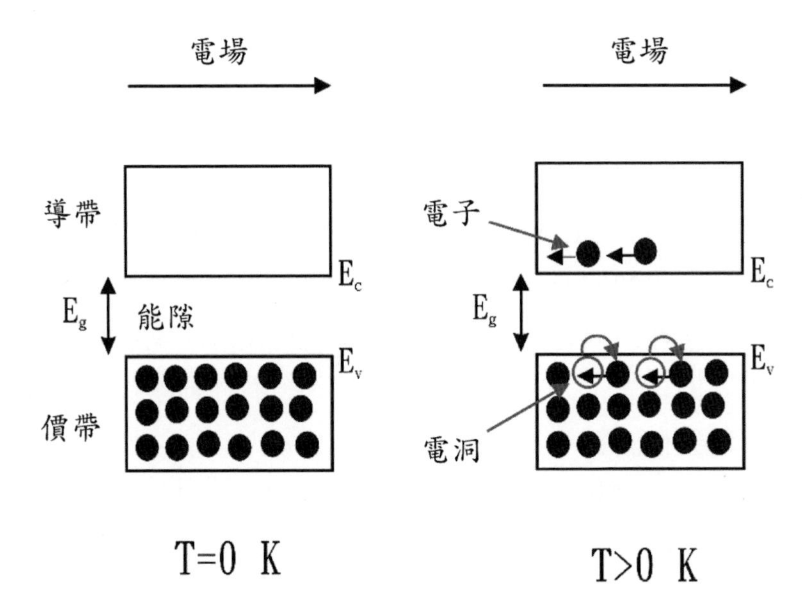

■ 圖 A-2　左圖：絕對溫度為零時導帶中沒有電子，價帶中沒有電洞，半導體變成絕緣體；右圖：絕對溫度大於零時，因為熱激發，有電子由價帶躍遷到導帶，一次躍遷會同時產生一個電子與一個電洞

問題 試以能帶理論解釋為什麼半導體的電阻值會隨溫度的升高而降低？（注意：一般金屬電阻值會隨溫度的升高而上升）

半導體的導電性可藉由摻雜(doping)提升其導電性，就如同水溶液中添加酸或鹼（半導體摻雜則分為 P 型與 N 型半導體）。當酸和鹼接觸時會相互中和並產生熱，然而 P 型與 N 型半導體接觸後，會因為兩邊電子電洞濃度差異，P 型半導體中的電洞會往 N 型半導體區擴散，N 型半導體中的電子會往 P 型半導體區擴散。如圖 A-3 所示，接面附近的電子電洞結合會形成一空間電荷區，產生一電位

障（稱為內建電場），阻止進一步的電子電洞結合繼續發生。半導體雷射與 LED、太陽能電池一樣為一個將 P 型半導體與 N 型半導體接合而成的 PN 元件，PN 元件加上順向偏壓後（圖 A-4 所示），在 PN 接面兩側產生電子電洞結合發光。圖 A-5 使用雙異質接面(double heterojunction)的三明治結構，可進一步將注入的電子電洞侷限在中間一個像陷阱一樣的區域，這樣可以減少因熱效應造成的載子流失並增加電子電洞結合的機率。所謂異質接面就是圖中 AlGaAs 與 GaAs 的介面，此處導帶下緣處與價帶上緣處出現能量不連續的情形。注意在導帶中電子的行為如同地表上滾動的玻璃彈珠，往低處滾動；價帶中電洞的行為如充滿水的水瓶中之氣泡，傾向向高處浮出。

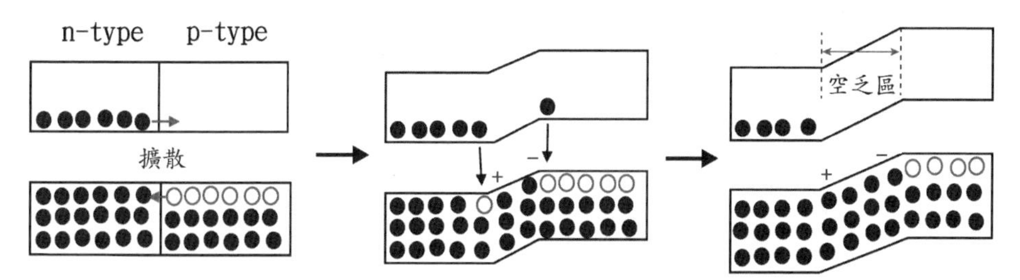

■ 圖 A-3　PN 材料接觸後形成 PN 接面，中間有一區域上方沒有電子，下方也沒有電洞，稱為空乏區(depletion region)，電子闖入此區後，會被趕回 N 型半導體區；電洞闖入此區後，會被趕回 P 型半導體區

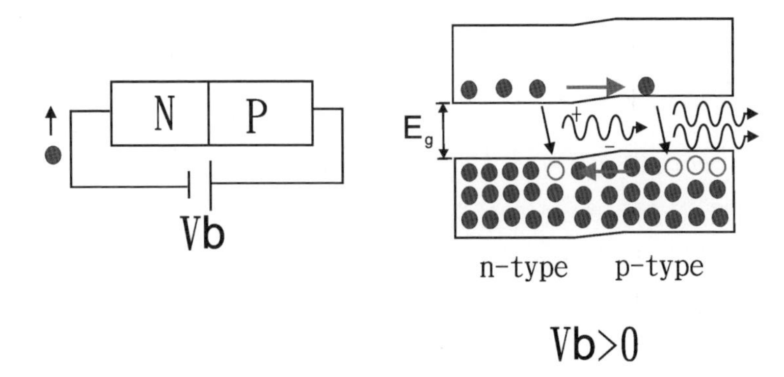

■圖 A-4　光電半導體所製成的 PN 元件加上順向偏壓後，在 PN 接面兩側產生電子電洞結合而發光

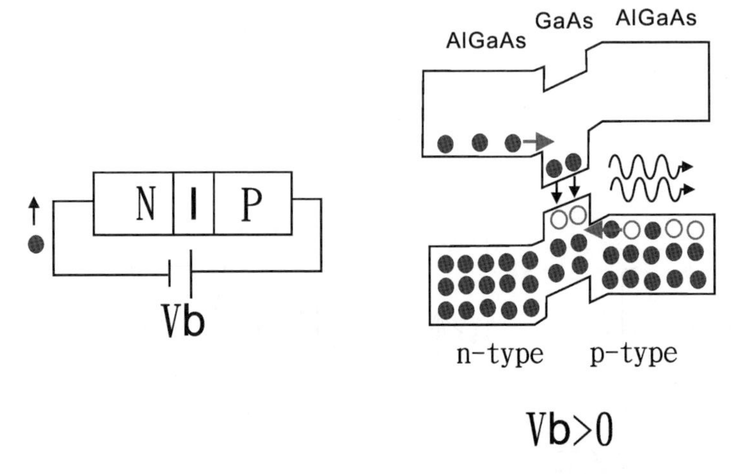

■圖 A-5　使用雙異質接面的結構，可將注入的電子電洞侷限在一像陷阱一樣的區域減少因熱效應造成的載子流失並增加電子電洞結合的機率

半導體雷射兩端也有兩個反射鏡，是利用劈裂(cleave)方式產生，先在表面劃出裂痕，再讓晶體在應力作用下順著某個晶面方向裂開，這樣所產生切面的平整度足以做為雷射共振腔的反射鏡。由發光區域侷限在 PN 介面處，且垂直侷限範圍小於光波波長，使得

輸出光在垂直接面方向會產生很大的繞射，導致如圖 A-6 中左圖所示：PN 接面輸出的雷射光在水平與垂直方向的發散角不一樣，有點像貓眼睛一樣，應用時須經由圓柱透鏡校正，才可得到比較對稱的分布。一般半導體雷射如圖 A-6 中左圖所示，光由側面輸出，稱為邊射型雷射(edge-emitting laser)，由於其水平與垂直發散角差異，使得這種雷射光不易聚焦進入光纖中傳導。所以有一種如圖 A-6 右圖所示稱為 VCSEL（Vertical-Cavity Surface Emitting Laser，譯為垂直共振腔面射型雷射）的半導體雷射可用來解決這個問題，VCSEL 的雷射光由上方輸出，輸出光束的截面近似圓形而不像傳統的邊射型雷射為橢圓形，因此易於與光纖耦合。另外 VCSEL 在製作過程中可以先在整塊晶片上進行點測，此點有利於大量生產，近年由於光纖通訊的發展與材料生長技術的進步，VCSEL 已成為半導體雷射產業中的明日之星。

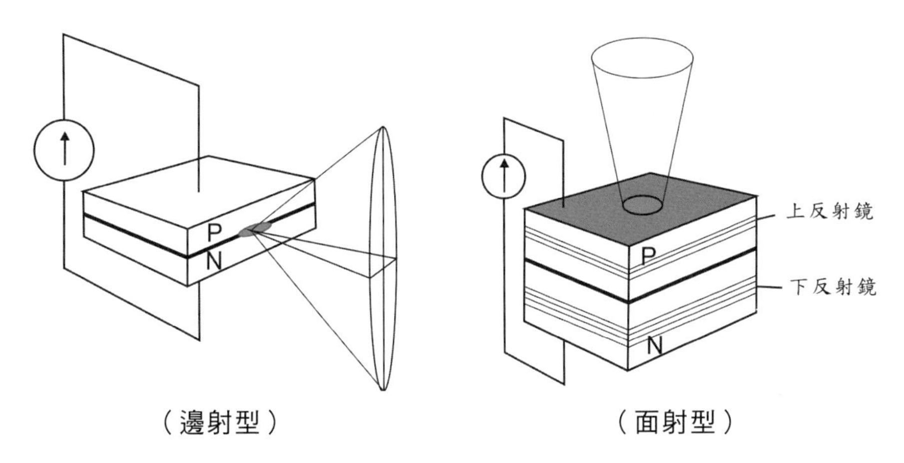

■ 圖 A-6　左圖：對於邊射型雷射，PN 接面輸出雷射光在水平與垂直方向的發散角不一樣，像貓眼睛一樣；右圖：對於面射型雷射，輸出光束的截面近似圓形，易於與光纖耦合，常用於光纖通訊

製作半導體雷射的材料並不是使用矽，而是使用光電半導體材料，矽半導體又稱為純元素半導體，屬於間接能隙(indirect band gap)材料，電子電洞結合後能量主要以晶格振動形式釋放，結果會產生熱而不是轉成光。光電半導體又稱為化合物半導體(compound semiconductor)或 III-V 族半導體（也有少部分為 II-VI 族），由化學元素週期表上三價(Al、Ga、In)與五價(N、P、As、Sb)或由二價(Zn、Cd、Hg)及六價(S、Se)元素混合形成化合物半導體材料，相較於一般矽半導體具有高電荷載子移動率(mobility)及高電光轉換率的特性。光電半導體大多為直接能隙(direct band gap)材料，電子電洞結合時，所釋放能量可有效轉換成光，表 A-1 列出光電半導體與純元素半導體的比較。半導體雷射發光的波長與材料能隙 E_g 有關，滿足：

$$\lambda = \frac{1239}{E_g} \quad (\text{nm}) \tag{A-1}$$

式(A-1)中 E_g 的單位為 eV（為一能量單位，稱為電子伏特，$1\ \text{eV}=1.6\times10^{-19}\ \text{J}$）。

＊表 A-1　光電半導體與純元素半導體的比較

	光電半導體 compound semiconductor	純元素半導體 element semiconductor
代表材料	GaAs、InP、ZnSe	Si 、Ge
能隙躍遷	直接能隙躍遷	間接能隙躍遷
特色	發光，載子移動速度快，價格較貴	不發光，載子移動速度較慢，價格很便宜
應用	LED、半導體雷射、手機與衛星通訊元件	超大型積體電路

化合物半導體的種類依組成元素多寡分為：binary（二元素，如 GaAs，AlAs，ZnSe），ternary（三元素，如 AlGaAs，InGaP），quaternary（四元素，如 AlGaInP）。生長化合物半導體材料的方法稱為磊晶(Epitaxy)。所謂磊晶，是指在一基板(substrate)上以層狀成長指定的晶體材料，當成長晶體的晶格常數(lattice constant)與基板晶格常數一樣時稱為晶格匹配(lattice matching)，如圖 A-7(a)所示。一般磊晶時希望能盡量靠近晶格匹配的條件，例如對於 InGaP 而言，成分為 $In_{0.515}Ga_{0.485}P$ 可與 GaAs 達晶格匹配。表 A-2 列出一些在 300K 下量測到不同材料的能隙與晶格常數，圖 A-8 為將不同材料能隙對晶格常數趨勢繪圖。從表 A-2 中的數據可以發現 AlAs 與 GaAs 的晶格常數十分接近，這代表 Al 原子的大小與 Ga 原子的大小幾乎一樣，這樣的巧合使得我們在磊晶時可以將 GaAs 中任意比例的 Ga 以 Al 取代皆可生長於 GaAs 基板上，而 AlAs 的能隙與 GaAs 差異很大，使得我們可以藉由操控 Al 與 Ga 的比例來控制材料能隙。另外由表 A-2 中的數據，我們可以知道能隙的大小大致是隨著晶格常數的減少而增加，但表中有一個例外，你可以指出來嗎？若有晶格不匹配產生時，磊晶層會有應力產生，會限制磊晶的厚度，也會改變能隙的大小。晶格不匹配量(mismatch)定義為

$$\Delta a = \frac{a - a_0}{a_0} \tag{A-2}$$

其中 a 為磊晶層的晶格常數，a_0 為基板的晶格常數。當磊晶層的晶格常數大於基板晶格常數時，磊晶層受到一壓應力(compressive stress)，會產生壓應變(compressive strain)，如圖 A-7(b)所示；當磊

晶層的晶格常數小於基板晶格常數時，磊晶層受到一張應力(tensile stress)，會產生張應變(tensile strain)，如圖 A-7(c)所示。

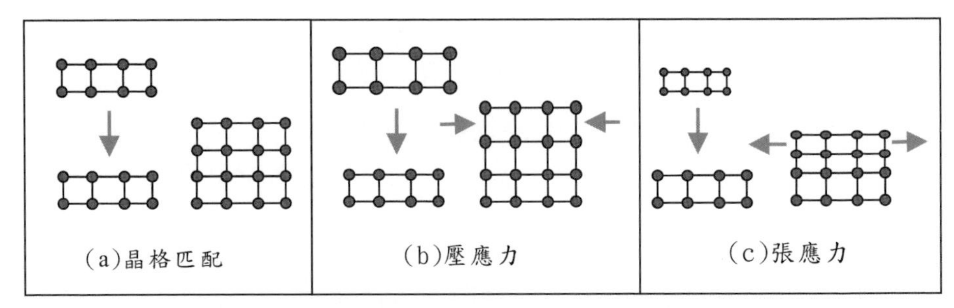

■ 圖 A-7 (a)磊晶層與基板晶格常數相同，達晶格匹配條件圖；(b)磊晶層晶格常數大於基板晶格常數，產生壓應力；(c)磊晶層晶格常數小於基板晶格常數，產生張應力

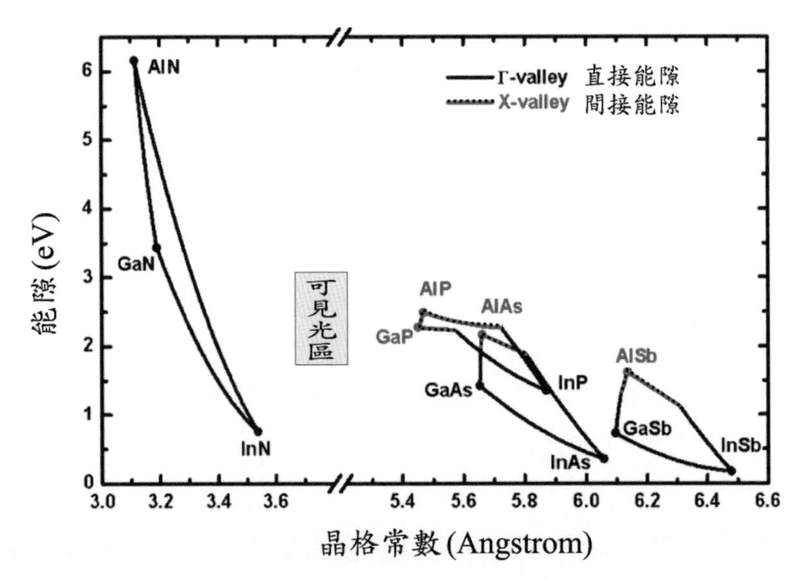

■ 圖 A-8 不同材料的能隙對晶格常數變化趨勢

＊表 A-2　一些在 300K 下量測到不同材料的能隙與晶格常數

材料	能隙 (eV)	晶格常數 (Å)
InAs	0.35	6.0584
InP	1.35	5.86875
GaAs	1.424	5.65321
AlAs	2.16	5.6622
GaP	2.26	5.45117

常用於磊晶的方法有 MOCVD（Metal-Organic Chemical Vapor Deposition，稱為有機金屬化學氣相沉積法）、MBE（Molecular Beam Epitaxy，稱為分子束磊晶），其中 MOCVD 為目前生產半導體雷射常用的方法。常見的光電半導體材料系統如表 A-3 所示，其中 InGaN 系統的生長技術為日本日亞化工的工程師 Shuji Nakamura（中村修二）於 1993 年所做出的貢獻，這個突破解決了懸宕已久的藍光材料問題，使半導體雷射與 LED 邁入全彩新紀元。

＊表 A-3　常用的光電半導體材料系統

材料系統	生長基板	可輸出波段
InGaN	Sapphire、SiC	綠、藍、近紫外
AlGaInP	GaAs	紅、黃、黃綠
AlGaAs	GaAs	紅、近紅外
InGaAsP	InP	通信用紅外(1310、1550 nm)
AlGaInAs	InP	通信用紅外(1310、1550 nm)

★藍光半導體材料生長技術的突破

日本日亞化工(Nichia Chemical Industries)的工程師 Shuji Nakamura（中村修二）於 1993 年神奇地解決了氮化物藍光半導體材料生長問題，帶動了半導體高效率全彩與白光照明發光元件的蓬勃發展。

日亞化工原本是位在日本四國島上一個靠海邊的小城市–Anan。日亞的前身是由 Ogawa 於 1948 年成立的一家製造抗生素藥物的公司，後來才於 1956 年改組為現在的日亞化工主要是生產磷化鎘（一種塗在日光燈管內的螢光物質）。後來也生產磷化物與一些高純度的化學產品及生產 LED。日亞化工的創始人 Nabuo Ogawa 與目前的總裁 Eiji Ogawa 當初支持 Nakamura 的研究計畫，才導致今天日亞的成功。Nakamura 於 1979 年取得 Tokushima 大學電機碩士後，隨即加入日亞化工的研發部門，主要是從事半導體相關產品的研發。當他被問及為什麼留在當地這家小公司，而不依傳統進入一家大公司發展時，Nakamura 笑著回答：日亞是我老婆家鄉唯一的一家公司。

說起 Nakamura 在日亞的研究之路，是充滿挫折並常常走進死胡同無疾而終的。然而試過這麼多充滿挫折沒有結果的路後，Nakamura 最後他還是走出一條成功的路。剛進入日亞的時候，Nakamura 嘗試用純鎵製作 LED。後來公司老闆認為鏻化鎵紅光及綠光 LED 具有很大的市場，於是又改做鏻化鎵。然而不幸的是 其他資金雄厚的競爭公司（像 Matsushita、Sumitomo Electric、Toshiba）的老闆腦中也想著同一件事情。

在 1982 年至 1985 年 Nakamura 開始著手生長砷化鎵晶體，然而由於這個領域的競爭過於激烈，使得日亞很難從中獲利。後來 Nakamura 又花了三年的時間研究利用液相磊晶法(liquid-phase epitaxial growth)生長砷化鎵鋁的 LED 與雷射。然而 Matsushita、Toshiba、及 Sharp 等大公司在這方面的研究總是搶先他一步。後來 Nakamura 承認在經歷重重挫折的打擊後，他開始陷入絕望。他想長久以來我一直想做藍光 LED 與雷射，然而老闆卻對此不感興趣。於是他決定找老闆當面談一談。由於當時日亞獲利不錯，出乎意料地，老闆不但告訴他要他放手去做，而且還撥給他三百萬美元的經費。後來 Nakamura 就用這筆錢買了一套 MOCVD（Metal-Organic Chemical-Vapor-Deposition 有機金屬氣相磊晶法）的設備，並且花了一年的時間跑到美國 Florida 大學電機系找 Ram Ramaswamy 教授學習氣相磊晶法。當他從美國回到日本時，此時藍光界正面臨一個抉擇，就是到底該選擇硒化鋅(ZnSe)還是氮化鎵(GaN)當作生長藍光 LED 的材料。Nakamura 說當時他個人比較相信氮化鎵是一個比較好的選擇。然而當時氮化鎵由於找不到適當的基板(substrate)生長，許多大廠相繼投入硒化鋅的研究。他覺得如果他也一起投入硒化鋅，一定跟不上這些大廠。幸運的是當時在日亞沒有人懂半導體，也沒有人知道硒化鋅是比氮化鎵還要熱門的選擇，所以也就沒人反對他做氮化鎵。

日亞首先在 1994 年推出藍光 LED 商品，而且在 Nakamura 不斷的改進氮化鎵生長技術後，藍光雷射也在 1999 年初推出。現在日亞所生長的藍光雷射已獲得像 Coherent (Santa Clara/CA)，TUI Optics (Berlin/Germany)，Power Technology (Little Rock/AK)，LG Laser Graphics (Kleinostheim/Germany)等大廠的青睞。

在日本，Nakamura 和日亞化工成功的故事畢竟還是不尋常的。然而這個故事可以做為其他公司做決策時的參考：冒險創新所帶來的報酬有時候是值得的。

Nakamura 在完成藍光 LED，藍光雷射與白光 LED 後已於 1999 年年底離開日亞化工，轉往美國 UCSB(University of California/Santa Barbara)任教。而 HBT（Heterojunction Bipolar Transistor，稱為異質接面雙載子電晶體，用於微波通信）的發明人 Herbert Kroemer 也正好在該校服務。當 Nakamura 離開日本時，有五家當地的電視媒體競相捕捉他離開的畫面，無疑地，Nakamura 已是國際上知名的研究員。他一人不但為化合物半導體界的生長技術帶來革命，而且造就一個產業的興起。然而講到這裡，大家心中仍不免有個大問號，那就是為什麼 Nakamura 要離開日本以及他工作長達二十年之久的日亞化工？這個問題可在 Nakamura 當時出版的自傳（標題為「憤怒中的創新突破」，ISBN 4-8342-5052-0，日文）中找到答案。在書中 Nakamura 甚至激動的講到「日本這個國家出了問題了，整個工業界與大學都生病了，而且病得不輕」。熟知 Nakamura 的朋友會對 Nakamura 說這樣的話感到驚訝，因為在他們的印象中 Nakamura 是一個友善，隨和且平時動不動就喜歡笑的人。

Nakamura 與老東家的決裂可以由 Nakamura 自美國 Florida 大學學完 MOCVD 後回國說起，當時日亞的總裁已由 Nobuo Ogawa 換成他的兒子 Eiji Ogawa 繼任。在這之前，Nobuo Ogawa 總是充分授權並全力支持 Nakamura 的研究。然而總裁易人後，Eiji Ogawa 與 Nakamura 的關係就逐漸變僵了。有一回 Eiji Ogawa 帶著一位別家公司的資深 LED 研發工程師到 Nakamura 的實驗室參觀。然而在這之前，Nakamura 在氮化鎵的研究始終列為公司的最高機密，即使是公司內部的員工也有很多人不知道 Nakamura 在做什麼。當訪客到訪時，Nakamura 仍極力想掩飾他所做的東西，然而這位參訪的工程師卻十分眼尖地發現他正從事氮化鎵的研究，並且馬上告訴 Eiji Ogawa 說 Nakamura 正在浪費他的時間與金錢，因為這項計畫根本不可能成功。當時 Eiji Ogawa 聽到這話後臉色馬上變得很難看，幾天後 Eiji Ogawa 送一份書面指示給 Nakamura 要他馬上停止藍光 LED 的研究。然而這時的 Nakamura 卻不打算放棄，把上面交代的話丟在一邊，仍繼續他的研究，最後終於發明雙氣流 MOCVD 法長出藍光 LED。

除了繼任總裁對自己的不信任外，Nakamura 對於日亞在許多方面的保守作風也多所批評。例如日亞向來不太贊成研發人員在專業期刊或國際會議中發表論文，以避免研究成果外洩。然而天性開放的 Nakamura 卻以為：發表論文是讓自己的技術突破或超越對手的事實獲得大家普遍認可的一種方式。如果擔心技術會被抄襲，可於發表前申請好相關專利。最讓 Nakamura 心中不平的是，當他因發明藍光 LED 而聲名大噪後，每每參加國際會議時，總有人探詢他現在的薪水與報酬。然而當對方聽到他的答案後，總是驚訝的告訴他「怎麼可能這麼少？像你這樣的成就，如果是在美國，你早就是個百萬富翁了」。於是他們開玩笑戲稱 Nakamura 為“Slave Nakamura”（Slave 代表奴役的意思）。當 Nakamura 要離開日本前往美國任教時，他在小學當老師的妻子幫他算了一下這二十年來的收入，結果發現二十年來薪水沒增加多少。更糟的是當 Nakamura 要離開日亞時，日亞拒絕發給他退休金，因為 Nakamura 不願意簽署一份保證他未來不會加入競爭對手行列的聲明書。Nakamura 在自傳中提到：當時他只要認為是關鍵技術的方法，他總是會以公司的名義申請專利。有些事後被認為重要專利的申請，一開始還遭到公司上層否決，不過他總是會堅守對公司的忠誠，私底下盡量想辦法以公司的名義申請。事後回想起公司對他的回報，他覺得當初的作法很傻。

現在 Nakamura 已是磊晶界的英雄，即使不是做氮化鎵的人也拿他當作榜樣。現在回想當時 Nakamura 除了面對外部對手的競爭，克服自己技術的瓶頸外，還得對抗內部傳統管理的壓力，成功真的不是偶然的。最後我引用 2005 年 1 月 11 日的一則新聞內容（TVBS 新聞網）：

日本今天達成了史上最高金額的和解案。一名任職於加州大學的教授在 90 年代研發出藍色 LED 專利，卻遭到合作公司獨占，雙方纏訟多年，今天雙方終於同意以 8 億 4400 萬日幣，大約 2 億 8 千萬台幣的和解金收場。這樁和解案是日本史上金額最大的一次。中村修二教授在 1990 年發明出藍色 LED，專利權卻被合作的「日亞化學工業」公司給獨占，教授一怒之下告上法院，去年一審時，法官判決日亞化工必須支付 200 億日幣的巨額賠償金。經過上訴到最高法院，雙方終於各退一步同意和解，和解金包括教授的發明費以及多年來的利息，賠償總數雖然比一審大幅減少，不過也達到 8 億 4400 萬日幣，大約 2 億 8 千萬新臺幣。

當時日亞支付的賠償除了檯面上的 8 億 4400 萬日幣外，還有不知數目的股票，這應該是為了維持公司面子的一種作法。Nakamura 目前任教於美國加州大學 Santa Barbara 分校，為了解決氮化鎵磊晶缺陷，2008 年開始研究氮化鎵基板生長技術。2014 年

Nakamura 因為發現製造高效率藍光半導體發光材料的方法，帶動節能燈具的發展，獲得諾貝爾物理獎。近年來，Nakamura 意識到 LED 燈具發熱問題可以雷射照明解決，開始提倡雷射照明技術，所謂雷射照明是以短波長雷射光激發螢光粉，產生白光照明。他預測未來 10 年雷射照明將取代 LED。目前一個雷射燈，照明 100 平方米面積沒有問題。因為現在雷射價格太高，所以應用率不高，但許多高級車輛車燈已開始使用雷射照明技術，這是未來是一個大趨勢。目前，BMW 的雷射大燈技術被設定在 40km/hr 以上啟用，BMW 表示不希望這些光束長時間照射在人眼上造成凝視靜態光，所以當車速減慢，雷射大燈將自動關閉。

關於 Shuji Nakamura 的相關故事，可以進一步參考時報出版社在 2015 年出版的中譯書《我的思考，我的光：諾貝爾獎得主中村修二創新突破的 7 個思考原點》。

★ Appendix

B | 淺說非線性光學

Laser Engineering

非線性光學(nonlinear optics)過程是牽涉多光子作用的光學現象，一般需要在強光照射下（用第 6 章所談的方法所產生高峰值能量脈波雷射），才能觀察得到。非線性光學有兩個重要現象：其一是頻率轉換（例如倍頻、和頻光產生）；另一個是可以用一道光控制另一道光。

您到過新竹縣新豐鄉的小叮噹科學遊樂區嗎？裡面有一個懸在天上的大水龍頭，乍看之下，只見流出的水卻看不到進水的水管（見圖 B-1 左圖）。在光學實驗室裡，你也可以看到類似現象，一道綠色雷射光由一透明晶體射出，但卻看不到有綠色雷射光進入，原因是進入晶體的光是不可見光，這是非線性光學中有名的二倍頻現象（見圖 B-1 右圖），也是 1961 年第一個被 Franken 觀察到的非線性光學過程。在倍頻過程中，晶體可將部分入射光頻率加倍，使得進入波長為 1.064 μm（μm 稱為微米，是很小的長度單位，一根頭髮寬度約 80 微米）的看不到的紅外光轉換為波長 0.532 μm 的綠色可見光。研討會中報告者所使用的綠光雷射指示筆，演唱會舞台和每年元宵節燈會主燈旁從不缺席的綠色雷射光束，這些都是使用二倍頻晶體將原本在紅外光的雷射光轉成綠色可見光。

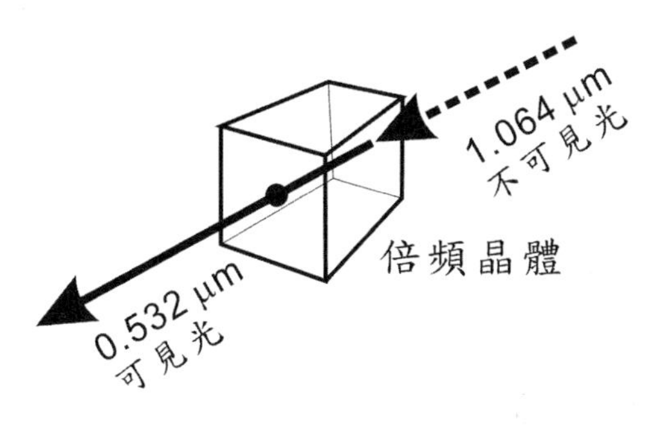

■ 圖 B-1　一道綠色雷射光由一透明晶體射出，但卻看不到有光進入

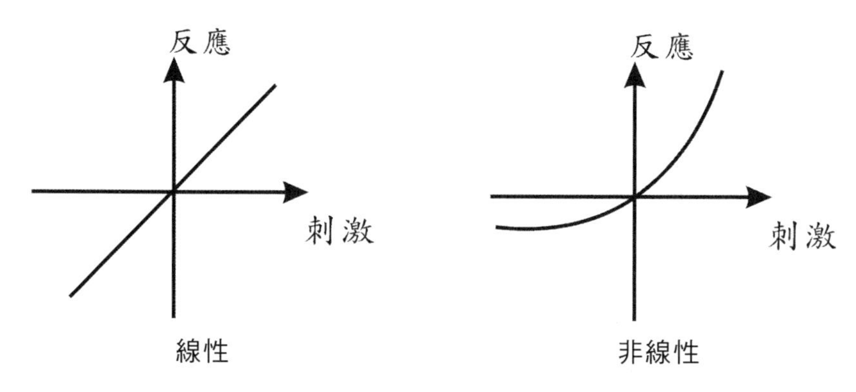

■ 圖 B-2　刺激與反應間的關係：左圖代表線性；右圖代表非線性

當你在屋內講話時，窗戶的玻璃也跟著一起做微小的振動，聲音越大，振動越大。國外電影中，情報人員可以從旁邊建物的房間射出一道雷射光到旁邊建物房間窗戶，藉由量測反射光的細微的延遲變化，可複製出房間內中的空氣振動—也就是聲音，這種裝置稱為雷射竊聽器。自然界中，大部分的刺激與反應間都如同聲音（空氣振動）與窗戶振動一樣是成正比的（或者說正比是很好的近似），如圖 B-2 左圖所示。只有當正比關係（或稱線性關係）存在時，雷

射竊聽器才可以由窗戶複製出與房氣一模一樣的聲音，否則複製的聲音會失真，通常失真會發生在振動很大的時候。物質在光照射下的行為也是如此，光是行進中的振動電磁場，物質由原子組成，而原子由帶負電的電子與帶正電的原子核構成。在電場作用下，帶負電的電子與帶正電的原子核朝相反方向移動，產生一電偶極矩。在物理學中，電偶極矩定義為正負電荷量與正電荷相對於負電荷的位移的乘積。振盪的電場，產生振盪的電偶極矩，而振盪的電偶極矩如同迷你天線般發出電磁波。對於一般日常生活中照射在物質的光，其電場與原子核對電子所產生的束縛電場相比小很多，所以誘導出的電偶極矩與光波中的電場大小成正比，為一線性關係，

$$P = \chi^{(1)} \cdot E$$

電偶極矩可以複製與入射光波一模一樣的振盪，進而輸出一樣振盪的光波。在這裡出射光頻率與入射光一致，稱為線性光學，水面的反光，插入杯子水中筷子折斷現象，雨後天邊的彩虹等現象都可由上述誘導電偶極矩產生電磁波的圖像來解釋。然而當光波中電場增大到與原子內電子的束縛電場相比不可忽略時，電偶極矩與電場關係除了與電場正比項外，還需加入與電場平方正比及其他更高階的修正項。

$$P = \chi^{(1)} \cdot E + \chi^{(2)} \cdot E \cdot E + \chi^{(3)} \cdot E \cdot E \cdot E + \cdots$$

這些與電場非正比項所產生的效應稱為非線性光學現象，由於電偶極矩與電場不再是完美的線性關係，通過非線性材料的光波電場會產生扭曲，除了原本頻率的諧波外，還會包含二次諧波與其他高階諧波的成分（圖 B-3）。

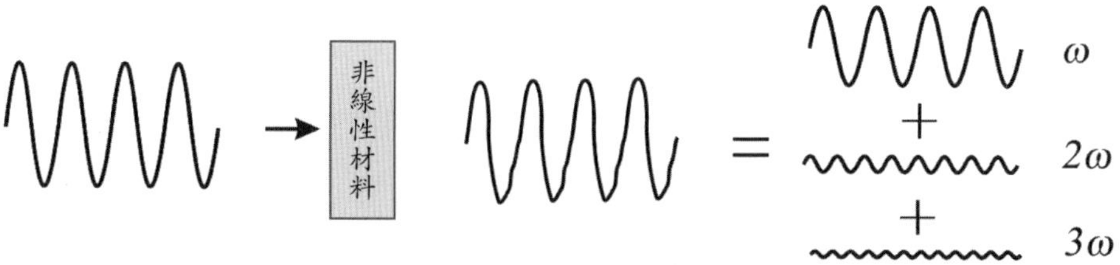

非線性材料

ω

2ω

3ω

■圖 B-3　當光波經過非線性材料，會產生二次諧波與其他高階諧波

二次諧波稱為倍頻現象($\hbar\omega + \hbar\omega \rightarrow \hbar(2\omega)$)，與加入的與電場平方成正比的修正項有關。因此非線性光學是描述物質在強光作用下的效應，這也可以解釋為何非線性光學現象要等 1960 年雷射發明後才觀察到，這是因為雷射光頻率分布很窄，能將光的能量集中在某一頻率附近；並且雷射輸出光侷限在某一小發散角度內，所以能將光的能量在空間上作集中。舉例而言，一般在市面上所買到的紅光雷射指示筆，輸出光功率約為千分之一瓦，然而將雷射光射到桌面上時，它在紅光強度比起二十瓦的桌上日光燈在紅光強度仍強過一千倍。原因是雷射指示筆千分之一瓦能量在都集中在紅光，不像照明用桌燈能量散布在整個可見光範圍。此外雷射光也不像桌燈朝四面八方射出，而是將光集中在一個很小的角度，所以當你將雷射光射向遠方牆上時，在牆上仍只看到一個小光點。而後來發展的雷射脈波形成技術更可將能量預先存放在某一處，然後在很短時間內全部放出來，這種技術可將光的能量在時間上進一步作集中。例如第 6 章所提到的 Q 開關的脈波形成技術可將脈波光強度峰值提升至未形成脈波前的數百萬倍。所以脈波雷射光是一光能量高度集中光源，電場強度自然比一般光源的光高出很多，是研究非線性光學現象常使用的工具。

因此非線性光學是描述物質在強光作用下的效應，這也可以解釋為何非線性光學現象要等 1960 年雷射發明後才觀察到，這是因為雷射光頻率分布很窄，能將光的能量集中在某一頻率附近；並且雷射輸出光侷限在某一小發散角度內，所以能將光的能量在空間上作集中。舉例而言，一般在市面上所買到的紅光雷射指示筆，輸出光功率約為千分之一瓦，然而將雷射光射到桌面上時，它在紅光強度比起 20 瓦的桌上日光燈在紅光強度仍強過 1,000 倍。原因是雷射指示筆千分之一瓦能量在都集中在紅光，不像照明用桌燈能量散布在整個可見光範圍。此外雷射光也不像桌燈朝四面八方射出，而是將光集中在一個很小的角度，所以當你將雷射光射向遠方牆上時，在牆上仍只看到一個小光點。而後來發展的雷射脈波形成技術更可將能量預先存放在某一處，然後在很短時間內全部放出來，這種技術可將光的能量在時間上進一步作集中。例如一種稱為 Q 開關的脈波形成技術可將脈波光強度峰值提升至未形成脈波前的數百萬倍。所以脈波雷射光是一光能量高度集中光源，電場強度自然比一般光源的光高出很多，是研究非線性光學現象常使用的工具。

然而即使在強光照射之下，也不是所有材料都能將可觀的入射光轉成頻率為兩倍的光，要達成有效的頻率轉換必須使用某些具備較大的非線性效應晶體材料。石英晶體是一種存在於自然界中著名的非線性晶體，為花崗岩主要成分，由於石英晶體具不對稱性結構，使得石英在受壓時會造成晶體兩端電壓不等而具電位差，撞擊可以產生瞬間高壓，放電產生火花，早期人類用來敲擊點火的燧石就含有石英成分，石英晶體結構不對稱性也是使得它具有高的非線性效應的原因。

人類史上第一個觀察到的倍頻光訊號，就是以石英晶體產生。1961 年 Franken 以紅寶石雷射光聚焦照射石英晶體上，發現二倍頻現象。入射光波長為 694.3 nm，穿過石英晶體後會產生波長為 347.15 nm 的倍頻訊號。有趣的是，原始投稿論文中對應波長為 347.15 nm 的倍頻訊號原來是一個可辨識的光點，但期刊主編認為訊號非常微弱，認為那個點應該是紙張汙漬，在論文出版時就將它抹掉了。所以人類史上第一個觀察到的倍頻訊號竟然就這樣不見了。其他如磷酸鈦氧鉀(KTP)，鈮酸鋰($LiNbO_3$)，三硼酸鋰(LBO)，偏硼酸鋇(BBO)等人工合成具不對稱性結構的晶體，也具備相當大的非線性效應。

不同頻率的光在材料介質中走的速度有些許不同，此效應稱為色散，一般頻率較高的光走的速度比頻率較低的光來的稍慢，稱為正常色散。假設在倍頻過程中，入射光的角頻率為 ω，倍頻光為 2ω。由於非線性效應所產生角頻率為 2ω 的偶極矩是由 ω 光所誘導產生，所以它在空間中傳播速度與 ω 光走的速度一樣。而由角頻率 2ω 偶極矩所產生 2ω 倍頻光走的速度因為材料色散效應會比 ω 光來的稍慢，由於兩者不同步，導致不同位置偶極矩所產生的倍頻光到達晶體射出端時會有部分產生抵銷，減弱倍頻光輸出。這就好像盪鞦韆時，身子蹲下的時間混亂而不與鞦韆擺盪同步時，鞦韆盪不起來。只有當每次蹲下的時間間隔與鞦韆擺動時間間隔一樣時，鞦韆才可以盪得很高。

解決 2ω 倍頻光與 ω 光不同步的方法是利用雙折射晶體(birefringent crystal)，在雙折射晶體中，電場在兩個垂直的振盪方向的光具有不同折射率，故稱雙折射。方解石（成分與粉筆相同為碳酸鈣，只是呈透明晶體狀）為著名雙折射晶體，你可在台中市國立自然科學博物館中購買得到。將一圖案置於方解石下方時，你會發現圖案會分成兩個（見圖 B-4），這兩個圖案分別來自兩個電場振盪方向不同的光。如果讓 ω 光走折射率小的電場振盪方向（速度較慢），2ω 的倍頻光走折射率較大的電場振盪方向（速度較快），就可以利用雙折射效應拖延 ω 光的速度，補償因色散所造成的速度不一致，這種讓 2ω 倍頻光與 ω 光同步的方法稱為相位匹配(phase matching)。因此一個好的非線性光學晶體除了要有很大的非線性效應外，還需有足夠大的雙折射性以利相位匹配的達成。

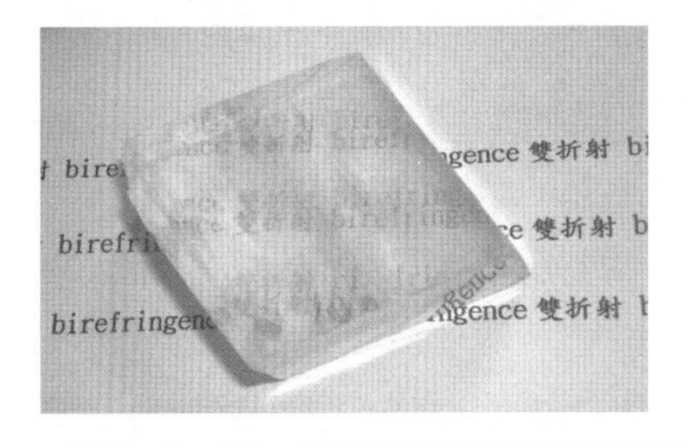

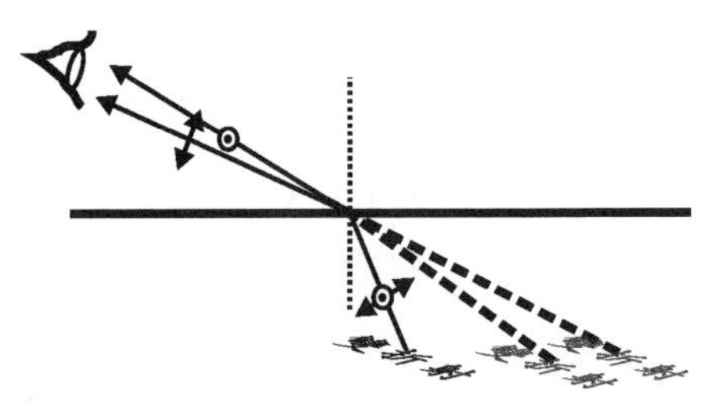

■ 圖 B-4　將一圖案置於方解石下方時，你會發現圖案會分成兩個，這就是雙折射現象

非線性光學過程可以看成多光子作用，如同撞球必須同時滿足動量守恆與能量守恆。角頻率 ω 光子的能量為：$\hbar\omega$（等於 $h\nu$），動量則為：$\hbar\vec{k}_\omega$。以倍頻過程為例，$\hbar\omega+\hbar\omega\to\hbar(2\omega)$，可以看成兩個能量為 $\hbar\omega$ 的光子碰撞產生一個能量為 $\hbar(2\omega)$ 的光子。所以 $\hbar\omega+\hbar\omega\to\hbar(2\omega)$ 代表能量守恆式。另一個動量守恆式則為：$\hbar\vec{k}_\omega+\hbar\vec{k}_\omega\to\hbar\vec{k}_{2\omega}$，其中 $\left|\vec{k}_\omega\right|=\dfrac{2n_\omega\pi}{\lambda}$，$\left|\vec{k}_{2\omega}\right|=\dfrac{4n_{2\omega}\pi}{\lambda}$。因為一般材料

具有色散的性質，不同頻率光的折射率會有些微不同，所以 $n_{\omega} \neq n_{2\omega}$，因此動量守恆在一般情況下並不滿足。前面提到利用雙折射性達到相位匹配的方法，可視為達成動量守恆的一種手段。只有動量守恆與能量守恆同時滿足時，才能產生較大的倍頻轉換。

除了倍頻外，還有和頻技術($\hbar\omega_1 + \hbar\omega_2 \rightarrow \hbar(\omega_1 + \omega_2)$)，在和頻過程中輸入光束有兩道頻率不同的光，輸出光頻率為兩道輸入光頻率的和，倍頻與和頻過程中輸出頻率高於輸入的頻率稱為上轉換(up-conversion)。兩道光頻率除了可相加外，還可相減，此過程稱為差頻($\hbar\omega_1 - \hbar\omega_2 \rightarrow \hbar(\omega_1 - \omega_2)$)。另外還有一種可視為和頻的逆轉換的光參量過程(optical parametric process： $\hbar\omega \rightarrow \hbar\omega_1 + \hbar(\omega - \omega_1)$)，此過程將一道光拆為兩道頻率較低的光，因為在這些過程中輸出頻率低於輸入的頻率故稱為下轉換(down-conversion)。利用頻率上轉換與下轉換過程可將目前有限的雷射光波長拓展到可涵蓋新的波長範圍。利用光參量過程可發展波長可調的雷射，利用波長可調的雷射可研究物質在不同波長光照射下的非線性行為，這個領域稱非線性光譜學。利用非線性光學過程研究物質特性目前已獲得許多豐碩的成果，實驗發現非線性光學技術對界面分子排列有序度與區別左旋分子與右旋分子的靈敏度遠高於一般傳統線性光學技術。我們將許多常見的非線性光學過程列為表 B-1。

除了頻率轉換外，非線性光學另一重要特色為光可直接由光控制，也就是用光來調變光，這代表我們可以用一道光將訊號寫到另一道光。目前電腦中訊號是由電子傳遞，電子訊號傳遞時間受限於電子在導線走的速度與走的距離。隨著半導體製程技術的進步，元件尺寸逐漸縮小，電子在導線走的距離也隨之縮短，所以半導體製程技術越進步，電路越縮小，電腦運算速度就越快。然而積體電路縮小技術也將遭遇瓶頸，所以要再進一步增加計算速度，就必須有新的概念引入。目前光通訊系統中訊號處理仍須仰賴電子電路，此種系統中訊號以光與電混合形式出現，訊號只有在傳送時才變成光，需做運算處理時又變成電。由於電子在導線走的速度比光速慢許多，若能發展純光訊號計算處理系統，定可將訊號處理速度大幅提升。要發展純光訊號的處理裝置，需要非線性光學材料來達成用光來直接調變光的動作。以純光學元件所製成的「光腦」速度比電腦快 1,000 倍，由於光不像電子需要導線傳導，既使在光束交會時，它們之間也不會互相影響。光這種不干擾的特性使得光腦可以在極小空間內開闢很多平行的信息管道，且資訊密度大得驚人，一個一元新臺幣硬幣大小的通道就足以流過全球電話纜線所載送的訊號。光腦與現在電腦最大的差異是光腦具有平行計算的能力，可以同時處理不同的資料。你也許會問：現在電腦不是可以多工嗎？例如可以同時開啟兩個以上不同的檔案，難道這不是平行計算功能嗎？實際上現在電腦所謂的多工是運用電腦速度提升後，在時間上切割進行不同工作，這就好像一個家庭主婦洗碗洗一會，又跑去洗衣服；衣服洗了一兩件，一下子又跑去擦地，然後又回去洗碗，再跑去洗衣服…。看似一次做很多事，其實一個時間仍只做一樣事，所以現在電腦處理資料方式仍屬序列式，也就是一件一件依次處理，並非平行處理。光腦平行處理資料能力與人腦相近，例如我們味覺，嗅覺，視覺，觸覺與聽覺是平行接收資訊，也就是我們不會因為眼睛在看書就感覺不到手臂割傷產生的痛了（三國演義中的關公除外，可能他具有可以抑制他的大腦平行處理的能力）。光腦另一個有趣的特色是它和人腦一樣具有容錯性，人腦最大優點就是不會因為部分腦細胞壞掉就無法工作，同樣的在光腦系統中某個元件壞了，也不會影響最終的結果，這和現在電腦中程式只要出一個小錯誤就無法正常進行的差異很大。然而光腦的發展與新型非線性光學材料的開發很有關係，目前還有許多待克服的地方，需要化學與材料相關研究人員一起投入來加速它的發展。有一天當我們進入純光訊號的世紀時，說不定那時電視不再叫電視而變成光視，電話也變成光話了，而大學裡最紅的系所叫光子系與光子研究所，當然到那個時候，非線性光學一定列為該科系的必修科目。

＊表 B-1　各種非線性光學過程

名稱	英文	光子轉換	效應階級
二倍頻（二次諧波產生）	Second-harmonic generation	$\hbar\omega+\hbar\omega\to\hbar(2\omega)$	二階
和頻	Sum-frequency generation	$\hbar\omega_1+\hbar\omega_2\to\hbar(\omega_1+\omega_2)$	二階
差頻	Difference-frequency generation	$\hbar\omega_1-\hbar\omega_2\to\hbar(\omega_1-\omega_2)$	二階
電光效應	Electric-Optic effect	$\hbar\omega+DC\to\hbar\omega$	二階
光整流	Optical rectification	$\hbar\omega-\hbar\omega\to$ dipole field	二階
光參量過程	Optical parametric process	$\hbar\omega\to\hbar\omega_1+\hbar(\omega-\omega_1)$	二階
雙光子吸收	Two-photon absorption	$\hbar\omega+\hbar\omega-\hbar(2\omega)\to 0$	二階
三倍頻（三次諧波產生）	Third-harmonic generation	$\hbar\omega+\hbar\omega+\hbar\omega\to\hbar(3\omega)$	三階
四波混合	Four-wave mixing	$\hbar\omega_1+\hbar\omega_2-\hbar\omega_2\to\hbar\omega_1$	三階
Kerr 效應	Kerr effect	$\hbar\omega+\hbar\omega-\hbar\omega\to\hbar\omega$	三階
反 Stokes Raman 受激過程	Coherent anti-Stokes Raman scattering	$\hbar\omega_1+\hbar\omega_2-\hbar\omega_1\to\hbar(\omega_1+\Delta\omega)$ 且 $\hbar\Delta\omega=\hbar(\omega_2-\omega_1)$ 與某個分子振動躍遷能量一樣	三階

★ Appendix

C | 雷射音訊傳輸裝置製作

Laser Engineering

藉由簡單電路，可以將音訊轉換成光的強弱變化。由於雷射具有指向性，可將音訊傳送至遙遠指定的地方，此通訊傳輸方法具有保密性。這裡我們介紹一下這樣雷射通訊系統如何建立。臺灣有很多的天災會造成許多山區部落的通訊及電力中斷而導致延誤救援，如果有一個能夠在第一時間內能建立緊急通訊管道的裝置，因該會有所幫助。我們構想出一個在市面上所沒有的通訊裝置，設計出一個簡單的太陽能充電之可攜式雷射通訊裝置，裝置中的太陽能板除了可以提供充電外還扮演接收訊號的功能（圖 C-1）。這個裝置能在緊急或失去電力的情況下，對外進行一對一遠距通訊的緊急裝置。裝置中也附加了手電筒與無線電收聽之功能，因此在黑暗中或失去外界消息時，可以提供照明及收聽廣播而得知外界最新狀況。

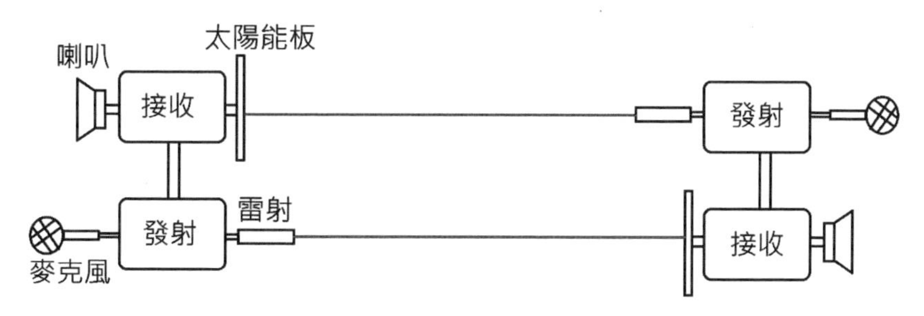

■ 圖 C-1　太陽能緊急通訊裝置架構

發射與接收電路如圖 C-2 所示，其中 LM386 是一顆音頻放大 IC，可同時用於發射與接收端。雷射可使用一般五金超市買得到的半導體雷射指示筆。電路完成後可放置於一盒中。圖 C-3 所示為學生實作的作品，實際測試效果不錯。

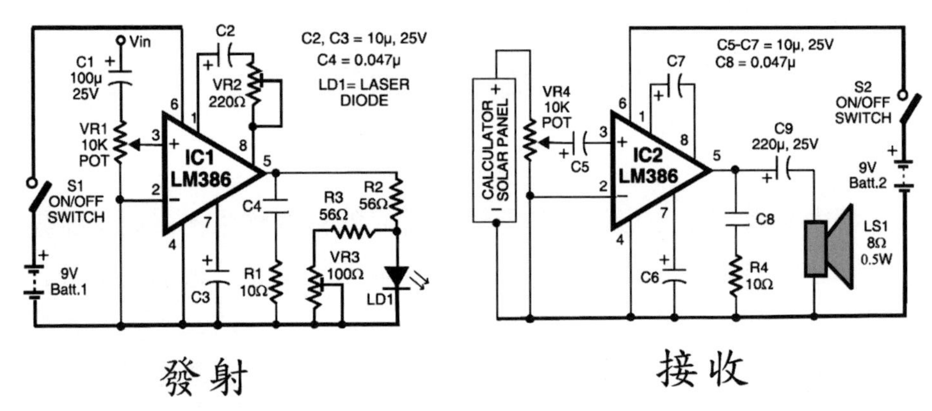

■圖 C-2　發射與接收電路

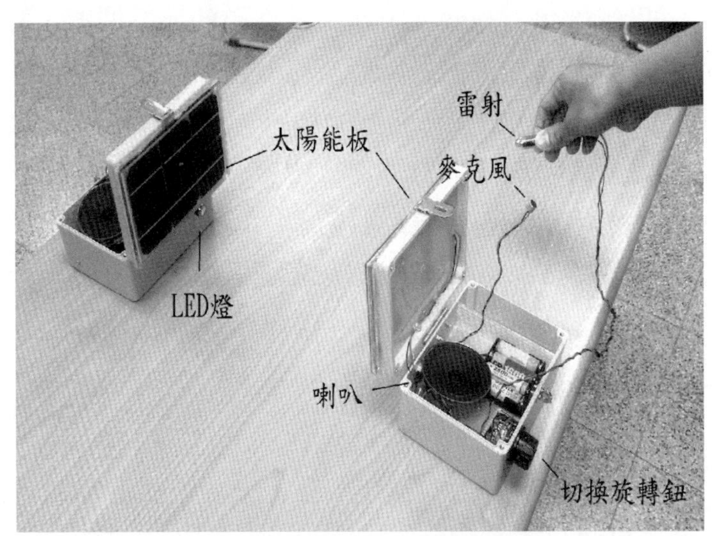

■圖 C-3　學生製作雷射音訊傳輸裝置成品照片

D｜光子與電子的相關物理量

Laser Engineering

對於所有粒子（包括光子與電子），相對論的動量、能量表示式皆可適用：

相對論的能量表示式：$E=\sqrt{(pc)^2+(mc^2)^2}$

相對論的動量表示式：$p=\dfrac{mv}{\sqrt{1-\left(\dfrac{v}{c}\right)^2}}$

上面表示式中的 m 代表粒子的靜止質量(rest mass)。光子靜止質量為零，移動速度恆為光速（不會靜止），所以動量表示式中，分子與分母皆為零，此時動量未必為零。由能量表示式可得 $E=pc$，所以光子動量 $p=E/c=h\nu/c=h/\lambda$。電子除了質量與電荷量外，還有磁矩量，像是一個迷你的小磁鐵，會與外加磁場產生交互作用。電子自旋與磁矩是由 Stern-Gerlach 實驗（1921 年）所發現，實驗中使用外圍有一顆不成對電子的銀原子束穿過不均勻磁場後，發現原子束分成兩道。早期解釋電子自旋與磁矩的人（Uhlenbeck 和 Goudsmit）試圖以具表面電荷球體旋轉解釋電子磁矩的產生，但這個想法最終失敗了（因為以當時所知電子可能最大半徑計算，發現表面移動速度需超過光速才能解釋電子所具有的磁矩量）。1928 年 Paul Dirac 提出相對論量子理論，自旋即包含在理論中，所以自旋可以看成是相對論的效應。電子磁距量與其質量、電荷量一樣都是與生俱來的量(intrinsic quantity)，無法解釋其為何是現在的值。

＊光子與電子的相關物理量

	電子(electron)	光子(photon)
電荷量	-1.6×10^{-19} C	0
自旋	1/2	1
磁矩量	-9284.764×10^{-27} C	0
靜止質量	$m_e=9.1\times10^{-31}$ kg	0
靜止能量	$m_ec^2=0.51$ MeV	0
動量	$p=\dfrac{m_ev}{\sqrt{1-\left(\dfrac{v}{c}\right)^2}}\cong m_ev$（當 $v<<c$）	$\dfrac{h}{\lambda}=\dfrac{h\nu}{c}$
能量	$E=\sqrt{(pc)^2+(m_ec^2)^2}$	$h\nu$
動能	$KE=\sqrt{(pc)^2+(m_ec^2)^2}-m_ec^2$ $\cong\dfrac{1}{2}m_ev^2$ （當 $v<<c$）	$h\nu$

★ Appendix

E | 雷射相關發展年表

Laser Engineering

1917 年	Einstein 在所發表以「Zur Quantentheorie de Strahlung」（德文：輻射的量子理論）為題的論文中提出受激輻射概念，奠定雷射理論基礎。
1928 年	Ladenburg 和 Kopfmann 實驗證實了 Einstein 的受激輻射現象，為實現光的放大帶來曙光。
1950 年	E.M.Purcell 和 R.V.Pound 在實驗中成功實現居量反置 (Population inversion)。
1951~1954 年	俄國的 Basor、Prokhorov 及美國 Columbia 大學的 Townes 分別提出了利用受激輻射方法來實現微波放大的假設。
1954 年	由 Townes 所領導的小組首次在 NH_3 中實現了這種微波放大器的裝置。並被冠以 Maser 的名稱。它實現了頻率為 23870 MHz，波長 1.25 cm 電磁波的放大。
1957 年	Gordon Gould 首先引用 LASER 字眼作為光波波段的光放大器的名字。
1958 年	Townes 和 Schawlow 發表了一篇在雷射發展史中十分重要的論文，文中提到把 Maser 原理由微波區域推廣到光頻帶的區域中去。導致 60 年代初許多研究小組投入到光學 Maser 系統（也就是 LASER）的研究。
1960 年	美國 Hughes 實驗室的 Theodore Maiman 做出第一台可見光雷射（紅寶石雷射）。
1960 年	Ali Javan、William Bennet 與 Donald Herriot 製作出第一台氣體雷射（HeNe 雷射）。
1961 年	Franken 等人在用紅寶石雷射通過石英晶體進行的實驗中首次發現非線性光學中的倍頻現象。
1962 年	Hall，Fenner 實現了第一台半導體雷射（但需用液態氮冷卻）。

1964 年	C.H.Townes，N.G.Basov，A.M.Prokhorov 因為對雷射發展的貢獻獲得諾貝爾物理獎。
1966 年	高錕證明以最純的玻璃纖維傳送光訊號可超過一百公里之遙，開啟了以雷射光為訊號光源的光纖通訊。
1970 年	俄國 Zhores I. Alferov 利用異質接面製作出可以在室溫下連續輸出的半導體雷射。
1970 年	Nikolai Basov、VA Danilychev 和 Yu. M. Popov 等人於在莫斯科物理研究所製做出第一台準分子雷射。他們使用電子束激發雙原子態氙氣，產生的準分子雷射波長為 172nm。
1971 年	美國 Xerox（臺灣譯為全錄；中國大陸譯為施樂）公司的研究人員 Gary Starkweather 修改一台影印機製造出第一台雷射印表機。雷射印表機為 Xerox 公司帶來了數十億美元的業務。
1971 年	Dennis Gabor 因對以雷射光做為紀錄與重建光源的全像術發展做出重要貢獻，而獲得諾貝爾物理獎。
1980 年	荷蘭 Philips 公司與日本 Sony 公司推出利用半導體雷射光讀取聲音資料的光碟系統（也就是 CD）。
1981 年	Nicolaas Bloembergen 與 Arthur Leonard Schawlow 因為對於雷射光譜發展貢獻獲頒諾貝爾物理獎。Bloembergen 也是為非線性光學這個領域做出很多重要基礎貢獻的物理學家。
1983 年	Stephen Trokel 與 Srinivasan 合作將準分子雷射用於眼睛屈光手術。
1987 年	美國加州理工學院 Ahmed H. Zewail 的研究小組在物理化學期刊上發表了第一個研究成果，篇名為「Real-time femtosecond probing of "transition states" in chemical reactions」（化學反應過渡狀態之及時飛秒探測），文中提及他們使用飛秒級鎖模雷射做為激發與探測光源，觀察到 ICN 分解為 I 及 CN 期間，I-C 鍵斷裂那一瞬間的過渡狀態，且整個反應時間是 200 飛秒。

1993 年	日本日亞化工 Nakamura 成功生長高品質氮化物藍光半導體材料。
1997 年	Steven Chu（朱棣文）、Claude Cohen-Tannoudji 與 William D. Phillips 因發展雷射光鉗與冷卻技術的貢獻獲頒諾貝爾物理獎。
1999 年	Ahmed H. Zewail 教授以飛秒光譜學研究化學反應之過渡狀態，使我們得以瞭解並預測重要化學反應的進行過程，獲頒諾貝爾化學獎。
2000 年	利用異質接面做出室溫運作半導體雷射的 Zhores I. Alferov 與將異質接面用於電晶體（目前應用於手機與人造衛星通訊）的 Herbert Kroemer 獲頒諾貝爾物理獎。
2003 年	Sony 開發出利用藍光半導體雷射讀寫資料的光碟機。
2009 年	香港中文大學高琨因對光纖通訊發展的重要貢獻獲頒諾貝爾物理獎。
2014 年	Nakamura 因為發現製造高效率藍光半導體發光材料的方法，帶動節能燈具的發展，獲得諾貝爾物理獎。
2017 年	Rainer Weiss、Kip S. Thorne 以及 Barry C. Barish 因為對建立雷射干涉重力波天文台有卓越貢獻，證實愛因斯坦的最後預言－重力波(gravitational wave)，獲頒諾貝爾物理獎。
2018 年	該年的諾貝爾物理獎要頒發「在雷射物理領域具有突破性發明」美籍物理學家 Arthur Ashkin、現法籍物理學家 Gérard Mourou 和加拿大籍物理學家 Donna Strickland。Arthur Ashkin 對「光鑷的發明和其在生物系統上的應用」的貢獻獲得一半獎項，而 Gérard Mourou 和 Donna Strickland 也因「創造產生高強度、超短脈衝雷射的方法」而共獲另外一半的獎項。

★ Appendix

F | 常用的物理常數與科學符號

Laser Engineering

常用物理常數

Avogadro 常數：$N_A = 6.0221\times10^{23}$ particles/mol

光速：$c = 2.9979\times10^{8}$ m/s $\cong 3\times10^{8}$ m/s

Boltzmann 常數：$k = 1.3807\times10^{-23}$ J/K

Planck 常數：$h = 6.6261\times10^{-34}$ J·s

Coulomb 常數：$\dfrac{1}{4\pi\varepsilon_0} = 8.9876\times10^{9}$ m/F $\cong 9\times10^{9}$ m/F

重力常數：$G = 6.6731\times10^{-11}$ N·m²/kg²

真空磁導率：$\mu_0 = 4\pi\times10^{-7}$ H/m

基本電荷單位：$e = 1.6022\times10^{-19}$ C

電子質量：$m_e = 9.1094\times10^{-31}$ kg

質子質量：$m_p = 1.6726\times10^{-27}$ kg

中子質量：$m_n = 1.6750\times10^{-27}$ kg

＊常用數量級符號

數量級	符號	名稱
10^{15}	P	peta
10^{12}	T	tera
10^{9}	G	giga
10^{6}	M	mega
10^{3}	k	kilo
10^{-3}	m（毫）	milli
10^{-6}	μ（微）	micro
10^{-9}	n（奈）	nano
10^{-12}	p（皮）	pico
10^{-15}	f（飛）	femto

＊希臘字母

	大寫	小寫		大寫	小寫		大寫	小寫
Alpha	A	α	Iota	I	ι	Rho	P	ρ
Beta	B	β	Kappa	K	κ	Sigma	Σ	σ
Gamma	Γ	γ	Lambda	Λ	λ	Tau	T	τ
Delta	Δ	δ	Mu	M	μ	Upsilon	Y	υ
Epsilon	E	ε	Nu	N	ν	Phi	Φ	ϕ
Zeta	Z	ζ	Xi	Ξ	ξ	Chi	X	χ
Eta	H	η	Omicron	O	o	Psi	Φ	ϕ
Theta	Θ	θ	Pi	Π	π	Omega	Ω	ω

★ Appendix

G | 向量微分運算

Laser Engineering

Laplace 運算符號

$$\nabla^2\psi = \vec{\nabla}\cdot(\vec{\nabla}\psi)$$
$$= \frac{1}{h_1h_2h_3}\left[\frac{\partial}{\partial q_1}\left(\frac{h_2h_3}{h_1}\frac{\partial\psi}{\partial q_1}\right)+\frac{\partial}{\partial q_2}\left(\frac{h_3h_1}{h_2}\frac{\partial\psi}{\partial q_2}\right)+\frac{\partial}{\partial q_3}\left(\frac{h_1h_2}{h_3}\frac{\partial\psi}{\partial q_3}\right)\right]$$

	$(q_1,\ q_2,\ q_3)$	h_1	h_2	h_3
直角座標	$(x,\ y,\ z)$	1	1	1
圓柱座標	$(r,\ \phi,\ z)$	1	r	1
球面座標	$(r,\ \theta,\ \phi)$	1	r	$r\sin\theta$

對於直角座標：

$$\nabla^2\psi = \frac{\partial^2\psi}{\partial x^2}+\frac{\partial^2\psi}{\partial y^2}+\frac{\partial^2\psi}{\partial z^2}$$

對於圓柱座標：

$$\nabla^2\psi = \frac{1}{r}\frac{\partial}{\partial r}\left(r\frac{\partial\psi}{\partial r}\right)+\frac{1}{r^2}\frac{\partial^2\psi}{\partial\phi^2}+\frac{\partial^2\psi}{\partial z^2}$$

對於球面座標：

$$\nabla^2\psi = \frac{1}{r^2}\frac{\partial}{\partial r}\left(r^2\frac{\partial\psi}{\partial r}\right) + \frac{1}{r^2\sin\theta}\frac{\partial}{\partial\theta}\left(\sin\theta\frac{\partial\psi}{\partial\theta}\right) + \frac{1}{r^2\sin^2\theta}\frac{\partial^2\psi}{\partial\phi^2}$$

等式

$$\vec{\nabla}\times\left(\vec{\nabla}V\right) = 0$$

$$\vec{\nabla}\cdot\left(\vec{\nabla}\times\vec{A}\right) = 0$$

$$\vec{\nabla}\times\vec{\nabla}\times\vec{A} = \vec{\nabla}(\vec{\nabla}\cdot\vec{A}) - \nabla^2\vec{A}$$

★ Appendix

H | 習題解答

Laser Engineering

CHAPTER 01

1. 看不到光從箱子跑出來。因為箱子材料對光會產生部分吸收；再者，箱子與環境達熱平衡下（室溫），內部所產生的黑體輻射落在遠紅外光區，也看不到。
2. 偵光二極體(photodiode)，原理與太陽能板類似。
3. 地球半徑：$R_{Earth} = 6366$ km，地球與太陽距離：$R_{E-S} = 1.44\times10^{11}$ m。
4. 可利用餘弦定律。
5. $A = \sqrt{6}$，$\phi = \tan^{-1}(\frac{\sqrt{2}+1}{\sqrt{2}-1})$。
6. 是等價的。因為兩者絕對值平方（代表電場平方的包跡）可相同。
7. 音頻：20~20k Hz。對於重低頻 20 Hz 聲音，波長為 1.7 m。遇到室內障礙物（例如：人體）會產生明顯繞射，不具方向性。
8. 光纖通訊的位元傳輸率將會大幅增加。三稜鏡無法分出七彩顏色。彩虹、日暈將會消失。配眼鏡所使用的紅綠測試將失效。
9. $\tau_C = 0.003$ ps，$l_C = 0.9\ \mu$m。因為同調長度太短，使用 Michelson 干涉儀測量會因移動平台的精度不足，較為困難。
10. 同調長度大小依次為：綠光雷射指示筆>紅色 LED 燈>白色螢光桌燈。紅色 LED 燈、白色螢光桌燈可使用光譜儀先量光譜分布寬度 $\Delta\nu$，再決定同調長度。綠光雷射指示筆光譜分布寬度較窄，可用 Michelson 干涉儀直接量同調長度。

CHAPTER 02

1. 以受激輻射為原理所製成的光放大器。具有同調性、指向性、單色性、高功率密度。

2. 當頻率滿足 $h\nu = E_2 - E_1$ 的光子入射，遇到一電子處於 E_2 高能階的原子時，則光子將誘導電子由 E_2 能階躍遷至 E_1 能階，並多釋放出一個與入射光子特性一模一樣的光子，此過程稱為受激輻射。

3. 增益介質、居量反置、共振腔。

4. 氣體雷射（氦氖雷射）、液體雷射（染料雷射）、固體雷射（紅寶石雷射）。

5. 五能階系統以上架構仍可視為三或四能階之一。類似兩電阻併聯可視為一個等效電阻的概念。

6. $T = 0.1$ sec，$E_{pulse} = 0.1$ J，$P_{peak} = 10$ MW，$D = 1\times10^{-7}$。

CHAPTER 03

1. 請先參考球形介面成像公式，光線穿過球形介面，與光軸高度保持不變，方向產生偏轉。

厚凸透鏡之傳輸矩陣：

$$\begin{pmatrix} A & B \\ C & D \end{pmatrix} = \begin{pmatrix} 1+\dfrac{(1-n)}{R\cdot n}t & \dfrac{t}{n} \\ -\dfrac{n-1}{R}\left(1+\dfrac{(1-n)}{R\cdot n}t\right)+\dfrac{1-n}{R} & -\dfrac{n-1}{R}\cdot\dfrac{t}{n}+1 \end{pmatrix}$$

當厚度為 t 趨近於零

$$\begin{pmatrix} A & B \\ C & D \end{pmatrix} = \begin{pmatrix} 1 & 0 \\ -\dfrac{2\cdot(n-1)}{R} & 1 \end{pmatrix} = \begin{pmatrix} 1 & 0 \\ -\dfrac{1}{f} & 1 \end{pmatrix}$$

結果與薄透鏡一致。

2. $24.55\ \text{cm} \geq d \geq 0\ \text{cm}$（注意：$d \geq 0\ \text{cm}$，因為面鏡不能放到晶體內）。

3. B、C 穩定。A 不穩定。可由圖 3-7 闡述 A、B、C 三點所在位置是否為落在斜線區域。

CHAPTER 04

1. 將解直接代入方程式。

2. $f = \dfrac{(2lL + l^2 + b) \pm \sqrt{(2lL + l^2 + b)^2 - 4(l+L)L(l^2 + b)}}{2(l+L)}$，

$$w_1 = w_0 \sqrt{\frac{1}{((1/f)^2 \cdot b + (1 - l/f)^2)}}$$，其中 $b \equiv \left(\dfrac{\pi w_0^{\ 2}}{\lambda}\right)^2$。

3. $w_1 = 0.058\ \text{cm}$，$w_2 = 0.014\ \text{cm}$。

CHAPTER 05

1. 有三個，只有一個獨立。量 A 係數比較容易，因為不需達成居量反置。

2. 雷射激發能量必須超過某個值，才會有雷射光輸出。閥值的大小與共振腔的損失有關，損失越大，閥值越大。

3. 雷射增益值會隨共振腔中光強度增加而變小的現象。

4. (a)不均勻；(b)不均勻；(c)不均勻（對不同原子光譜，峰值位置一樣，但半高寬不同，亦歸類為不均勻）。

5. $G(20\ \text{cm}) = 21.5$。

6. $(N_2 - N_1) = 2.45 \times 10^{17}\ /\text{cm}^3$。

CHAPTER 06

1. 增益開關控制雷射介質增益大小，能量存在激發源的電源供應器。Q 開關控制共振腔損失大小，能量以居量反置形式儲存於高能階電子。腔倒控制耦合輸出鏡的穿透率大小，能量存於共振腔兩鏡面之間。

2. $N = 250$。

3. 氦氖雷射：$\Delta t = 0.67$ ns； 鈦：藍寶石雷射：$\Delta t = 7.81$ fs。

4. 1 m。

5. 鎖模是鎖住頻率等間隔縱模的相位使其干涉改變光能量在時間軸上的分布，使其能量集中在某一時間輸出，產生短脈波的技術。鎖模的調變頻率需與脈波重複頻率一樣，Q 開關則不需要同步。

6. 令週期為 1

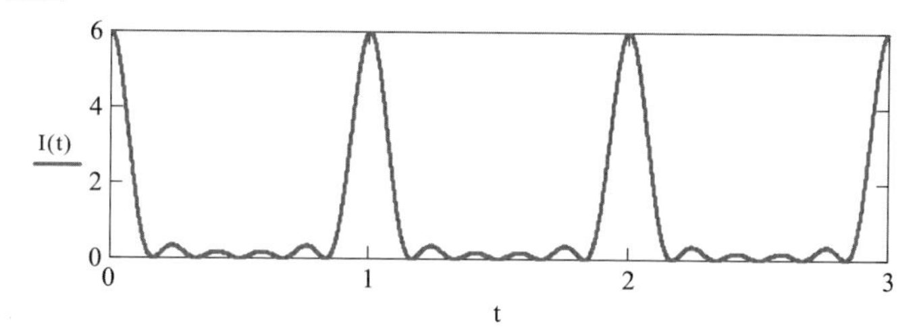

7. 令週期為 1， 各縱模相位角設定為：$\phi_1 = 0$ rad，$\phi_2 = 1$ rad，$\phi_3 = 0.44$ rad，$\phi_4 = -2.1$ rad，$\phi_5 = 2.2$ rad，$\phi_6 = -1.4$ rad。

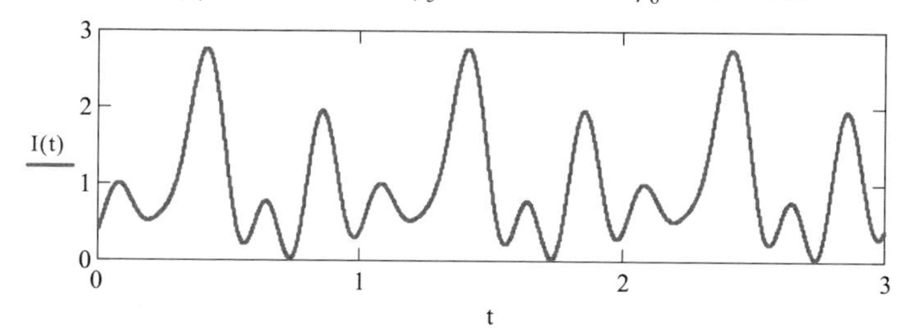

當各個縱模相位隨機設定時，強度分布相較於 $\phi_1 = \phi_2 = \cdots \phi_N = 0$ 的結果，明顯較不集中，最大值也未超過 3。

國家圖書館出版品預行編目資料

雷射工程/楊寶賡編著. -- 三版. -- 新北市：
新文京開發出版股份有限公司, 2022.11
面；　公分

ISBN　978-986-430-885-9（平裝）

1.CST：雷射光學

448.89　　111016715

雷射工程（第三版）　（書號:C163e3）

編 著 者	楊寶賡
出 版 者	新文京開發出版股份有限公司
地　　址	新北市中和區中山路二段 362 號 9 樓
電　　話	(02) 2244-8188（代表號）
F A X	(02) 2244-8189
郵　　撥	1958730-2
初　　版	西元 2010 年 02 月 05 日
二　　版	西元 2017 年 01 月 20 日
三　　版	西元 2022 年 11 月 20 日

　建議售價：380 元

法律顧問：蕭雄淋律師
ISBN　978-986-430-885-9